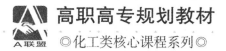

高职高专规划教材

◎化工类核心课程系列◎

化工设备机械基础

主　编　黄建伟　文　霞

副主编　孙学习

北京师范大学出版集团
BEIJING NORMAL UNIVERSITY PUBLISHING GROUP

安徽大学出版社

图书在版编目(C I P)数据

化工设备机械基础/黄建伟,文霞主编. —合肥:安徽大学出版社,2013.8

高职高专规划教材.化工类核心课程系列

ISBN 978-7-5664-0610-1

Ⅰ.①化… Ⅱ.①黄… ②文… Ⅲ.①化工设备－高等学校－教材
②化工机械－高等学校－教材 Ⅳ.①TQ05

中国版本图书馆 CIP 数据核字(2013)第 182773 号

化工设备机械基础　　　　　　　　　　　　　　黄建伟　文　霞主编

出版发行:北京师范大学出版集团

安 徽 大 学 出 版 社

(安徽省合肥市肥西路 3 号 邮编 230039)

www.bnupg.com.cn

www.ahupress.com.cn

印　　刷:中国科学技术大学印刷厂

经　　销:全国新华书店

开　　本:184mm×260mm

印　　张:15.25

字　　数:373 千字

版　　次:2013 年 8 月第 1 版

印　　次:2013 年 8 月第 1 次印刷

定　　价:29.00 元

ISBN 978-7-5664-0610-1

策划编辑:李　梅　张明举　　　　　　　　　　　　**装帧设计:**李　军

责任编辑:武溪溪　张明举　　　　　　　　　　　　**美术编辑:**李　军

责任校对:程中业　　　　　　　　　　　　　　　　**责任印制:**赵明炎

前　言

　　《化工设备机械基础》是为工科院校化工系工艺类专业编写的一本综合性机械类教材。本教材的学习目的是使学生能够获得必要的机械基础知识,掌握设计常、低压化工设备的初步能力,并能够对通用的传动零件进行简单的选型、核算和正常的维护使用。根据这些目的,教材的内容分为材料、力学基础和压力容器三部分。对这三部分内容,我们既尊重它们原学科的体系,保证相对的独立性,同时又在认真分析这几部分内容内在联系的基础上,探讨改变某些传统讲法的可能性,使本教材逐步形成自己的体系。在这方面我们仅仅是作了一点初步的尝试,更多的探索还要依靠广大任课教师的不断实践,我们希望听到广大读者的意见。

　　考虑到这门课程涉及的内容较广泛,学习本课程的学生先修基础知识较少,各学校对这门课的教学要求差异比较大这三个特点,我们在编写时有针对性地考虑了三个原则:

　　1.内容的选取着眼于加强基础和学以致用,以达到职业技术教育的应知应会。

　　2.讲述的方法要适应化工工艺专业学生的特点,内容要有一定深度,但讲解要深入浅出,联系实际。

　　3.少课时可使用本教材。

　　本教材是多年教学实践的总结,芜湖职业技术学院文霞编写模块一材料,芜湖职业技术学院黄建伟编写模块二力学基础,中州大学孙学习编写模块三压力容器。

　　本教材参考了国内多家出版社出版的《化工设备机械基础》教材,在此对其作者表示感谢和敬意。由于编者水平有限,错误及不妥之处在所难免,望读者提出意见以便改正。

编　者

2013 年 2 月

目　录

模块一　材料

模块二　力学基础

模块三　压力容器

模块一

材 料

项目 1
金属材料

学习目的
◆ 掌握金属材料一般性能。
◆ 掌握金属晶体结构。
◆ 掌握黑色金属成分、组成结构和铁矿平衡图。
◆ 了解有色金属。
◆ 了解金属的腐蚀与防护。

任务一　金属材料的一般性能

材料的性能,是指它的物理性能、机械性能、化学性能和工艺性能。

一、材料的物理性能

物理性能主要是指重度、熔点、热膨胀系数、导热性、导电性以及弹性模量等。

(一)线膨胀系数 α

杆因受热而伸长的量 $\triangle l_t$ 与杆长 l 和温度升高值 $t_2 - t_1$ 成正比,

$$\triangle l_t = al(t_2 - t_1)$$

比例常数 α 就是材料的线膨胀系数。它的物理意义是

$$\alpha = \frac{\triangle l_t}{l(t_2 - t_1)}, \text{℃}^{-1}$$

即温度升高一度时材料单位长度的伸长值.

几种常用材料的 α 值见表 1-1-1。

表 1-1-1　几种常用材料的 α 值

材料	碳钢	不锈钢	紫铜	瓷釉
$\alpha \times 10^6 (\text{℃}^{-1})$	10.6 ~ 12.2	16.6	17.2	24 ~ 42(体)

注:瓷釉是体膨胀系数。

不同材料刚性地联在一起,当温度发生变化或两种材料温度不同时会引起热应力。

(二)导热系数 λ

材料导热性大小,可以用导热系数来表示。

热介质通过器壁传给冷介质的热量 Q 与温度差 $\triangle t$、传热时间 τ、传热面积 F 成正比,而

与器壁厚度 δ 成反比,即

$$Q = \lambda \frac{\Delta t \cdot \tau \cdot F}{\delta}$$

比例常数 λ 即是材料的导热系数。它的物理意义是

$$\lambda = \frac{Q}{\frac{\Delta t}{\delta} \tau \cdot F}, \quad \frac{W}{m \cdot K}$$

即当温度梯度 $\frac{\Delta t}{\delta}$ 为 $1℃/m$,每小时通过每平方米传热面传过去的热量。此值越大,表示材料的导热性越好。制造换热器应选用 λ 大的材料,而选作设备保温用的材料,应具有较小的 λ 值。几种材料的 λ 值见表 1-1-2。

表 1-1-2 几种材料的 λ 值($W/m \cdot K$)

材料	钢	不锈钢	紫铜	铝	铅	瓷釉	石棉保温灰
λ	46.4	16.4	393	203	34.7	0.97	0.047~0.083

二、材料的机械性能

材料的机械性能主要是指材料的弹性、塑性和强度。

(一)弹性与塑性

材料在外力作用下产生变形,当外力去除后又能够恢复原来形状的性能,叫做材料的弹性。

材料的变形量有一定的限度,超过这一限度,就会发生塑性变形。这一限度越高,表示材料的弹性越好。

机器零件与设备在正常工作时,一般只发生弹性变形。

材料在超过其最大弹性变形限度后,继续增大外力,就会发生塑性变形。材料的塑性变形量也有一定的限度,超过这一限度,就会出现裂纹或断裂。在不破裂或不出现裂纹的条件下,材料所能经受的最大塑性变形,叫材料的塑性。

塑性是材料的一种可贵性能。用塑性良好的材料制造容器,可以承受局部高应力,并允许发生小量的局部塑性变形,同时又不使整个容器丧失承载能力。

材料的塑性用延伸率 δ 和断面收缩率 ψ 表示。

(二)材料的强度

材料的强度是指它抵抗外力破坏的能力。这里所说的“破坏”具有多种含意:

①抵抗断裂破坏的能力,用材料的强度极限 σ_b 表示。

②抵抗发生塑性变形的能力,用屈服极限 σ_s 表示。

③抵抗在高温条件下,材料发生缓慢的塑性变形能力,用蠕变极限 σ_n 表示。

④抵抗硬物压入材料的能力,用布氏硬度 HB 表示。

⑤抵抗突然冲击破坏的能力,用冲击值 α_k 表示。

下面仅对硬度和冲击韧性作简要说明。

1. 硬度

硬度是表示材料抵抗他物压入的能力。常用的硬度试验方法有两种：

（1）布氏硬度

这种硬度的测定是用一直径为 D 的标准钢球（压陷器），以一定的压力 P 将球压在被测金属材料的表面上（图 1-1-1a），经过 t 秒后，撤去压力，由于塑性变形，在材料表面形成一个凹印。用这个凹印的球面面积去除压力 P，由所得的数值来表示材料的硬度，这就是布氏硬度，用符号 HB 表示。凹印愈小，布氏硬度值愈高，说明材料愈硬。

（2）洛氏硬度

这种硬度测定方法是用一标准形状的压陷器放在被测金属表面，先用一初压力将它压入材料内部达到 1—1—1 位置（图 1-1-1b），然后再加一主压力压到 2—2 位置，再后则撤去主压力但保留初压力，这时压陷器弹回到 3—3 位置。我们就根据 3—3 和 1—1 位置的深度差来定义（不是表示）洛氏硬度。金属越硬，压痕深度越小，我们所定义的洛氏硬度值则越高。根据压陷器所用材料和主压力大小的不同，有三种洛氏硬度，分别用 HRC、HRB 及 HRA 表示。

硬度测定中所产生的压痕，是材料发生大量塑性变形之后形成的。所以硬度也是衡量材料抵抗塑性变形能力大小的一种指标。

硬度试验是在局部材料上进行的，方法简便，并且可直接在构件表面测定硬度值，而不致造成构件的破坏。

硬度指标在机械设计中是经常用到的。例如在设计两个互相摩擦的零件时（滑动轴承与轴颈；机械密封中的动环与静环；蜗轮与蜗杆等）经常需要在图纸上注明这两个配对零件在硬度上的不同要求。又如法兰联接中的螺栓与螺母、换热器的管板与管束，在选择这些配对零件的材料时，硬度指标往往是一个重要的考虑因素。

2. 冲击韧性

对一般塑性材料来说，它的屈服极限和强度极限会随变形速度加快而增大，但是材料的塑性则有所降低。所以，静载试验所得结果不能说明材料对动载的抵抗能力。要测定材料对冲击载荷的抵抗能力（这种能力称为材料的冲击韧性），就要作材料的冲击试验。

材料冲击试验的方法是，将材料制成带有缺口的标准试件，把试件放在摆锤式冲击试验机的支座上（图 1-1-2a），使重摆从一定高度落下将试件冲断。由试验机可测出试件所吸收的能量 E（单位是兆焦耳，即 MJ），将 E 除以试件凹槽处横截面面积 $A(\mathrm{m}^2)$，所得数值即材料的冲击韧性，用 α_k 表示，即：

$$\alpha_k = \frac{E}{A}, \mathrm{MJ/m}^2$$

α_k 值愈大，表示材料抵抗冲击的能力愈强。脆性材料的 α_k 值远低于塑性材料的 α_k 值。

温度对 α_k 值有较大影响，某些材料，如低碳钢，在低于某一温度后，其 α_k 值会大幅度下降，使材料变脆。α_k 骤然下降的温度称为临界温度。图 1-1-3 是低碳钢的冲击韧性随温度变化的曲线。从曲线可见低碳钢的临界温度约为 −40℃。各种材料的临界温度不一样，α_k 随温度变化的曲线也不一样。并不是所有金属都有冷脆现象。例如一般铜合金、铝合金及含镍量较高的镍合金，在很大的温度变化范围内，α_k 的数值变化很小，且没有 α_k 突变的临界温度。

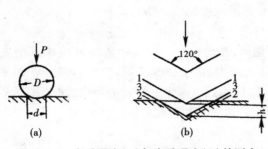

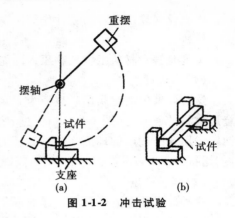

图 1-1-1 布氏硬度(a)与洛氏硬度(b)的测定   图 1-1-2 冲击试验

三、材料的化学性能

材料的化学性能最主要是指它的耐腐蚀性。

材料抵抗周围介质对其腐蚀破坏的能力叫材料的耐蚀性。

耐蚀性不是材料的一个固有不变的特性,它随材料的工作条件而改变。铁在干燥空气中的耐蚀性优于在潮湿空气中;碳钢在浓硫酸中耐蚀,而在稀硫酸中则不耐蚀;不锈钢总的来讲有较高的耐蚀性,而在盐酸中耐蚀性就差;钢在大气中非常耐蚀,但在含氧的氨溶液中,却会遭到强烈腐蚀。材料抗蚀能力的这种相对性与多变性,增加了选材的复杂性。材料耐蚀性的表示方法与腐蚀破坏的类型有关。对于均匀的腐蚀来说,可以用每年腐蚀多少毫米厚的金属来表示。

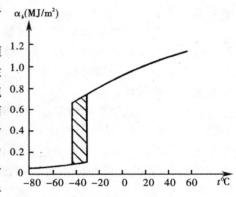

图 1-1-3 低碳钢的 α_k 随温度变化曲线

在确定零件或设备尺寸时,应把它们在整个工作期间将被介质腐蚀掉的金属厚度事先附加上去。把根据强度计算出来的零件直径或筒壁厚度加大,所增加的这部分厚度叫腐蚀裕量。为了确定腐蚀裕量,必须知道腐蚀速度,后者可由有关手册查出,或通过试验确定。

四、材料的工艺性能

材料总是要经过各种加工以后,才能做成设备或机器的零件,材料在加工方面的物理、化学和机械性能的综合表现构成了材料的工艺性能,又叫加工性能。

选材时必须同时考虑材料的使用与加工两方面的性能。从使用的角度来看,材料的物理、机械和化学性能即使比较合适,但是如果在加工制造过程中,材料缺乏某一必备的工艺性能时,那么这种材料也是无法采用的。因此,了解材料的加工工艺性能,对正确选材是十分必要的。

材料的工艺性能主要指铸造性、可焊性、可锻性、切削加工性和热处理性能。

1.铸造性

将熔融的金属浇注入铸型而制取的零件或毛坯叫做铸件,使金属能够成为铸件的工艺性质叫铸造性。

形状复杂的零件往往是铸出来的。金属铸造性好坏主要与它的流动性、收缩性及偏析倾向有关。金属或合金充满铸型的能力叫流动性。金属在冷却时体积缩小的性质叫收缩性。合金在由液态变为固态的结晶过程中所发生的化学成分不均叫偏析。如果金属或合金的熔点低,流动性好,收缩性小,偏析小,则它的铸造性就认为好。

2.可焊性

将两个分离的金属(或非金属)进行局部加热,使之熔融后产生结晶间的结合叫焊接。材料的可焊性是指金属材料在一定条件下焊接时,能否得到与被焊金属本体相当的机械、化学和物理性能,而不发生裂缝和气孔等缺陷的总的说明。它不仅决定于被焊金属本身的固有性质,而且在很大程度上取决于焊接方法和工艺过程。

3.可锻性

金属承受压力加工的能力叫金属的可锻性。金属可锻性决定于材料的化学组成与组织结构,同时也与加工条件(温度等)有关。

经过压力加工后的金属,由于消除了铸锭内部的气孔、缩孔等缺陷使金属组织结构紧密,从而提高了材料的机械性能。

4.切削性

材料在切削加工时所表现的性能叫切削性。当切削某种材料时,刀具寿命长,切削用量大、表面质量高,就认为该材料的切削性好。

5.热处理性能

所谓热处理是以改善钢材的某些性能为目的,将钢材加热到一定的温度,在此温度下保持一定的时间,然后以不同的速度冷却下来的一种操作。

材料适用于哪种热处理操作,主要取决于材料的化学组成。

任务二　金属的晶体结构

一、金属原子结构的特点与金属键

原子都是由带正电的原子核与带负电的核外电子组成的。每个电子都在原子核外的一定"轨道"上高速运动着,形成电子层。金属原子的特点是,最外层的电子数很少,一般只有一两个;而且这些最外层电子与原子核的结合力较弱,因此很容易脱离原子核的束缚而变成自由电子。

在金属中,这些暂时摆脱掉原子核束缚的电子,并未被其它原子所取走,它只是从只围绕自己的原子核转动,变成在所有的金属原子之间运动,成为"公有"的自由电子。那些外层电子被公有化了的原子,由于失去了部分电子而变成了正离子,显正电性。公有化的自由电子在所有的金属正离子之间穿梭运动,好象一种带负电的气体充满其间。于是带负电的"电子气"就把带正电的金属正离子牢固地束缚在一起。这种金属原子之间的结合方式称为金属键。

在实际金属中,并不是所有的金属原子都变成了正离子。而且这一时刻失去了电子的金属原子在下一时刻又可能重新获得电子,所以金属中的原子是处于原子—离子状态。

金属的许多特性,如良好的导电、导热性,可延展性及具有金属光泽等,都是与金属键这一独特的结合方式有关。

二、金属的晶体结构

对于晶体,我们并不陌生。吃的食盐是晶体,固态金属及合金也是晶体。但并非一切固体都是晶体,玻璃与松香就不是晶体。

晶体与非晶体的区别不在外形,而在内部的原子排列。在晶体内部,原子按一定规律排列得很整齐。而在非晶体内部,原子则是无规律地散乱分布。由此也导致晶体与非晶体性能上的不同,例如晶体具有一定的熔点,非晶体则没有;晶体是各向异性,非晶体则是各向同性。

既然金属是晶体,那么金属原子之间是怎样排列的呢?

研究表明,就理想晶体来说,其原子在空间的排列方式有 3 种,即所谓"体心立方晶格结构"(图 1-1-4)、"面心立方晶格结构"(图 1-1-5)和"密排六方晶格结构"(图 1-1-6)。这三张图中的 a 图表示的都是原子在空间堆积的球体模型,图中每个圆球代表一个原子。这种球体模型直观性强是它的优点,但是许多球体密密麻麻地堆积在一起,很难看清内部的排列情况。为了清楚地表明原子在空间排列的规律,有必要将原子进一步抽象化,把每个原子看成一个点,这个点代表原子的振动中心。这样一来,原子在空间堆积的球体模型,就变成了一个排列规则的点阵。如果把这些点用直线联接起来,就形成一个空间格子,称它为晶胞(图 1-1-4 ~ 1-1-6 中的 b 图)。晶胞是晶体中原子周期性的、有规则排列的一个结构单元。晶体的晶格就是由晶胞在空间重复堆积而成的。图 1-1-7 表示的就是由面心立方晶胞所构成的面心立方晶格结构(除左上角一个晶胞外,图 1-1-7 中并未把全部原子均表示出来)。

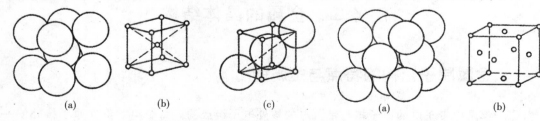

(a)   (b)   (c)   (a)   (b)

图 1-1-4 体心立方晶胞   **图 1-1-5 面心立方晶胞**

实际应用的金属绝大多数是多晶体组织,一般不仅表现出各向同性,而且实际金属的强度也比理论强度低几十倍至几百倍。如铁的理论切断强度(切应力)为 2254MPa,而实际的切断强度仅为 290MPa。这是什么原因呢?这是由于前面所述是对单晶体而言,而且认为原子排列是完全规则的理想晶体,实际上,金属是由多晶体组成的,而且晶体内存在许多缺陷。晶体缺陷的存在,对金属的机械性能和物理、化学性能都有显著的影响。

晶体缺陷有点缺陷、线缺陷、面缺陷等几种缺陷,多晶体的晶粒与晶粒之间由于结晶方位不同(相差达 20° ~ 40°)形成的交界,叫作"晶界"。这就是面缺陷。该处的原子排列是不整齐的,晶格歪扭畸变并常有杂质存在。晶界在许多性能上显示出一定的特点,如晶界抗蚀性能比晶粒内部差,晶界的熔点较晶粒内部低,晶界的强度、硬度较晶内高,电阻率也较晶内

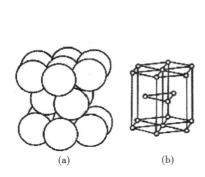
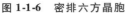

图1-1-6　密排六方晶胞

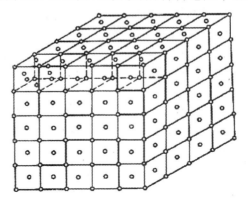

图1-1-7　面心立方晶格

大等。线缺陷的具体形式是各种类型的位错。实际金属晶体内存在大量的位错,一般在每平方厘米面积上含有10^8个位错。经冷加工塑性变形后,位错数目可达到每平方厘米10^{12}个。由于位错密度的增加,使金属的强度大大提高。在实际晶体结构中,经常发现有的原子没有占据结点上的位置,而占据了晶格间隙的位置。由于晶格中存在"空位"与"间隙原子"等点缺陷,使晶体结构发生歪曲畸变,结果使金属的屈服强度提高。

任务三　碳钢和铸铁

一、碳钢与铸铁的化学成分和组织结构

碳钢与铸铁都是由铁(95%以上)和碳(0.05% ~4%)所组成的合金。

(一)铁

组成铁碳合金的铁具有两种晶格结构,910℃以下为具有体心立方晶格结构的 α – 铁(图1-1-4);910℃以上为具有面心立方晶格结构的 γ-铁(图1-1-5)

α-铁经加热可转变为 γ-铁,反之高温下的 γ-铁经冷却可变为 α-铁。铁的这一同素异构转变是构成铁碳合金一系列性能的基础。

纯铁塑性极好,但强度太低,故工业上应用很少。

(二)碳

往铁中加入少量碳,组成铁碳合金,可获得适于工业上应用的各种优良性能。因而碳钢和铸铁得到了广泛的应用。

碳钢与铸铁之所以有各种不同的性能,主要是由碳的含量及其存在形式不同所造成。

碳在铁碳合金中的存在形式有三种。

1. 碳溶解在铁的晶格中形成固溶体

这里所说的溶解,指的是碳原子挤到铁的晶格中间去,而又不破坏铁所具有的晶格结构。这种在铁的晶格中(或另外一种金属的晶格中)被挤入一些碳原子(或其它一些金属或非金属原子)以后所得到的、以原有晶格结构为基础并溶有碳原子的物质称为固溶体。

碳溶解到 α-铁中形成的固溶体叫铁素体,它的溶碳能力极低,最大溶解度不超过 0.02%。碳溶解到 γ-铁中形成的固溶体叫奥氏体,它的溶碳能力较高,最大可达 2%。

溶解有碳的铁,仍然会发生 α-γ 转变,只是转变温度有所变化(727～910℃之间)。因此,奥氏体是铁碳合金的高温相。室温时,钢的组织中只有铁素体,没有奥氏体。

铁素体与奥氏体都具有良好塑性,它们是钢材具有良好塑性的组织基础。

2. 碳与铁形成化合物

当铁碳合金中的碳不能全部溶入铁素体或奥氏体中时,"剩余"出来的碳将与铁形成化合物——碳化铁(Fe_3C)。这种化合物的晶体组织叫渗碳体。它的硬度极高、塑性几乎为零。

常用的碳钢,其含碳量在 0.1～0.5% 之间,如果不经过特定的热处理,在常温时,钢中的这些碳只有极少一部分溶入 α-铁,而绝大部分的碳都是以碳化铁形式存在。因此,常温下,钢的组织是由铁素体加渗碳体组成。钢中的含碳量越高,钢组织中渗碳体微粒也将越多,因而钢的强度随碳含量的增多而提高。而其塑性则随着碳含量的增多而下降。

当把钢加热到高温,铁素体转变成奥氏体,原来不能溶入铁素体的碳,全部可以溶入奥氏体。于是钢的组织就从常温下的两相,转变成塑性良好的单一奥氏体组织了。这就为钢材的锻压加工创造了良好条件。

奥氏体的最大溶碳量是 2.11%。如果铁碳合金中的碳含量大于 2.11%,那么这种合金即使被加热到高温,也不能形成单一的奥氏体组织,不适于进行热压加工。所以,通常将碳含量 2.11% 作为钢与铸铁的分界。碳含量小于 2.11% 的叫钢,碳含量大于 2.11% 的叫铸铁。

铸铁的碳含量既然高于钢,但为什么它的强度反而不如钢?这是因为铸铁中的碳,除了溶入固溶体以外,并非全部以碳化铁形式存在。

3. 碳以石墨状态单独存在

当铁碳合金中的碳含量较高,并将合金从液态以缓慢的速度冷却下来时,合金中没有溶入固溶体的碳将有极大部分以石墨状态存在。

石墨很软,而且很脆,它的强度与钢相比几乎为零。因此从强度的观点来看,分布在钢的基体(即由铁素体加渗碳体构成的基体)上的石墨,相当于在钢的基体内部挖了许多孔洞。所以灰铸铁可以看成是布满了孔洞的钢,这就是灰铸铁的强度比钢低的原因。

当然,事物总是一分为二的,铸铁所具有的良好削加工性,优良的耐磨性、消振性以及令人满意的铸造性,都与石墨的存在有关。石墨使切削易于脆断,有利于切削加工;石墨具有润滑和储油作用,提高了用铸铁制造的磨擦零件的使用寿命;石墨可以将机械振动吸收,减缓或免除了机器因长期振动而可能造成的损坏;石墨还可使铸铁的流动性增加,收缩性降低,从而有利于浇铸形状复杂的铸件。

二、铁碳平衡状态图

为了把铁碳合金的组织结构与其化学成分和所处的温度之间的关系清楚地反映出来，人们测制了 Fe–Fe₃C 状态图（图1-1-8）。图中的横轴表示合金中的碳含量及 Fe₃C 含量，纵轴表示合金温度。从图中可以很容易确定某一碳含量的合金在指定温度下的组织结构。

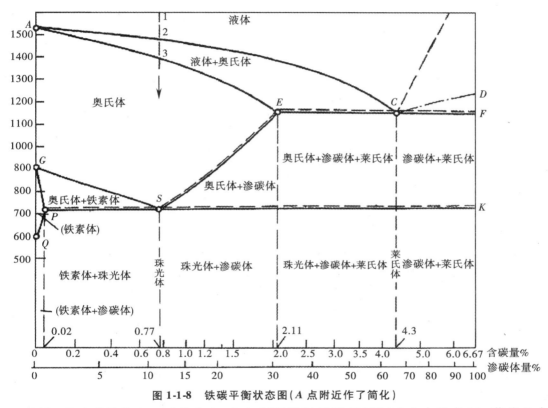

图1-1-8 铁碳平衡状态图（A 点附近作了简化）

例如，取含碳量为 0.77% 的合金，它在 1600℃ 时是液态（图1-1-8 中的点 1），若将此合金冷却，则当它的温度降至点 2 的温度时，在液相中将有首批奥氏体晶核析出（这些奥氏体晶核内的碳含量远低于 0.77%）。当温度降至 3 点所处的温度时，全部液态合金均转变成奥氏体。继续降低合金的温度至 S 点（727℃）以下时，如果保持温度不变，则合金就会从单一的奥氏体组织转变成铁素体和渗碳体两相组织，在这个两相组织中渗碳体约占 11%，铁素体约占 89%，这种特定比例的渗碳体加铁素体，是在 727℃ 以下一起从奥氏体中析出的，所以我们将它当作一种组织看待，并称它为珠光体。

如果所取合金的碳含量低于 0.77%，如含碳 0.4%，那么这种合金中的渗碳体含量大约只有 6%。这些渗碳体按上述的特定比例与铁素体组合成珠光体后，将有多余的铁素体。所以含碳量低于 0.77% 的钢，其组织应为珠光体加铁素体。

含碳量低于 0.77% 的合金，在冷却过程中，当温度降到 GS 线以下时，首先从奥氏体中析出的是铁素体。当温度降至 727℃ 时，由于已经析出了一部分铁素体，致使在没有转变的奥氏体中，碳含量增大为 0.77%，这些奥氏体在随后的转变中则形成珠光体。

如果所取的合金，其含碳量超过 0.77%，但低于 2.11%，那么这种合金在高温下仍能形成单一的奥氏体，在冷却过程中，当温度下降至 ES 线时，由于奥氏体对碳的溶解度下降，所以首先析出的是渗碳体。当合金被冷却到 727℃ 时，由于已经析出了一部分渗碳体，剩余在奥氏体中的碳含量降至 0.77%，于是在低于 727℃ 时，这部分奥氏体也将转变成珠光体。可见超过 0.77% 碳含量的合金，在常温下其组织是珠光体加渗碳体。

在上述的三种合金中，含碳量等于 0.77% 的称为共析钢，含碳量小于 0.77% 的，称为亚共析钢，含碳量超过 0.77% 的，称为过共析钢。如果碳含量超过 E 点（奥氏体的最大碳溶解度，含碳 2.11%），则合金属于铸铁。

就铸铁而言，当含碳量为 4.3% 时，合金有最低的结晶温度（1148℃）。结晶时，从液态合金中同时析出奥氏体和渗碳体，这种具有特定比例的奥氏体加渗碳体共晶混合物，称为莱氏体。而含碳量为 4.3% 的铸铁，称为共晶白口铁。

含碳量低于 4.3% 的铸铁称为亚共晶白口铁。结晶时，首先析出的是奥氏体，当温度降至 1148℃ 以下时，析出莱氏体。温度继续下降，则从奥氏体中又不断析出渗碳体。最后，当温度降至 727℃ 以下时，奥氏体转变成珠光体。于是室温下的亚共晶白口铁的组织是珠光体加渗碳体再加莱氏体。

含碳量高于 4.3% 的铸铁称为过共晶白口铁，结晶时，从液态合金中首先析出的是 Fe_3C，而其室温下的组织是渗碳体加莱氏体。

应当指出，含碳量较高的合金，在其冷却过程中，随着冷却条件的不同，既可以从液态中或奥氏体中直接析出渗碳体（Fe_3C），也可以直接析出石墨。一般是缓冷时析出石墨，快冷时，析出渗碳体。形成的渗碳体在一定条件下也可以分解为铁素体和石墨。为了描述这两种相的析出规律，在状态图上有用粗实线表示的 $Fe-Fe_3C$ 状态图和用虚线表示的 $Fe-C$（石墨）状态图。

铁碳平衡状态图既可以帮助我们理解铁碳合金的许多性能，又能够为我们制定热加工和热处理工艺提供依据，关于这一点我们将会在后边的讨论中进一步体会到。

但是需要说明，图 1-1-8 是铁碳平衡状态图，图上各相变点的温度是两相处于平衡状态时的温度，因此，要完成某一相变过程，实际保持的温度必须低于或高于该相变的平衡温度。对共析钢来说，要使奥氏体转变成珠光体，实际保持的温度应低于状态图上的 727℃，所低的度数称为过冷度。实验已经证明，奥氏体在低于 727℃ 发生相变时，转变后的产物随着过冷度的不同将有不同的机械性能。这一事实告诉我们，钢材的机械性能不仅和它的化学成分和最终所处的温度有关，而且还和它经历的加热和冷却过程有关。因此在理解钢的某些性能时，只有铁碳平衡图是不够的。还需要简要地讨论一下过冷奥氏体的转变产物问题。

三、过冷奥氏体的恒温转变

钢在高温时所形成的奥氏体，过冷到 727℃ 以下时变成不稳定的过冷奥氏体。这种过冷奥氏体随过冷度的不同可以转变成珠光体、贝氏体或马氏体。图 1-1-9 反映了这种转变所处的温度、完成的时间以及转变后的产物三者之间的关系。因为曲线的形状像"C"字，又称 C 曲线图。图中横轴表示过冷奥氏体所经历的时间，纵轴代表过冷奥氏体所处的温度，图面上的两条 C 形曲线将图面划分成三个区域，最左边代表的是过冷奥氏体，最右边是奥氏体的转变产物——珠光体和贝氏体相区,而两条曲线的中间区域则是奥氏体及其转变产物的混合相区。图中的两条曲线左边的一条代表奥氏体转变开始的时间,右边一条代表转变终了的时间。当奥氏体处于恒温转变时,左边曲线上各点至纵轴的水平距离所表示的时间间隔,是奥氏体在该温度下进行转变所需要的孕育时间,称作"孕育期"。由图可见,奥氏体恒温转变温度不同时,"孕育期"长短也不一样,在曲线的"鼻尖"处孕育期最短,即过冷奥氏体在大约550℃时最不稳定。高于或低于这个温度时孕育期都将延长。

从图还可看到,如果奥氏体恒温转变温度不同,转变后的产物也不一样。当过冷奥氏体是在727℃至550℃温度范围内转变时,奥氏体将分解为珠光体类型组织。当转变的温度处于550℃至230℃范围内时,转变产物是贝氏体类型组织。如果将奥氏体过冷到230℃以下时,则转变成马氏体类型组织。

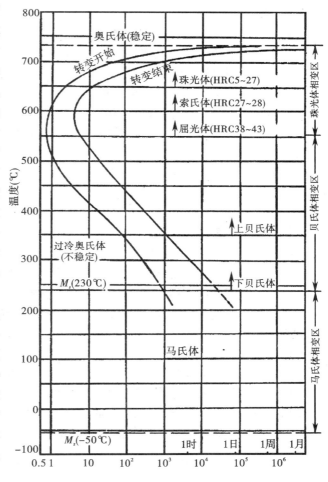

图 1-1-9　共析钢过冷奥氏体等温转变曲线

从奥氏体转变成珠光体是一个由单相固溶体分解为成分相差悬殊、晶格截然不同的二相混合组织。因此转变时必须进行碳的重新分布和铁的晶格重整,这两个过程都要通过碳原子和铁原子的扩散来完成。显然温度越高原子的扩散越易进行。现已查明,奥氏体等温分解所得到的珠光体是由渗碳体薄片和铁素体薄片相间组成。相邻两片渗碳体的平均距离称为片层间距,片层间距愈小表明珠光体越细。片层间距的大小主要取决于奥氏体的转变温度,温度高原子扩散容易,得到的是片层间距大的粗片珠光体,温度低时,原子的扩散能力减弱,得到细片珠光体(又称索氏体)或极细珠光体(又称屈氏体)。片状珠光体的性能主要取决于它的片层间距。片层间距越小,则珠光体的强度和硬度越高,同时塑性和韧性也越好。

若把共析成分的奥氏体过冷到550~230℃的中温区内停留时,发生的是奥氏体向贝氏体的转变。贝氏体是含碳过饱和的铁素体与碳化物组成的两相混合物。由于过冷度的增大,奥氏体在向贝氏体转变时,虽然也要进行碳的重新分布和铁的晶格重整,但是在这样低的温度下,铁原子已不能扩散,碳原子的扩散能力也显著下降,所以贝氏体内的铁素体含碳量是过饱和的。贝氏体的组织形态比较复杂,在中碳和高碳钢中,贝氏体有两种典型形态,一种是羽毛状的"上贝氏体";另一种是针片状的"下贝氏体"。不同的贝氏体组织其性能也不一样,其中以下贝氏体的性能最好,具有高的强度、高的韧性和高的耐磨性,生产中采用的等温淬火,一般都是为了得到下贝氏体,以提高零件的强韧性和耐磨性。

如果将共析成分的奥氏体以极大的冷却速度过冷到230℃以下,这时奥氏体中的碳原子已无扩散的可能,奥氏体将直接转变成一种含碳过饱和的 α 固溶体,称为马氏体。马氏体中的含碳量与原来奥氏体中的含碳量相同,由于含碳量过饱和,致使 α - Fe 的体心立方晶格被歪曲成体心正方晶格。并引起马氏体强度和硬度提高、塑性降低、脆性增大。

奥氏体转变为马氏体的相变是在 Ms 点(图1-1-9)温度开始的,随着温度的降低,马氏体的数量不断增多,直至冷却至 Mz 点温度,将获得最多的马氏体量。一般来说,奥氏体不可能都转变成马氏体,没有转变的奥氏体称为残余奥氏体。共析钢淬火至室温时,组织中会有3% ~ 6%的残余奥氏体。

四、钢的热处理

由前边的讨论可知:钢的性能取决于钢的组织结构,要改善钢的机械性能就需要改变钢的组织结构。钢的组织结构既和它的化学成分有关,又与钢材经历的加热和冷却过程有关。

所谓热处理就是以消除钢材的某些缺陷或改善钢材的某些性能为目的,将钢材加热到一定的温度,在此温度下保持一定的时间(为了使钢材内外温度均匀),然后以不同的速度冷却下来的一种操作。

在加工制造机器零件或设备过程中,往往经过焊接、热锻等热加工,这些工序实际上也可以认为是一种热处理操作,只不过这种操作使钢材的性能不一定是向好的方面转变,这时就需要追补某种热处理操作,以纠正或消除上一工序所带来的不良后果。

生产中最常碰到的热处理操作有以下几种。

(一)退火和正火

退火是将零件放在炉中,缓慢加热至某一温度(图1-1-10),经一定时间保温后,随炉或埋入砂中缓慢冷却。

退火可以消除冷加工硬化,恢复材料的良好塑性,可以细化铸焊工件的粗大晶粒,改善零件的机械性能,可以消除残余应力,防止工件变形,可以使高碳钢中的网状渗碳体球化,降低材料硬度,提高塑性,便于切削加工。

正火只是在冷却速度上与退火不同。退火是随炉缓冷,而正火是在空气中冷却。经过正火的零件,有比退火更高的强度与硬度。

(二)淬火和回火

1. 淬火

淬火的目的是为了获得马氏体以提高工件的硬度和耐磨性。

碳钢淬火的加热温度见图1-1-11,亚共析钢为 GS 线以上 30 ~ 50℃,过共析钢为共析温度以上 30 ~ 50℃。加热温度过高,奥氏体晶粒粗大,而且在以后的速冷中易引起严重变形或增大开裂倾向。加热温度过低,淬火组织中将出现铁素体,造成钢的硬度不足。

淬火既然要求得到马氏体,那么钢的冷却速度就必须大于该种钢的临界淬火速度 V_k,临界淬火速度见图 1-1-12。由于淬火要求很高的冷却速度,所以就不可避免地造成工件内部很大的内应力,并往往会引起工件变形或开裂。为了解决这个问题,一方面要寻找理想的淬火介质,另一方面是改进淬火时的冷却方法。图 1-1-13 是一种较理想的冷却方法。

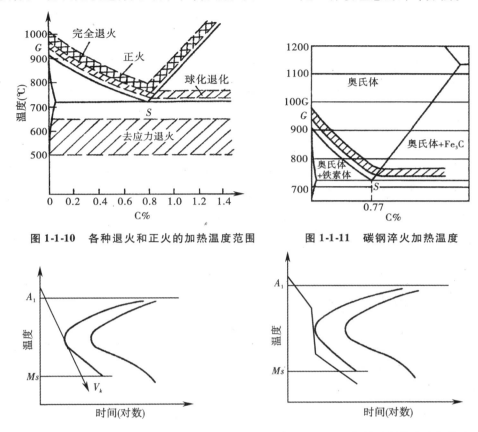

图 1-1-10　各种退火和正火的加热温度范围　　　　图 1-1-11　碳钢淬火加热温度

图 1-1-12　钢的临界淬火速度　　　　　　　　　图 1-1-13　钢的理想淬火冷却速度

2. 回火

为了消除淬火后工件的内应力,并降低材料的脆性,钢件在淬火以后,几乎总是跟着进行回火。所谓回火,就是把淬火后的钢件重新加热至一定温度,经保温烧透后进行冷却的一种热处理操作。

淬火后的钢,其组织主要是由马氏体和残余奥氏体组成,它们都是不稳定的。马氏体是处于含碳过饱和状态,有重新析出碳化物的倾向;残余奥氏体处于过冷的状态,也有转变成铁素体和渗碳体的倾向。如果把淬火钢进行加热,就会促使上述转变易于进行。回火温度越高,上述转变的程度也就越大。根据工件使用目的要求的不同,回火时的加热温度有三种:

(1)低温回火

加热温度 150 ~ 250℃,可消除钢件的部分内应力,但不会降低钢的硬度。滚珠轴承、渗碳零件及其它表面要求耐磨的工件,常采用淬火加低温回火。

(2)中温回火

加热温度为 350 ~ 450℃,可以减少内应力,降低硬度和提高弹性。

（3）高温回火

加热温度为 500~650℃，由于加热温度较高，所以内应方消除较好，可以获得塑性、韧性和强度均较高的优良综合机械性能。

淬火加高温回火又叫调质处理，是重要零件广泛采用的一种热处理操作，它可以大大改善钢材的机械性能。

由于马氏体高硬度的获得与固溶体中碳的过饱和程度有关，含碳低于 0.3% 的钢，由于其含碳量较低，因而是淬不硬的。所以可以通过调质以改善钢材性能的钢，其含碳量一般在 0.3%~0.5% 之间。有时可将这类钢叫调质钢。

（三）化学热处理

钢的化学热处理就是把钢放在一定的介质内（如碳粉、KCN 等）加热至一定的温度，使介质原子（如 C 原子）渗入钢内改变钢表面层的化学成分和组织结构，从而使钢件表面具有某些特殊性能。例如把碳原子渗到钢的表面可以提高钢表面耐磨性，把铝渗入钢表面可以提高钢的抗高温氧化性。

五、碳钢的分类、牌号、规格与品种

（一）碳钢的分类及牌号

1. 按钢中含碳量的多少，碳钢分为下面三种。

（1）低碳钢

含碳量小于 0.3%，是钢中强度较低、塑性最好的一类。冷冲压及焊接性能均好，适于制作焊制的化工容器及负荷不大的机械零件。

（2）中碳钢

含碳量在 0.3%~0.6% 之间，钢的强度与塑性适中，可用适当的热处理获得优良的综合机械性能，适于制作轴、齿轮、高压设备顶盖等重要零件。

（3）高碳钢

含碳在 0.6% 以上，钢的强度及硬度均较高，塑性较差，用来制作弹簧、钢丝绳等。

2. 按钢的质量，碳钢有普通的和优质的两种。

"普通"与"优质"的主要区别是有害杂质硫（引起钢的热脆）和磷（引起钢的冷脆）的控制松严程度不同，钢材出厂时检验项目和保证条件不同。

（1）碳素结构钢（GB700-88）

这类钢属普通碳素钢，共有五个钢号（不包括质量等级与脱氧程度）。其中用于化工设备的钢中最主要的是 Q235-A，Q235-B。

①钢的牌号由代表屈服强度的字母 Q，屈服极限值（单位为 MPa）、质量等级符号（A、B、C、D）、脱氧方法符号四个部分顺序组成。脱氧方法为"Z"或"TZ"时可省略。

②质量等级按碳、硫、磷含量的控制范围、脱氧程度、允许使用的最低温度及是否提供AKV 值化分 A、B、C、D 四级，D 级质量最高，A 级最低。

③脱氧程度以沸腾钢（F）最差，半镇静钢（b）次之，镇静钢（Z）和特殊镇静钢（TZ）脱氧

最完全。

④钢材厚度或直径越大,钢的屈服强度 σs 和延伸率 δ5 越小。Q235 钢的 σs 最高要求不小于235MPa,若板厚度超过100mm,这一要求就降到了195MPa。

(2)优质碳素结构钢(GB699-88)

这类钢共有 31 个钢号,分两类,一类为普通含锰量的碳钢,另一类是较高含锰量的碳钢。硫磷含量控制较严,S≤0.04%,P≤0.04%,按含锰量的高低有普通含锰量与较高含锰量两种。钢号为 08、10、15、20、25、……、80、85 等(普通含锰量)和 15Mn、20Mn、……、70Mn等(较高含锰量)。钢号中的数字表示含碳的万分数。如 20 表示钢的平均含碳量为 0.2%。需要注意的是不要把较高含锰量的碳钢[含锰量 0.7% ~1.0%]和常用的低含金钢 16Mn[含锰量 1.2% ~1.6%]混淆,15Mn 是碳钢,16Mn 是低合金钢。

在以上 31 个钢号中用于化工设备的有 10、20,用作紧固件的有 35,用作轴、齿轮等传动零件的有 45。

3.按钢的冶炼性质可分为三种(碳钢实际上只有前二种)。

(1)镇静钢

含硅量较多,脱氧完全,组织致密,质量较好,但成本较高。上述钢号均为镇静钢。

(2)沸腾钢

加硅较少,脱氧较差,钢锭内部有未脱尽的氧化铁及未跑出去的气泡,故钢材组织较疏松,质量较差,但成本较低。

钢号后加"F",表示该钢为沸腾钢,如 Q235AF。

(3)半镇静钢

介于上述二者之间。钢号后加"b"表示该钢为半镇静。如 18Nbb(18 铌半)。

(二)碳钢的规格与品种

1.铸钢

一般用来制造承受重载荷的大型、复杂零件。如中低压阀门、法兰、筒体、端盖等。

铸钢用"ZG"表示。牌号有 ZG15、ZG25、ZG35、ZG45、ZG55 等。数字是含碳量的万分数。

2.锻钢

有 08、10、15、……、50 数种牌号,在化工容器上用来制作管板、法兰、顶盖、盲板等。

3.钢板

钢板有薄钢板与厚钢板两大类。薄钢板厚度为 0.2 ~0.4mm,有冷轧与热轧两种。厚钢板厚度为 4.5 ~60mm,均为热轧。

制造碳钢钢板所用的材料有 Q235A、Q235AF、08、08F、10、15、20、25、30 等。

有供专门用途的钢板。如 Q235AR 是专门用来制作压力容器的碳钢钢板,19gC 是制造高压容器用的层板,20g 是制造锅炉用的钢板(R——容器,gC——高压容器层板,g——锅炉)。

4.钢管

钢管分无缝钢管与有缝钢管两大类。

(1)无缝钢管

　　无缝钢管的尺寸系列是以管子的外径为基准制定的。每一种外径的管子有多种壁厚可供不同操作压力选用。

　　无缝钢管的公称直径是为了制定法兰的系列标准而提出的,它既不是管子的外径,也不是管子的内径,而是管子(以及与管子相配的法兰)的一个代表尺寸,只要管子的公称直径一定,那么管子的外径也就一定。

　　制造无缝钢管的常用碳钢材料为10、15、20、25 等。

　　有供专门用途的无缝钢管,如换热器专用10、20 号钢的无缝钢管,石油裂化用10、20 号无缝管,锅炉用无缝管等。

　　(2)有缝钢管

　　最常见的有缝钢管是水、煤气输送管,这类管子的公称直径习惯以英寸为单位,壁厚只有"普通"与"加厚"两种规格。从管子的表面质量来看有镀锌的"白铁管"与不镀锌的"黑铁管"两种。

　　此外还有大直径的直缝卷制电焊钢管和螺旋焊缝电焊钢管。

5. 型钢

　　有圆钢、方钢、扁钢、角钢、工字钢、槽钢等。

六、碳钢的性能和用途

(一)碳钢的机械性能

　　碳钢的机械性能较好,不但有较高的强度和硬度,而且有较好的塑性与韧性。

　　碳钢的机械性能与钢的含碳量、热处理条件、零件的尺寸及其使用温度有关。

　　随着钢中碳含量的增多,钢的强度和硬度提高,塑性下降。

　　温度升高时,钢的强度下降,塑性提高。普通碳钢大于350℃,优质碳钢大于400℃就要考虑蠕变影响。由于碳钢在570℃以上会被显著氧化,而在0℃以下塑性与冲击韧性又急剧下降,所以根据碳钢中硫磷含量控制的严格程度不同,普通碳钢使用温度范围是 -20 ~ 400℃,优质碳钢可扩大到 -40 ~450℃。

　　经退火处理的碳钢硬度低、塑性好。中、高碳钢可通过调质处理提高它们的综合机械性能。

　　经过热轧或其它相同热处理操作的两个相同牌号的钢件,当它们的截面尺寸相差较大时,会因冷却速度的不同,造成组织中碳化物弥散度不一样,从而引起钢的机械性能稍有差异。钢件截面尺寸小的,强度、硬度稍高,而塑性稍差。

　　甲类钢及特类钢的机械性能和冷弯试验指标见表 1-1-3。其他碳钢的机械性能及化学成分可从有关手册中查得。

表 1-1-3 甲类钢及特类钢的机械性能和冷弯试验指标

序号	钢号						机械性能序号							
	平炉钢		氧气转炉钢		空气转炉钢		σ_s (MN/m²) 不小于 按尺寸分组			σb (MN/m²)	延伸率(%) 不小于		180° 冷弯试验 d—弯心直径 a—试样厚度	
	甲类钢	特类钢	甲类钢	特类钢	甲类钢	特类钢	1	2	3		δ_5	δ_{10}	型钢	钢板
1	Q195A Q195AF	–	Q195AY Q195AYF	–	–	–				320～400	30	28	$d=0$	$d=0.5a$
2	Q225A Q225AF	C2 C2F	Q225AY Q225AYF	CY2 CY2F	Q225AJ Q225AJF	CJ2 CJ2F	220	200	190	340～420	31	26		$d=a$
3	Q235A Q235AF	C3 C3F	Q235AY Q235AYF	CY3 CY3F	Q235AJ Q235AJF	CJ3 CJ3F	240 240	230 220	220 210	380～470	26	22	$d=0.5a$	$d=1.5a$
4	Q245A Q245AF	C4 C4F	Q245AY Q245AYF	CY4 CY4F	Q245AJ Q245AJF	CJ4 CJ4F	260	250	240	420～520	24	20	$d=2a$	
5	Q255A	C5	Q255AY	CY5	Q255AJ	CJ5	280	270	260	500～620	20	16	$d=3a$	
6	Q265	–	Q265AY	–	Q265AJ	–	310	300	300	600～720	15	12		
7	Q275	–	Q275AY	–	–	–				≥700	10	8		

注:1. 标注"F"者为沸腾钢,未标"F"者为镇静钢。

2.1、2、3 组是以钢材尺寸分的。以棒料为例,1 组≤40mm,2 组>(40～100)mm,3 组>(100～250)mm。以钢板为例,1 组≤(4～20)mm;2 组>(20～40)mm;3 组>(40～60)mm。以异型钢为例,1 组≤15mm,2 组>(15～20)mm;3 组>20mm。

(二)碳钢的制造工艺性能

由于碳钢的综合机械性能较好,所以带来了较好的制造工艺性能。碳钢可以进行铸造、锻压、焊接及切削等各种形式的冷、热加工。

碳钢的铸造性优于合金钢,但不如铸铁,钢铸件一般均应进行正火或退火处理以消除应力,细化晶粒。

碳钢的可锻性良好,低碳钢板可冷卷,薄低碳钢板可进行冷冲压。

碳钢的可焊性随碳含量的增加而变化,低碳钢由于它具有良好的塑性和可焊性,所以适于制造容器。

(三)碳钢的耐蚀性

碳钢的耐蚀性较差,在盐酸、硝酸、稀硫酸、醋酸、氯化物溶液及浓碱液中均会遭受较强烈的腐蚀,所以碳钢不能直接用于处理这些介质。

碳钢在大气、土壤或腐蚀性较弱的介质中,经过适当的保护(涂防腐材料等)可以应用。

碳钢在浓硫酸中由于出现钝态,因而耐蚀性较好,例如用浓硫酸吸收三氧化硫的吸收塔可用碳钢制造。

浓度小于30%的稀碱溶液,可以使碳钢表面生成不溶性的氢氧化铁和氢氧化亚铁保护膜,所以在温度不高的稀碱液中碳钢是耐蚀的。

（四）碳钢的应用

制造化工设备主要用低碳钢,这是由于它的可焊性好,易于卷制,常用钢号为 Q235AR、20、20g 等。对于传动零件则多采用中碳钢,视零件的重要性及受力情况可选用 Q235A、Q255A、30、45 等。

沸腾钢由于组织疏松,质量较差,只能在 0 ~ 350℃ 的温度范围内使用,不宜制造压力容器。

普通钢与优质钢相比,由于它的硫磷含量较高,故高温的热脆及低温下的冷脆性均比优质钢来的早,所以普通钢的使用温度范围比优质钢窄。普通钢用在 -20 ~ 400℃,优质钢可用到 -40 ~ 450℃。

化学工业的发展对材料提出了更高的要求,碳钢的使用受到了一定限制,这主要表现在以下几方面。

（1）碳钢的强度较低,用它制造高负荷的零件尺寸往往很大,同时碳钢的屈强比也较低,材料的潜力不能充分发挥。

（2）碳钢的耐蚀性差,限制了它在许多介质中的应用。

（3）碳钢的使用温度范围较窄,无法满足某些工艺过程所提出的高温或低温要求。

因此,为适应工业发展的需要,就要应用各种合金钢。

七、铸铁

从化学成分上看,铸铁中碳与硅的含量均高于钢,硫磷等杂质的控制也比钢要松。一般组成如下:C:2% ~ 4.5%,Si:0.5% ~ 3.5%,Mn:0.5% ~ 1.5%,P:0.1% ~ 1.0%,S < 0.15%。

从组织结构上看,铸铁是由钢的基体（金属基体）与散布在其中的（非金属）石墨所组成。

铸铁的性能,尤其是抗拉强度、塑性等主要是由金属基体的组织以及非金属石墨的形状、大小和分布情况来规定。

按照石墨化程度的大小,铸铁的金属基体可以是铁素体、铁素体加珠光体、或完全的珠光体。所以即使是碳含量相同的铸铁,它们的机械性能也将因石墨化程度的不同而有极大的差异。石墨化程度越大,基体组织中 Fe_3C 将越少,铸铁的强度与硬度也越低。

如果石墨化程度为零,即铸铁中全部碳均以碳化铁形式存在,这种铸铁叫白口铸铁。白口铸铁又硬又脆,难于加工,故很少直接应用。

就石墨的形状、数量和分布来说,细小并互相隔开的球状石墨比起粗大的片状石墨对金属基体割裂的程度显然要小的多,所以球墨铸铁（石墨呈球状）的机械性能比灰口铸铁（石墨呈片状）要好的多。

（一）灰口铸铁

灰口铸铁的生产工艺过程是各类铸铁中最简单的,由于石墨化时体积的膨胀补偿掉冷却结晶时的收缩量,因而灰铸铁浇注时几乎不需要冒口。

灰口铸铁中的石墨呈片状,它对金属基体割裂的较严重,所以灰口铸铁的机械强度较其他铸铁为低。

灰口铸铁的牌号是由"HT"加上两组数字所组成。第一组数字是铸铁的抗拉强度,第二组数字是抗弯强度。不同牌号的灰铸铁,由于它们的石墨化程度不同,因而具有不同的金属基体组织结构和相应不同的机械性能。灰铸铁的牌号、机械性能及用途见表 1-1-4。

应注意,灰铸铁的抗拉强度只有其抗压强度的 1/4 ~ 1/3,这是由于在拉伸载荷下,铸铁中片状石墨的尖端起着应力集中源的作用,使材料在远比正常值低的应力下断裂。

此外,灰铸铁的弹性模数 E 与其组织有密切关系,不是一个定值。

普通灰口铸铁不宜在 300 ~ 400℃ 以上长期使用,否则将发生"长大"现象。所谓"长大"现象是指铸铁在超过上述温度范围时,一方面气体会沿石墨渗入铸铁内部,与 Si 发生氧化作用,所生成的 SiO_2 体积变大,因而使铸件"长大",另一方面铸铁中的渗碳体不断发生分解,生成的石墨,其比容比渗碳体大 3.5 倍,这也会引起铸件的"长大",铸件一旦发生"长大",机械性能便会急剧下降,而且零件发生翘曲,不宜继续使用。

(二)球墨铸铁

球墨铸铁的组织特征是石墨呈球状,因此它使铸铁的强度和韧性大大提高,使铸铁的综合机械性能接近于钢,是目前性能最好的铸铁。

球墨铸铁的牌号用"QT"及其后面的两组数字组成。第一组数字是抗拉强度,第二组数字是延伸率。

(三)耐蚀铸铁

灰口铸铁与球墨铸铁的耐蚀性与碳钢相似,不宜用于大多数腐蚀性介质中。

在铸铁中加入大量的硅(一般为 14.5%)可以提高铸铁在氧化性酸中的耐蚀能力。但在还原性强酸和强碱介质中,由于 SiO_2 保护膜遭到破坏而不耐蚀。

为了解决在碱性介质中应用铸铁的问题,可在铸铁中加入 4% ~6% 的铝。

高硅铸铁的拉伸及抗弯强度都较低,性脆易裂,铸件易产生气孔、裂纹等缺陷,加工性能差,一般采用磨削。高硅铁制的设备通常用于常压或微负压下操作,最高操作压力不大于0.4MPa。装配运输时要避免敲击碰撞。

在高硅铁中加入稀土可改善其铸造性和加工性,如稀土高硅球墨铸铁 XG-15,除磨削外还可以车、钻、套丝等。

高硅铁化工设备已广泛使用,一般用来制造泵、管道、管件、塔器换热器、容器等。

(四)其他铸铁

1.耐热铸铁

表 1-1-5 列出了几种耐热铸铁的成分、使用温度及应用举例。耐热铸铁具有良好的耐热性。对铸铁来说耐热性主要是指高温下的抗氧化和抗"长大"的能力。为了提高铸铁的耐热性,可向铸铁中加入硅、铝、铬等合金元素,以便在铸铁表面形成一层致密的氧化膜,阻止氧的渗入。耐热铸铁的基体组织多为单相铁素体,因为铁素体基体在受热时没有渗碳体发生分解石墨化问题,从而可以减少铸铁的"长大"倾向。

表 1-1-4   灰口铸铁的牌号、机械性能及用途(GB976 – 67)

铸铁类别	牌号	铸件主要壁厚(mm)	试样毛坯直径 D(mm)	抗拉强度 $\sigma_b \geqslant$ (MN/m²)	抗弯强度 $\sigma_{bb} \geqslant$ (MN/m²)	挠度(支距=10D) $\geqslant$(mm)	硬度 (HB)	适用范围及举例
铁素体灰口铸铁	HT10-26	所有尺寸	30	100	260	2	143～229	低负荷和不重要的零件,如盖、外罩、手轮、支架、重锤等
铁素体+珠光体灰口铸铁	HT15-33	4～8 8～15 15～30 30～50 >50	13 20 30 45 60	280 200 150 120 100	470 390 330 250 210	1.5 2 2.5 3 4	170～241 170～241 163～229 163～229 143～229	承受中等应力(抗弯压应力约达 100MN/m²)的零件,如支柱、底座、齿轮箱、工作台、刀架、端盖、阀体、管路附近及一般无工作条件要求的零件
珠光体灰口铸铁	HT-40	6～8 8～15 15～30 30～50 >50	13 20 30 45 60	320 250 200 180 160	530 450 400 340 310	1.8 2.5 2.5 3 5.5	187～255 170～241 170～241 170～241 163～229	承受较大应力(抗弯压应力达 300MN/㎡)和较重要的零件,如汽缸、齿轮、机座、飞轮、床身、汽缸体、汽缸套、活塞、刹车轮、联轴器、齿轮箱、轴承座、油缸等。
	HT25-47	8～15 15～30 30～50 >50	20 30 45 60	290 250 220 200	500 470 420 390	2.8 3 4 4.5	187～225 170～241 170～241 163～229	
变质铸铁	HT30-54	15～30 30～50 >50	30 45 60	300 270 260	540 500 480	3 4 4.5	187～255 170～241 170～241	承受高弯曲应力(至 500MN/m²)及抗应力的重要零件,如齿轮、凸轮、车床卡盘、剪床和压力机的机身、床身、高压液压筒、滑阀壳体等
	HT35-61	15～30 30～50 >50	30 45 60	350 320 310	610 560 540	3.5 4 4.5	197～269 187～255 170～241	
	HT40-68	20～30 30～50 >50	30 45 60	400 380 370	680 650 630	3.5 4 4.5	207～269 197～269 197～269	

表 1-1-5　几种耐热铸铁的成分、使用温度及应用举例

铸铁名称	化学成分(%)						使用温度(℃)	应用举例
	C	Si	Mn	P	S	其他		
中硅耐热铸铁	2.2 ~ 3.0	5.0 ~ 6.0	< 1.0	< 0.2	< 0.12	Cr:0.5 - 0.9	≤850	烟道挡板,换热器等
中硅球墨铸铁	2.4 ~ 3.0	5.0 ~ 6.0	< 0.7	< 0.1	< 0.03	Mg:0.04 ~ 0.07	900 ~ 950	加热炉底板,化铝电阻炉,坩埚等
高铝球墨铸铁	1.7 ~ 2.2	1.0 ~ 2.0	0.4 ~ 0.8	< 0.2	< 0.01	A1:21 - 24	1000 ~ 1100	加热炉底板,渗碳罐、炉子传送链构件等
铝硅球墨铸铁	2.4 ~ 2.9	4.4 ~ 5.4	< 0.5	< 0.1	< 0.02	A1:4.0 - 5.0	960 ~ 1050	加热炉底板,炉子传送链构件等
高铬耐热铸铁	1.5 ~ 2.2	1.3 ~ 1.7	0.5 ~ 0.8	≤0.1	≤0.1	Cr:32 ~ 36	1100 ~ 1200	加热炉底板,炉子传送链构件等

2. 可锻铸铁

可锻铸铁是由白口铸铁经退火处理而得,这种铸铁中的石墨为团絮状。可锻铸铁主要用来制作形状复杂、经受振动的薄壁小型铸件。这类铸件若用灰口铸铁,则韧性不足;若采用铸钢件,又因铸造性不良质量难于保证。可锻铸铁的牌号用"KT"(铁素体可锻铸铁)和KTZ(珠光体可锻铸铁)表示。牌号中的两组数字分别表示最低抗拉强度和延伸率。如KT35 - 10 表示铸铁的基体组织是铁素体,强度极限为350MPa,延伸率是10%。

可锻铸铁虽有优良的机械性能,但生产工艺复杂,成本较高,许多情况下可用球墨铸铁代替。

任务四　合金钢

一、合金钢

以改善钢材的性能为目的、在碳钢中特意熔合某些合金元素所得的钢,统称合金钢。

特意加入的合金元素对钢的性能会发生如下影响:

1. 降低钢材的临界淬火速度

既可使大尺寸的重要零件通过淬火及回火来改善钢材的机械性能,又可使零件的淬火易于进行,由于不需要很大的冷却速度,因而大大减少了淬火过程中的应力与变形。

2. 增加钢组织的分散度

低碳钢正火得到的是比较粗的铁素体加珠光体组织,加入合金元素后,不需经特殊热处理就可以得到具有耐冲击的细而均匀的组织,因而适于制作那些不经特殊热处理就具有较高机械性能的构件。

3. 提高铁素体的强度

铁素体的晶格中溶入镍、铬、锰、硅及其他合金元素后,会因晶格发生扭曲而使之强化,

这对提高低合金钢的强度极有意义,因为低合金钢的性能在很大程度上决定于铁素体的性能。

4. 减少马氏体的脆性

碳钢中的马氏体塑性几乎为零,但钢中含有镍后,马氏体具有一定塑性,这样可以更充分地利用淬火钢的高强度。

5. 提高钢材的高温强度及抗氧化性能

前者与生成复杂碳化物有关,后者是由于有阻止氧通过的氧化膜形成(氧化铝、氧化硅、氧化铬等)。

6. 增强钢材的耐蚀性

主要是通过促使钢材进入钝态来实现。

二、普通低合金钢

普通低合金钢是在普通低碳(含碳量不超过 0.2%)钢的基础上,添加少量合金元素以提高其机械性能的钢种的总称。

普通低合金钢所加入的合金元素主要是 Mn、Si、V、Ti、Nb、Xt(稀土元素)等,除 Mn 的含量可能达到或稍多于 1% 以外,其它元素的含量均很少(从 0.015% ~0.6% 不等)。

普通低合金钢的标号是用钢中平均含碳量的万分数加合金元素含量的百分数表示。例如 16 Mn 表示平均含碳量为 0.16%(规定在 0.12% ~0.2% 范围内),含锰量小于 1.5%(若超过 1.5% 则在 Mn 后加注 2,含锰在 2.5% ~3.5% 加注 3)。又如 14MnNbbR 表示的是平均含碳量为 0.14%,含锰和铌的量均不超过 1.5%(Mn 是 0.8% ~ 1.2%,Nb 是 0.015% ~0.05%)的制造容器用的半镇静钢。

虽然在普通低合金钢中合金元素的含量很少,但是它们却能够提高钢材的机械性能,某些钢种还能用于 -40℃ 以下的低温(如 09Mn2V 可用到 -70℃)。

根据材料屈服极限的不同,普通低合金钢可以分成几个强度等级。例如在制作压力容器用的普通低合金钢钢板中有 350MPa 级的 16MnR、400MPa 级的 15MnVR、450MPa 级的 18MnMoNbR。上述这些钢材的含碳量均不到 0.2%,但它们的强度却远比碳钢高,所以,用普通低合金钢来代替碳钢会给我们带来很大的经济效益。

表 1-1-6　列出了几种常用普通低合金钢的成分、性能及用途

钢号	化学成分(%)				钢材厚度(mm)	机械性能			冷弯试验 a—试件厚度 b—心棒直径	用途
	C	Si	Mn	其他		σ_b (MN/m²)	σ_s (MN/m²)	δ (%)		
09Mn²	≤0.12	0.20 ~ 0.60	1.40 ~ 1.80		4 ~ 10	450	300	21	180°(d = 2a)	油槽,油罐、机车车辆、梁柱等
14MnNb	0.12 ~ 0.18	0.20 ~ 0.60	0.80 ~ 1.20	0.015 ~ 0.050 INb	≤16	500	360	20	180°(d = 2a)	油罐,锅炉、桥梁等
16Mn	0.12 ~ 0.20	0.20 ~ 0.60	1.20 ~ 1.60		≤16	520	350	21	180°(d = 2a)	桥梁、船舶、车辆、压力容器,建筑结构等

续表

钢号	化学成分(%)				钢材厚度(mm)	机械性能			冷弯试验 a—试件厚度 b—心棒直径	用途
	C	Si	Mn	其他		σ_b (MN/m^2)	σ_s (MN/m^2)	δ (%)		
16MnCu	0.12 ~ 0.20	0.20 ~ 0.60	1.25 ~ 1.50	0.20 ~ 0.35Cu	≤16	520	350	21	180°(d=2a)	桥梁、船舶、车辆、压力容器、建筑结构等
15MnTi	0.12 ~ 0.18	0.20 ~ 0.60	1.25 ~ 1.50	0.12 ~ 0.20Ti	≤25	540	400	19	180°(d=3a)	船舶、压力容器、电站设备等
5MnV	0.12 ~ 0.18	0.20 ~ 0.60	1.25 ~ 1.50	0.04 ~ 0.14V	≤25	540	400	18	180°(d=3a)	压力容器、船舶、桥梁、车辆、起重机械等

三、合金结构钢

合金结构钢是在优质碳素钢的基础上加入 1 种或几种少量合金元素冶炼而得的钢种的总称。

普通低合金钢的含碳量一般均不超过 0.2%,而制作零件用的合金结构钢含碳量的范围则较宽,有的可达 0.5%。所以有些合金结构钢可通过适当的热处理(大都是调质)来提高它们的综合机械性能。

合金结构钢中的合金元素在国外都是以铬、镍、铝为主(如 35CrMo,40CrNi)。这样的合金结构钢系统不太适合我国对资源的利用,因此,近年来我国已开始发展以硅、锰、钒、钛、硼为主的低合金结构钢系统。表 1-1-7 是三种无铬镍合金钢代替含铬镍合金钢的应用举例。

表 1-1-7　几种无铬镍合金钢的应用举例

钢号	使用温度(℃)	应用举例
40MnB	−20 ~ 425	代替 40Cr、40CrNi 制造中小截面调质零件如齿轮,轴等
37SiMn2MeV	−20 ~ 320	代替 35CrMo 制造高压容器大螺栓
20Mn2VB		代替 20Cr 用作渗碳零件,化工部减速机标准选定为齿轮用钢

四、不锈钢与不锈耐酸钢

不锈钢是在空气、水及一些弱腐蚀性介质中能抵抗腐蚀的合金钢。不锈耐酸钢是在酸和其他强烈腐蚀性介质中能抵抗腐蚀的合金钢。习惯上这两种钢统称为不锈钢。

不锈钢中的主要合金元素是铬、镍、锰、钼、钛。这些元素对钢材性能的影响如下:

1. 铬

(1)钢材的耐蚀性主要来源于铬。实验证明,当钢中铬含量超过 12% 时,钢的耐蚀性大大提高,所以,一般不锈钢均含有 12% 以上的铬。

(2)铬含量的多少,对钢的组织有很大的影响:铬可使 γ 相区缩小,并显著降低钢的临界淬火速度。铬含量高时为铁素体(Cr17)。铬含量不太高或铬量虽高但有少量镍或锰时为马氏体(1Cr13,2Cr13,Cr17Ni2)。

2.镍

（1）镍可扩大不锈钢的耐蚀范围,特别是提高耐碱能力。

（2）镍可扩展 γ 相区,使钢材具有奥氏体组织。

3.锰

（1）锰可提高钢材强度与硬度。

（2）锰也是扩展 γ 相区元素之一,以锰代镍冶炼奥氏体钢是使化工耐腐蚀材料立足国内的重要措施之一。

4.钼

（1）钼能提高不锈钢对氯离子的抗蚀能力。

（2）钼可提高钢的耐热强度。

5.钛

为防止焊接用的不锈钢发生晶间腐蚀而加入的元素。

（一）铬钢

铬钢是不锈钢的一类,含铬在 13% ~28%。铬钢的耐蚀是由于铬的钝化作用,所以介质的氧化性越强,铬钢中铬含量越高,钢材的耐蚀性也就越好。

钢中含有的碳会夺取一部分铬生成碳化铬,导致耐蚀性降低,所以耐蚀性好的高铬钢含碳量均不高。含碳量高的铬钢大都属马氏体不锈钢,这类钢强度高但耐蚀性差一些,只能用它们来制造抵抗大气及弱腐蚀性介质的零件。

常用于制造容器用的铬钢钢板有 Cr3,1Cr13 和 0Cr17Ti。Cr13 与 1Cr13 在盐水、硝酸及某些浓度不高的有机酸中,温度不超过 30℃ 时有良好的耐蚀性。而在硫酸、盐酸、氢氟酸、热磷酸、热硝酸、熔融碱等介质中耐蚀性差。0Cr17Ti 耐蚀范围较 0Cr13,1Cr13 广泛得多。在氧化性酸类（尤其是硝酸）溶液中有很好的耐腐蚀性,在碱性溶液、无氯盐水、丙烯腈、乙醇胺、苯、汽油等介质中也有较好的耐蚀性。

（二）铬镍钢

为了改变钢材的组织结构,并扩大铬钢的耐蚀范围,可在铬钢中加入镍构成铬镍钢。工厂中目前应用最广的是被称为"18－8"钢的铬镍不锈钢。这种钢由于含有较高的可扩展 γ 相区的合金元素镍,所以钢的组织在室温下仍为奥氏体,因而常称为奥氏体不锈钢。按含碳量的多少可将其分成高碳级的（含碳量≥0.08%）、低碳级的（0.08% > 含碳量 > 0.03%）、超低碳级的（0.03% ≥ 含碳量 >0.01%）和超纯级的（含碳量≤0.01%）,它们的代表钢号分别是:1Cr18Ni9Ti、0cr18Ni9、00Cr18Ni9 和 000Cr18Ni9。含碳量对不锈钢的耐腐蚀性能特别是耐晶间腐蚀性能的影响很大。制作化工设备用的不锈钢板,一般都要经过焊接加工,从使用这类设备所发生的晶间腐蚀破坏事故中,人们早就发现,当不锈钢中的含碳量超过 0.03%时,用这类钢制成的设备上,在焊缝附近会发生晶间腐蚀。为了避免发生晶间腐蚀,可以采取两种方法:一是加入铌或钛等稳定化元素,二是冶炼低碳级和超低碳级的不锈钢。前者有代表性的钢号是 1Cr18Ni9Ti、1Cr18Ni12M02Ti 和 1Cr18Ni12M03Ti;后者常用的钢号为 0Cr18Ni9、0Cr17Ni12M02、0Cr17Ni12M03（低碳级）和 00Cr18Ni10、00Cr17Ni14M02、00Cr17Ni14M03（超低碳级）。我国过去和目前使用的是以含钛的不锈钢为主,但从发展趋势看,则应推广应用低碳、超低碳不锈钢。由于冶炼技术的进步,生产低碳、超低碳不锈钢的成本,在先进国家中已低于含钛的不锈钢,加上钢中碳化钛的存在会降低材料的塑性、韧性和冲压性能,降低抗点腐蚀和抗腐蚀疲劳性能,表面质量、抛光性能差以及成材率低等原因,以 1Cr18Ni9Ti 等钢号为代表的含钛不锈钢已属于被淘汰之列。

高碳级不锈钢中的碳,在 1100℃ 下可以有 0.07% 溶解到奥氏体中去,当把这种钢从高温急速冷却时;由于碳来不及析出,钢材不但不会淬硬,反而塑性会有所增加。所以对高碳级不锈钢的这种形同淬火的热处理叫作“固溶处理”。经固溶处理后的 1Cr18Ni9Ti,它的强度极限为 550MPa,而它的屈服极限却仅有 200MPa,这对材料的利用是很不理想的。所以在确定不锈钢制容器的壁厚时,安全系数 ns 可以取低一点。

即使是象 1Cr18Ni9Ti 这类高碳级的不锈钢,也有良好的冷变形能力,可以弯曲、卷边、冲压,不过它的冷作硬化能力也很强。这对冷加工变形虽然不利,但它却是提高奥氏体不锈钢机械强度的唯一方法。经冷加工硬化的 18 – 8 钢,σ_b 可达 1200 ~ 1400MPa,σ_s 也可提高到 1000 ~ 1200MPa。

18 – 8 钢的使用温度范围较广,从 –196℃ 至 700℃ 均可长时间应用。

18 – 8 钢在冷磷酸、硝酸及其他无机酸、许多盐及碱的溶液、有机酸、海水、蒸汽以及石油产品中,耐蚀性均很高。对硫酸、盐酸、氢氟酸、氯、溴、碘、浓度大于 50% ~ 60% 的热磷酸以及草酸、工业铬酸、熔融苛性钾及碳酸钠的稳定性较差。

为了提高铬镍钢在还原性腐蚀介质中的耐蚀性及抵抗点腐蚀能力,可在钢中加入钼。

铬镍不锈钢虽是一种耐蚀性能良好且使用比较成熟的材料,但由于成本较高,应尽量节约使用。

五、耐热钢

普通碳钢的机械强度在 350℃ 以上有极大的下降,而在 570℃ 以上又会发生显著的氧化,为了适应现代高温高压技术发展的需要,所以产生了耐热钢。

耐热性是包括热安定性与抗热性的一个综合概念。所谓热安定性是指金属对高温气体(O_2、H_2S、SO_2、H_2)腐蚀的抵抗能力,而抗热性则是指金属在高温下对机械载荷的抵抗能力。

提高钢的热安定性的途径是在钢中溶入铬、铝、硅等元素。这些合金元素在高温含氧气体作用下会在钢的表面生成一层结构复杂的氧化物膜(Cr_2O_3、Al_2O_3、SiO_2),这层膜阻止了金属铁原子与高温腐蚀性气体的接触,从而提高了钢材耐高温气体腐蚀的能力。

为了增加钢的高温强度,可在钢中溶入镍、锰、铝、铬、钨、钒等元素。其中的镍或锰可使钢材保持为具有较高再结晶温度的奥氏体组织结构。而铝、钨、钒等元素均可和钢中的碳形成比碳化铁稳定的碳化物,这些碳化物分散度很大,硬度极高,从而延缓或阻止了蠕变的进行,使钢材获得较高的高温强度。

耐热钢的钢号很多,从组织上分可分成铁素体型钢、马氏体型钢和奥氏体型钢。在铁素体型钢中,一般含有大量的铬,而含碳量不高,如 1Cr13Si2、1cn3siAl 和 1cr18si2 等,它们的抗氧化性好,最高使用温度可分别达到 900℃ 和 1050℃,在含硫气氛中也有良好的抗蚀性,但它们有晶粒长大倾向,不宜承受冲击载荷,适宜制作各种承受应力不大的炉用构件。如果使用温度不超过 650℃,可用 1Al13Mn2M0wTi 来代替上述的含铬高的抗硫耐蚀钢,制作石油炼厂加热炉管、反应塔体等。在马氏体钢中,常用的是 1Cr5Mo,它的最高使用温度为 650℃,能抵抗石油裂化过程中产生的腐蚀,用于再热蒸汽管石油裂解管、锅炉吊架、高压加氢设备零部件以及蒸汽轮机气缸衬套等。在奥氏体型钢中主要使用的是 1Cr18Ni9Ti,它的高温抗氧化温度可达 850℃,而高温强度可用到 650℃。

任务五　有色金属及其合金

一、铜及其合金

(一)纯铜

纯铜又称紫铜,具有高的导电性、导热性及良好的塑性,从化工用材的角度来看铜最有价值的性能是低温下能保持较高的塑性及冲击韧性,所以铜是制造深冷设备的良好材料。

纯铜的塑性好,但强度不高($\sigma_b = 230 \sim 250$MPa,$\delta \geqslant 30\%$),冷加工后强度、硬度提高,但塑性下降。

铜的平衡电位很正,在酸中不发生放氢反应,因此在没有氧存在的情况下,铜在许多非氧化性酸中都是比较耐蚀的。但是在氧化性酸中铜不耐蚀。在氨和铵盐溶液中,当有氧存在时,由于生成可溶性的络离子 $Cu(NH_4)_2^{++}$,故不耐蚀。所以在氨生产中使用的仪表、泵、阀门等均不能用铜制造。铜在大气、水、中性盐及苛性碱中均相当稳定,但在氯、溴、二氧化硫、硫化氢等气体及潮湿大气中将会受腐蚀。

(二)黄铜

黄铜是铜和锌组成的合金,化工上常用的有 H80、H68、H62("H"是黄铜代号,后边的数字表示合金中铜的平均含量)。H80 与 H68 塑性好,可在常温下用冲压法制造容器零件。H62 室温时塑性较差,在加热状态下进行压力加工,但它具有较高的机械性能,价格也比较便宜,故可用来制作深冷设备筒体、管板、法兰及螺母等。

为改善黄铜的某些性能,往往向其中加入少量其他元素如 Al、Mn、Sn、Si、Pb 等,这种黄铜称为"特殊黄铜"。例如加入 0.8% ~ 0.9% 铅的 HPb59 - 1,具有良好的切削加工性,用它制成的棒材多用来切削制作深冷设备的紧固零件。

(三)青铜

凡是铜合金中的主要加入元素不是锌而是锡、铝、铅等其他元素者都称作青铜。

1.锡青铜

自古以来,我国人民用锡青铜铸造钟、鼎等,它们经过几个世纪既不腐蚀,也不磨坏,这说明锡青铜具有很高的耐蚀性和良好的抗磨性,因此多用来制造耐磨零件(如轴瓦、轴套、蜗轮等)和与酸、碱等腐蚀性介质接触的零件。锡青铜制作的零件不少是浇铸出来的。常用的铸造锡青铜有 ZQSn6 - 6 - 3 和 ZQSn10 - 1。

2．无锡青铜

铜基合金中主要加入元素不是锡而是铝、铍、铅等其他元素时，这种合金叫无锡青铜或叫特殊青铜。加入的合金元素可以改善铜合金的机械性能、耐腐蚀性、耐磨性以及热强性等。例如铝青铜 ZQAl9－4 强度比黄铜和锡青铜都高，耐磨、耐蚀性也好，而且价格低廉，用于制造在蒸汽和海水工作条件下的零件及受摩擦耐腐蚀零件。化工上已用它来代替 1Cr18Ni9 制作硫铵分离机刮刀及阀座等重要零件。

二、铝及其合金

（一）纯铝

工业用纯铝具有如下性能特点：

（1）铝很轻，密度为 $2.82g/cm^3$，大约是铜的 1/3。

（2）导电、导热性能好。

（3）塑性好。

（4）有极好的耐蚀性。

（5）强度低（$\sigma_b = 80 \sim 100MPa$），冷变形后强度可提高到 $\sigma_b = 150 \sim 250MPa$。

化学工业中应用的有高纯铝 LO1、LO2（制作浓硝酸设备）及工业纯铝 L2、L3、L4 它们能耐浓硝酸、醋酸、碳酸氢铵、尿素等，不耐碱及盐水，可用来制作贮罐、塔、热交换器、防止污染产品的设备及深冷设备。

（二）铝合金

纯铝的强度很低，只有 90MPa 左右，因而用纯铝来制造承受载荷的结构零件是不行的。铝中加入适量的 Si、Cu、Mg、Mn 等合金元素，可得到具有较高强度的铝合金。若再经过冷加工或热处理还可进一步提高其强度，甚至可提高到 $\sigma_b = 500 \sim 600MPa$，相当于低合金钢的强度。

化工上常用的铝合金有防锈铝和硬铝。

1．防锈铝（代号"LF"）

防锈铝主要有 Al－Mn 和 Al－Mg 合金，它们只能通过冷加工变形来提高强度，化工上常用的牌号为 LF2、LF3、LF5、LF11、LF21 等五种，它们有适中的强度和优良的塑性，并具有良好的耐蚀性，多用来制作深冷设备如液空吸附过滤器、分馏塔等。

2．硬铝（代号"LY"）

硬铝是 Al－Cu－Mg 系合金，这种合金的强度不但可以通过淬火得到提高，而且人们还发现，把淬火后的硬铝在室温下放置 4～5 天后，它的强度会进一步有很大的提高。这种淬火后的合金随时间而发生强化的现象称为"时效硬化"。在室温下所进行的时效为自然时效，在加热的条件下所进行的时效称为人工时效。硬铝的退火强度 $\sigma_b = 200MPa$，经淬火及自然时效后 σ_b 可提高到 400MPa。所以硬铝多以棒材供应，在化工上制作深冷设备中的螺栓及其他受力构件。

三、铅

铅具有如下特点：

（1）强度小，只有钢的 1/20，为了提高它的强度，可在铅中加入锑制成硬铅。

（2）硬度低（HB = 4 ~ 4.2），密度大（11.379/cm³，为钢的 145%）。

（3）再结晶温度低，只有 15 ~ 20℃，因而不能加工硬化。

（4）熔点低（327℃），不能用于高温。

（5）导热性差（λ = 0.1W/mk）只有钢的二分之一，铜的十分之一。

（6）在硫酸大气特别是在含有 H_2S、SO_2 的大气中铅具有极高的耐蚀性，因此在化工上，铅主要用于处理硫酸的设备上。Pb4 用作设备内衬，Pb6 用作管道接头，硬铅可制作硫酸工业用的泵、阀门、管道等。

任务六 金属的腐蚀与防护

一、腐蚀的定义及分类

腐蚀是指金属在周围介质（最常见的是液体和气体）作用下，由于化学变化、电化学变化或物理溶解而产生的破坏。由于单纯的机械原因而引起的破坏，不属于腐蚀。

由于腐蚀每年所报废的金属设备和材料约相当于金属年产量的三分之一。即使有三分之二能回炉重新熔炼，也有约 10% 的金属损失掉了。这就需要相当大的一部分冶金能力来补偿这种损失。而且更重要的是金属结构的价值比金属本身的价值要大的多。因此，由于金属腐蚀而造成的机械设备的报废，在经济上的损失要比材料本身的价值高许多倍。此外，由于设备腐蚀引起的停工减产、产品污染以及汽、水、油、介质等的渗漏所造成的损失也是十分惊人的。

腐蚀按照其作用机理的不同，可以分成三类：一是化学腐蚀；二是电化学腐蚀；三是物理腐蚀。

（一）化学腐蚀

化学腐蚀是指金属与介质之间发生纯化学作用而引起的破坏。其反应历程的特点是，非电解质中的粒子直接与金属原子相互作用，电子的传递是在它们之间直接进行的，因而没有电流产生。实际上单纯化学腐蚀的例子是较少见到的，例如金属因高温氧化而引起的腐蚀，曾一直作为化学腐蚀的典型实例，但是瓦格纳根据氧化膜的近代观点提出，在高温气体中，金属氧化过程的开始，虽然是由化学反应引起的，但后来膜的成长过程则属于电化学机理。

（二）电化学腐蚀

电化学腐蚀是金属与介质之间由于电化学作用而引起的破坏。电化学腐蚀过程包括两个互为依存的电化学反应。

（1）金属不断地以离子状态进入介质，而将电子遗留在金属上

$$Me \longrightarrow Me^+ + e^-$$

这是一个失去电子的氧化反应,叫作阳极反应。

(2)金属上遗留下的电子被介质中的某些物质取走,这些取走电子的物质叫去极剂,介质中的 H^+、氧都是去极剂,若用 D 表示去极剂,则这一反应可用下式表示

$$D + e^- \longrightarrow De$$

这是一个得到电子的还原反应,叫阴极反应。

在绝大多数情况下,由于金属表面组织结构不均匀,上述的一对电化学反应分别在金属表面的不同区域进行。例如当把碳钢放在稀盐酸中时,在钢表面铁素体处进行的是阳极反应(即 $Fe \longrightarrow Fe^{2+} + 2e^-$),而在钢表面碳化铁处进行的则是阴极去极化反应(即 $2H^+ + 2e \longrightarrow H_2\uparrow$)。与这一对电化学反应进行的同时,则有电子不断地从铁素体流向碳化铁。我们把发生阳极反应的区域叫阳极区,铁素体是阳极,把发生阴极反应的区域叫阴极区,碳化铁是阴极,而在阳极与阴极之间不断地有电子流动。这种情况和电池的工作情况极为类似,只不过这里的阳极(铁)和阴极(碳化铁)的数目极多,面积极小,靠的极近而已,所以通常称它为腐蚀微电池。

金属的电化学腐蚀之所以采取腐蚀微电池的形式,一方面是由于金属表面存在着各种各样的电化学不均匀性,为电化学反应的空间分离准备了客观条件;另一方面则是由于反应分地区进行时遇到的阻力较小,因而在能量消耗上对反应的进行有利。但是从防止和减少腐蚀的观点看,这当然是不利的,我们应当设法尽量减少或消除金属表面的电化学不均匀性。

应当指出,许多腐蚀破坏并不是电化学作用单独造成的。电化学作用往往和机械作用、生物作用共同导致金属的腐蚀。

(三)物理腐蚀

物理腐蚀是指金属由于单纯的物理溶解作用所引起的破坏。许多金属在高温熔盐、熔碱及液态金属中可发生物理腐蚀。例如用来盛放熔融锌的钢容器,由于铁被液态锌所溶解,故钢容器渐渐变薄了。

二、常见的几种腐蚀及其控制方法

(一)均匀腐蚀

腐蚀沿金属表面均匀进行,例如把钢或锌浸在稀硫酸中发生的就是均匀腐蚀。这类腐蚀危害性较小,可以比较准确地估计设备的寿命。

(二)电偶腐蚀或双金属腐蚀

两种相互接触的不同金属浸在腐蚀性介质中,由于存在着电位差,其中的一种电位较负的金属往往会遭受腐蚀,这种腐蚀就是电偶腐蚀,图1-1-14是电偶腐蚀的例子。其他如联接在黄铜弯头上的铝甑装有铜管的钢槽(在与铜管连接处)胀接铜管的钢制管板等,当它们与腐蚀性介质接触时都会由于与正电性较强的铜直接接触而发生电偶腐蚀。

为避免电偶腐蚀,可将处于腐蚀性介质中不同的金属连接用绝缘材料隔开(图1-1-15)。

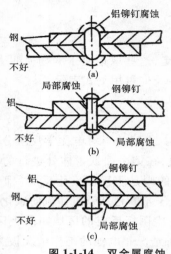

图 1-1-14 双金属腐蚀

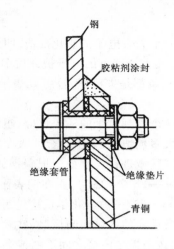

图 1-1-15 避免双金属腐蚀的措施

（三）应力腐蚀

应力腐蚀破裂是指金属在固定拉应力和特定介质的共同作用下所引起的破裂。这里所说的应力，其来源可以是构件在制造（如焊接）或装配过程中的残余内应力，也可以是设备、构件在使用过程中所承受的各种应力；实验证明，只有拉应力才能引起应力腐蚀，压应力不会产生应力腐蚀。

表 1-1-8 产生应力腐蚀的材料与介质的组合

金属或合金	腐蚀介质
低碳钢	氢氧化钠、硝酸盐溶液、（硅酸钠＋硝酸钙）溶液
碳钢、低合金钢	42% $MgCl_2$ 溶液、氢氰酸
高铬钢	NaClO 溶液、海水、H_2S 水溶液
奥氏体不锈钢	氯化物溶液、高温高压蒸馏水
铜和铜合金	氨蒸汽、汞盐溶液、含 SO_2 大气
镍和镍合金	NaOH 水溶液
蒙耐尔合金	氢氟酸、氟硅酸溶液
铝合金	熔融 NaCl、NaCl 水溶液、海水、水蒸汽、含 SO_2 大气
铅	Pb(AC)$_2$ 溶液
镁	海洋大气、蒸馏水、$KCl-K_2CrO_4$ 溶液

使某一材料发生应力腐蚀的介质是特定的介质，不是任意介质。例如在氯化物溶液中，奥氏体不锈钢在固定的拉应力作用下容易产生应力腐蚀，但在含氨的蒸汽中则不会产生应力腐蚀。可是对黄铜来说，在含氨的蒸汽中却容易产生应力腐蚀，而在氯化物溶液中反倒不发生应力腐蚀。这表明，一定的材料与一定介质的相互组合才能构成一个应力腐蚀体系。常见的一些材料与介质的组合见表 1-1-8。

金属或合金发生应力腐蚀破裂时，大部分表面实际并未遭受腐蚀，只是在局部地区出现一些由表及里的细裂纹，这些裂纹可能是穿过晶粒的，也可能是沿晶界延伸的，裂纹

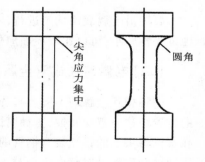

图 1-1-16 避免应力集中的设计

的主干与最大拉应力垂直。随着裂纹的扩展,材料的受力截面减小,在应力腐蚀后期,材料截面缩小到使其应力值达到或超过材料的强度极限时,金属或合金即迅速发生了机械断裂。

控制应力腐蚀破裂应从合理选材、控制应力、减弱介质的浸蚀性等方面着手解决。例如消除焊件的残余应力,避免应力集中的设计(图1-1-16)等。

(四)缝隙腐蚀

金属部件在介质中,如若金属与金属或金属与非金属之间存在特别小的缝隙,使缝隙内的介质处于滞流状态,从而引起缝内金属的加速腐蚀,那么这种局部腐蚀就称为缝隙腐蚀。例如在法兰的连接面间、螺母或铆钉头的底面、焊缝的气孔内及锈层的缝隙间都有可能由于积存少量静止的腐蚀介质而产生缝隙腐蚀。此外,砂泥、积垢、杂屑等沉积在金属表面上也会形成缝隙引起缝隙腐蚀。

几乎所有的金属和合金都会产生缝隙腐蚀,只是对腐蚀的敏感性有所不同,不锈钢的敏感性比碳钢高。一般来说,易钝化的金属与合金的敏感性总是高于不易钝化的金属与合金。

几乎所有的介质,包括中性、接近中性以及酸性的介质都会引起缝隙腐蚀,其中以充气的含活性阴离子(如氯离子)的中性介质最易发生。

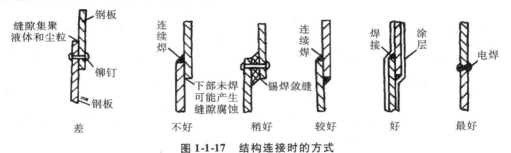

图1-1-17　结构连接时的方式

为了防止缝隙腐蚀,在设备、部件的结构设计上,应尽量避免形成缝隙,譬如采用对焊比采用铆接、螺栓连接或搭焊要好(图1-1-17)。为了避免容器底部与多孔性基础之间产生缝隙腐蚀,罐体不要直接坐在多孔性基础上,宜加支座为好(图1-1-18)。

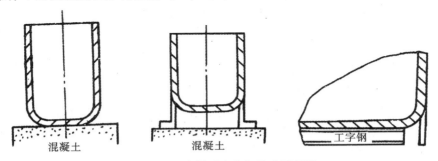

图1-1-18　容器用支座与基础隔离好

设计的容器要能使液体能完全排净,还要避免有锐角和静滞区(图1-1-19)。只有液体能够排尽,才便于清洗,同时还可防止固体在器底沉积。

法兰连接垫片尽可能使用不吸水的,如聚四氟乙烯。若长期停车应取下湿的垫片或填料。管子与管板焊接时,将壳程侧管板孔内的管子胀贴在管板孔壁上。

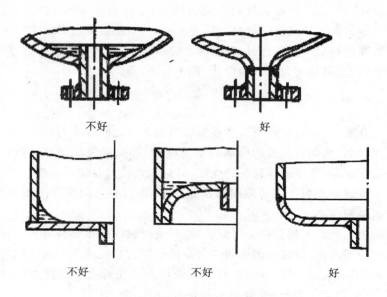

图 1-1-19　容器底部及出口管结构

（五）小孔腐蚀

在金属表面的局部地区出现向深处发展的腐蚀小孔，这些小孔有的孤立存在，有的则紧凑在一起，看上去象一片粗糙的表面（图 1-1-20），这种腐蚀形态称为小孔腐蚀，简称孔蚀或点蚀。

孔蚀是破坏性和隐患最大的腐蚀形态之一。它使设备穿孔破坏，而失重却只占整体结构的很小百分数。检查蚀孔常常是困难的，因为孔既小，又通常被腐蚀产物遮盖，蚀孔的出现需要一个诱导期，但长短不一，有些需要几个月，有些则要一年或两年。蚀孔将会在设备的哪些部位出现，怎样定量估价孔蚀的程度等都难以通过实验室来试验和检测，所以设备的穿孔破坏往往可能突然发生，应引起我们的高度重视。

从实践的观点来看，容易钝化的金属或合金，如不锈钢、铝和铝合金、钛和钛合金等在含有氯离子的介质中经常发生孔蚀。碳钢在表面的氧化皮或锈层有孔隙的情况下，在含氯离子

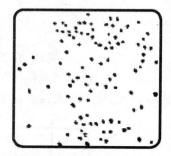

图 1-1-20　不锈钢在含 $FeCl_3$ 的 H_2SO_4 中产生的孔蚀

的水中也会出现孔蚀现象。总的来说，普通钢比不锈钢耐孔蚀能力高，例如用海水作冷却介质的冷凝器管子，如果用碳钢代替不锈钢，虽然碳钢的全面腐蚀较不锈钢大得多，但却不会发生由孔蚀引起的迅速穿孔。

此外，实践还表明，孔蚀通常发生在静滞的液体中，提高流速会使孔蚀减轻。例如，一台打海水的不锈钢泵如连续运转，使用很好，但如停用一段时间，就会产生孔蚀。

前面谈到的防止缝隙腐蚀的方法一般也适用于防止孔蚀。在不锈钢中增加钼，可以提高钢在含氯离子介质中的抗孔蚀能力。当然，如果工艺条件许可，尽量降低介质中氯离子、碘离子的含量，也会有效减小孔蚀。

（六）晶间腐蚀

晶间腐蚀也是一种常见的局部腐蚀。腐蚀是沿着金属或合金的晶粒边界和它的邻近区域产生和发展，而晶粒本身的腐蚀则很轻微，这种腐蚀便称为晶间腐蚀。这种腐蚀使晶粒间的结合力大大削弱，严重时可使材料的机械强度完全丧失。例如遭受这种腐蚀的不锈钢，表面看来还很光亮，但一经敲击便成碎粒。由于晶间腐蚀不易检查，所以容易造成设备的突然破坏，危害很大。

不锈钢、铝合金、镁合金、镍基合金都是晶间腐蚀敏感性高的材料。奥氏体不锈钢是制造化工设备常用的材料，它的晶间腐蚀问题，应特别引起我们注意。

在本章第三节我们已经提到奥氏体不锈钢经固溶处理后，钢中溶解的碳未能析出，因而这种固溶体对碳的溶解是过饱和的。当把这种钢材在 $450 \sim 850℃$ 温度下短时加热时，碳便会与铁、铬形成 $(Fe, Cr)_{23}C_6$ 从奥氏体中析出并分布在晶粒边界上。由于在 $(Fe, Cr)_{23}C_6$ 中的铬含量比奥氏体基体中的铬含量多，所以在形成 $(Fe, Cr)_{23}C_6$ 时需要从奥氏体晶粒中取得一些铬，如果这些铬能够及时地从晶粒内部输送到晶粒边界，那么整个奥氏体晶粒的铬含量虽有降低，但不会影响耐蚀性。但是如果加热是短时的，则由于晶粒内部的铬来不及扩散到边界上，于是形成 $(Fe, Cr)_{23}C_6$ 所需的铬就只能从晶粒边界提取。这样就造成了晶粒边界附近的铬含量下降到钝化所必需的限量（即12%）以下，形成了所谓的"贫铬区"。这里的钝态遭到破坏，而晶粒本体仍可维持钝态，因而在腐蚀性介质中就会发生以晶粒为阴极、以晶界为阳极的腐蚀微电池，导致晶界的腐蚀。

当用奥氏体不锈钢板制作设备时，总要经过焊接工序。焊接时，熔池的温度高1300℃以上，在焊缝两侧，钢板的温度逐渐下降，但其中必有一个区域其温度处于 $450 \sim 850℃$ 范围之内，这就给出现贫铬区创造了条件，使焊缝两侧的母材产生了对晶间腐蚀的敏感性。

为了防止奥氏体不锈钢由于焊接可能带来的晶间腐蚀问题，以前采用的办法是在奥氏体不锈钢中加入钛和铌，因为这两个元素和碳的亲和力大于铬与碳的亲和力，钢中加入钛或铌后会生成稳定的钛或铌的碳化物，这些碳化物在奥氏体中的溶解度极小，钢材虽经固溶处理，但在以后经 $450 \sim 850℃$ 加热时，也不会有大量的 $(Fe, Cr)_{23}C_6$ 沿晶界析出，从而在很大程度上消除了奥氏体不锈钢产生晶间腐蚀的倾向。

应指出，采用超低碳不锈钢（如 00Cr18Ni9）也可以很好地解决晶间腐蚀问题。过去由于冶炼这种超低碳不锈钢的成本较高，我国应用不多。但是随着炉外精炼新技术的采用，目前在国外低碳、超低碳不锈钢已经取代了上述的含钛不锈钢。此外，把焊接件加热至 $1050 \sim 1100℃$ 重新进行固溶处理，也可以消除焊缝附近的晶间腐蚀。然而这种方法对大尺寸的容器是无法普遍采用的。

（七）高温气体腐蚀

在化工生产中高温气体对金属的腐蚀有重要意义。如石油化工生产中，各种管式加热炉的炉管，其外壁常受高温氧化而破坏，在合成氨工业中，高温高压的氢、氮、氨等气体对设备也会产生腐蚀。

1. 金属的高温氧化

钢铁在空气中加热时，在较低的温度下（$200 \sim 300℃$）表面已经可以看到由氧化作用生成的氧化膜,其组成为 Fe_2O_3 和 Fe_3O_4,随着温度升高,氧化速度逐渐加快,但在 570℃ 以下,由于形成的氧化膜结构较致密,它对于 Fe^{++} 和 O^{--} 的扩散有较大的阻力,所以氧化速度较低。当温度超过 570℃ 时,氧化膜中出现大量有晶格缺陷的 FeO,使 Fe^{++} 易于扩散,氧化速度会急速增大。为提高钢的抵抗高温氧化的能力,在前面讨论耐热钢时曾提到可加入铝、硅、铬等元素,其作用就是借助于改变氧化膜的结构,阻止 Fe^{++} 和 O^{--} 的扩散,来达到减缓氧化速度的目的。

2. 钢的脱碳

钢在气体腐蚀过程中,通常总是伴随"脱碳"现象出现,即钢表面的渗碳体与介质中的氧、氢、二氧化碳、水等发生了如下的反应:

$$Fe_3C + \frac{1}{2}O_2 \longrightarrow 3Fe + CO$$

$$Fe_3C + CO_2 \longrightarrow 3Fe + 2CO$$

$$Fe_3C + H_2O \longrightarrow 3Fe + CO + H_2$$

$$Fe_3C + 2H_2 \longrightarrow 3Fe + CH_4$$

脱碳作用生成气体,使钢表面氧化膜的完整性受到破坏,从而降低了膜的保护作用,加快了腐蚀的进行。同时,由于碳钢表面渗碳体减少,使表面层的硬度和强度降低,这对要求表面具有高强度和高硬度的零件是不利的。在钢中加入铝或钨可使脱碳作用的倾向减小。

3. 氢腐蚀

氢气在常温常压下不会对碳钢产生明显的腐蚀,当温度高于 200~300℃;压力高于 300 大气压时,氢气对钢材会有显著的作用,可使钢材脆化,机械强度降低,这就是氢腐蚀。

钢材发生氢腐蚀一般要经历两个阶段:即氢脆阶段和氢侵蚀阶段。

在氢脆阶段,氢只是在被钢材吸附后,以原子氢状态沿晶界向钢材内部扩散,并与钢形成固溶体。即这时在钢中只是溶解了一定量的氢,溶解的氢并没有和钢中的任何组分起化学作用,也没有改变钢的组织状态。但是钢由于吸收了氢,韧性下降,脆性增大了。这种脆化是可以补救的。如果将钢材在低压下加热静置,可减少脆性,甚至恢复钢材的原来性能。

第二阶段氢侵蚀阶段,在这个阶段中,溶解在钢中的氢与钢中的 Fe_3C 发生反应:

$$Fe_3C + 2H_2 \longrightarrow 3Fe + CH_4$$

生成的甲烷在钢材内部积聚,使钢材产生很大的内应力,并导致出现裂纹,使钢材的强度和韧性都大大降低,最后使设备报废。

在钢中加入镍或钼可减小氢脆的敏感性。

在制造行业中,酸洗、电镀、焊接等工序也会出现氢脆问题,需通过选用合适的缓蚀剂,制定合理的焊接工艺,使用低氢焊条等方法加以防止。

项目 2
非金属材料

学习目的
- ◆掌握化工容器所用涂料的性能特点。
- ◆掌握工程塑料和玻璃钢性能特点。
- ◆掌握化工陶瓷、化工搪瓷性能特点。

非金属材料具有耐蚀性好、品种多、资源丰富的优点,适于因地制宜,就地取材,是一种有着广阔发展前途的化工材料。非金属材料既可以用做单独的结构材料,又能用做金属的保护衬里、涂层,还可以作设备的密封材料、保温材料和耐火材料。

应用非金属材料做化工设备,除要求有良好的耐腐蚀性外,还应有足够的强度,孔隙及吸水性要小,不能渗透,热稳定性好,加工制造容易,成本低以及来源丰富。非金属材料的一般缺点是,导热性小(石墨除外),大多数材料耐热性不高,对温度波动比较敏感,与金属相比机械强度较低(玻璃钢除外)。

在具体选用非金属材料制做化工设备或保护衬里时,是否取得良好的防腐蚀效果与 3 个因素有关,即正确地选择材料,合理地设计结构,认真地进行施工。选材、结构、施工这三者是不可分割的整体,只重视选材而忽视结构及施工,往往达不到预期的防腐效果。

非金属材料分无机材料(陶瓷、搪瓷、岩石、玻璃等)及有机材料(塑料、玻璃钢、涂料、不透性石墨等)两大类。

任务一　涂料

涂料可分油基漆(成膜物质为干性油类)和树脂基漆(成膜物质为合成树脂)两大类。它是通过一定的涂复方法涂在设备表面,经过固化形成薄涂层,从而保护设备免受化工大气及酸、碱等介质的腐蚀。

涂料的组成和作用示于表 1-2-1。

涂料的种类极多,常用的有以下几种:

1. 生漆

表 1-2-1　涂料的组成和作用

	组成	作用	常用品种
液体部分	成膜物质(粘结剂)	它可将填料和颜料粘合在一起,形成能牢固附着在物体表面的漆膜	生漆、酚醛树脂、环氧树脂、沥青、过氯乙稀树脂等
	稀释剂(溶剂)	能稀释或溶解树脂或油料,以便于施工。不同的树脂应选甩不同的稀释剂(溶剂)	汽油,松节油、甲苯、二甲苯,丙酮、乙醇等

	组成	作用	常用品种
固体部分	填料	提高漆膜的机械强度、耐蚀性、耐磨性、耐热性,降低热膨胀系数、收缩率及成本等	瓷粉、石英粉、石墨粉、辉绿岩粉、锌钡白粉、铝粉等
	颜料	使漆膜具有一定的遮盖力和颜色	氧化铁、红丹钛白、锌钡白等
辅助部分	固化剂	促使漆膜固化	对甲苯磺酰氯、苯磺酰氯、硫酸乙脂、乙二胺、间苯二胺
	填韧剂	增加漆膜的韧性和弹性,改善漆膜的脆性	苯二甲酸二丁酯,胶泥改进剂等

灰褐色黏稠液体,与空气接触后变为黑色。具有耐蚀、耐溶(常温)、抗水、耐油、耐磨等性能,附着力很强。缺点是不耐强碱及强氧化剂。漆膜干燥时间较长,毒性较大,施工容易引起人体中毒。生漆的使用温度约为150℃。

生漆在化肥工业中应用普遍。如用生漆保护半水煤气柜、煤气管道、水洗塔、脱硫塔等效果很好。生漆也是地下管道的良好涂料。

2. 漆酚树脂漆(又称改良生漆)

生漆经脱水缩聚并用有机溶剂稀释而成。它改变了生漆的毒性大、干燥慢、施工不便等缺点,仍保持生漆的其他优点。能耐工业大气的腐蚀,也可作为地下防腐防潮涂料。

漆酚树脂漆不耐阳光紫外线照射,宜用于受阳光照射较少的设备上,同时该涂料不能久置(约六个月)。

3. 酚醛树脂漆

它是以酚醛树脂溶于有机溶剂中并加入适量的填料和增韧剂配制而成,可耐盐酸、浓度低于60%的硫酸、磷酸、醋酸、各种盐类及大多数有机溶剂,不耐碱和强氧化剂。这种漆可作为贮酸槽、列管冷却器、管道、风机等涂层,使用温度为120℃。

酚醛树脂漆涂层必须进行热处理,热处理条件根据配方来定。

防止工业大气及海水腐蚀涂刷3~4层,在设备内壁涂刷6~8层。底漆需加填料,最后两层面漆可不加填料以使涂层表面光洁。

4. 环氧树脂漆

它是由环氧树脂、有机溶剂、增韧剂和填料配制而成,使用时要加入一定量的固化剂(乙二胺或间苯二胺)以促进漆膜固化。

环氧树脂漆具有良好的耐蚀性特别是耐碱性,并有较好的耐磨性,与金属和非金属有极好的附着力(聚氯乙烯、聚乙烯除外)。漆膜有良好的弹性,使用温度为90~100℃。已广泛用于各种化工设备上(如碳化塔、离心机转鼓、真空结晶器、水洗塔、贮槽等)。

5. 呋喃树脂漆

呋喃树脂是以糠醛为主要原料制成的聚合物,是黑褐色胶状液体,略有微臭。具有优良的耐酸性、耐碱性和耐热性(为180℃左右),同时来源广泛,价格较低。

呋喃树脂必须在酸性固化剂的作用和加热下才能固化,为防止固化剂对金属设备的腐蚀,应采用其他涂料作为底漆,如环氧树脂底漆、生漆、酚醛清漆等。

呋喃树脂由于存在性脆、对金属附着力差、干后会收缩等缺点,因此作为涂料使用时,通常加入一定比例的环氧树脂配成环氧改性呋喃树脂漆。它可耐酸、碱及有机溶剂,但不耐强氧化性酸。

6. 沥青漆

沥青漆是天然沥青或石油沥青溶于各种有机溶剂中所得到的液体溶液。它的耐蚀性很好,有抗水性,但耐热性差,易龟裂。

沥青漆由于施工简便,费用低廉,故应用普遍,化工厂中常用来保护建筑物、设备和管道,特别是地下建筑物的表面。

任务二　工程塑料和玻璃钢

塑料是以人造树脂或天然树脂为主体并加入各种填充物制成的。填充物有以下几种:

①填料　为提高塑料的机械性能可加玻璃纤维、石棉;为增加导热性可加石墨,为改善电绝缘性可加入岩石粉。

②增塑剂　降低材料的脆性和硬性,增加可塑性。

③稳定剂　延缓塑料的老化。

其他如使塑料具有一定颜色的染料,使塑料易于成型的润滑剂,使塑料光亮的发光物质等。

根据塑料受热后的性能不同,可分为热塑性塑料和热固性塑料两大类。

热塑性塑料加热时具有可塑性,但其化学成分不改变,冷却后变硬,重复加热可再度变软,因而能够回收再制。硬(软)聚氯乙烯、聚乙烯、聚四氟乙烯均是热塑性塑料。

热固性塑料在一定温度下加热一定时间后由于发生化学变化而变硬,硬化以后的塑料再次加热只分解(若温度过高)不会再次软化。酚醛塑料、环氧树脂塑料都是热固性塑料。

1. 硬聚氯乙烯塑料

聚氯乙烯塑料是一种具有良好的耐蚀性能和一定的机械强度的材料,这种塑料加工成型方便,焊接性能很好。聚氯乙烯塑料有软硬两种,后者应用很广,可以制成各种化工设备和器械(塔器、电除尘器、尾气烟囱、离心泵、通风机、过滤机、各种管件、阀件等),用以代替不锈钢、铅等重要材料。软聚氯乙烯则可用作设备衬里,也已取得良好的使用效果。

室温下硬聚氯乙烯的抗拉强度大约为 $45 \sim 50MPa$(为低碳钢的 $1/8$),随着载荷作用时间的增长,抗拉强度不断降低,但其降低的速度逐渐减小,通常是把 2000 小时左右的抗拉强度作为长期抗拉强度,目前,长期抗拉强度是按相应温度下抗拉强度的一半来选取。

温度对硬聚氯乙烯塑料的机械性能也有很大影响,温度每升高 $10℃$,材料的抗拉强度约下降 $6.25MPa$,而材料的冲击韧性则随温度的降低而下降,所以硬聚氯乙烯塑料制造的设备其使用温度为 $-10 \sim 50℃$,管道的使用温度为 $-15 \sim 60℃$。在塑料制的设备和管道外面用玻璃钢增强以后,可以提高设备和管道的使用温度和压力的范围。

与碳钢相比,硬聚氯乙烯的线膨胀系数约大 7 倍,而导热系数只有钢的 $1/380$,这一点在设计和使用时应予注意。

2. 耐酸酚醛塑料

它是以热固性酚醛树脂作粘结剂,以耐酸材料(如石棉、石墨、玻璃纤维等)作填料的一种热固性塑料。具有良好的化学稳定性和热稳定性,能耐大部分酸类及有机溶剂等介质的腐蚀,特别是能耐盐酸、氯化氢、硫化氢、二氧化硫、三氧化硫、低浓度及中等浓度硫酸的腐蚀。但不耐强氧化性酸(如硝酸、铬酸等)及碱、碘、苯胺等的腐蚀。

耐酸酚醛塑料易于挤压、卷制、模压成型和机械加工,可以制成各种化工设备及零部件,如塔节、容器、搅拌器、管道、管件、旋塞、阀门、泵等,也可制成软板用作设备衬里。目前在氯碱、染料、农药等工业中应用较多。

酚醛塑料的使用温度为 $-30 \sim 130 \ ℃$。

酚醛塑料的主要缺点是冲击韧性低,性脆,使用时要避免碰撞和敲击。一旦出现裂缝、孔洞等缺陷时,要及时用酚醛胶泥进行修补。酚醛胶泥是用酚醛树脂和填料再加少量固化剂(苯磺酰氨)配制而成的。

3. 聚四氟乙烯塑料

聚四氟乙烯塑料是一种具有优异的化学稳定性和很高的耐热、耐寒性的塑料,它与浓酸、浓碱及强氧化剂均不起作用,使用温度范围为 $-180 \sim 250℃$。主要用作耐腐蚀、耐高温的密封元件,如填料、衬垫、涨圈、阀座、阀片等。

由于聚四氟乙烯还具有很低的摩擦系数,所以,近年来加填料的聚四氟乙烯已广泛用在机械密封中作摩擦副材料。

4. 玻璃钢

玻璃钢又叫玻璃纤维增强塑料,它是采用合成树脂作粘合剂,以玻璃纤维制品(玻璃布、玻璃带、玻璃丝等)作为增强材料,按照一定的成型方法(模压、缠绕等)在一定温度及压力下使树脂固化而制成。根据所用树脂的不同,玻璃钢的种类很多,性能也有很大差异,目前在化工防腐方面主要有,环氧玻璃钢(常用)、环氧聚酯玻璃钢(韧性好)、环氧煤焦油玻璃钢(成本较低)、酚醛玻璃钢(耐酸性好)、呋喃玻璃钢(耐酸、碱性好)及聚酯玻璃钢(施工方便)等。

玻璃钢的比强度(抗拉强度/密度)高,它的抗拉强度一般可达 200MPa 以上,考虑到它的密度只有钢的 $1/5 \sim 1/4$,所以按比强度看,玻璃钢与高强度钢相仿,并超过铝合金。

在化工防腐中,玻璃钢可用作设备的贴衬材料及非金属管道的增强材料,也可以制作整体设备、管件、喷头、搅拌器等。

(三)不透性石墨

石墨具有特别高的化学稳定性及良好的导电、导热性。但是在石墨的制造过程中,由于高温焙烧而逸出挥发物的结果,造成石墨中有很多微小的孔隙,这不但会影响到它的机械强度和加工性能,而且会造成压力介质的渗透,因此用来制造化工设备的石墨,需要采用适当的方法来填充孔隙,使它成为不透性石墨。常用的有浸渍类不透性石墨和压型不透性石墨两种。

用各种树脂将石墨浸渍所得到的不透性石墨属浸渍类不透性石墨,由于采用浸渍剂的不同,可以得到不同性能的不透性石墨,常用的浸渍剂为热固性低黏度的酚醛树脂。

压型不透性石墨是用粘结剂(树脂)及石墨粉混合后在高温高压下成型制得的,主要用来制作管子。

不透性石墨的耐蚀性与浸渍或压合的树脂有关。它的导热性比碳钢大 2.5 倍,比不锈钢大 5 倍。其热膨胀系数小,耐温急变性好,而且易于切削加工,故多用它来制造热交换器。

不透性石墨的抗压强度比抗拉、抗弯强度高几倍,使用时宜使材料均匀受压,避免或减小受拉、弯应力。

用不透性石墨制造的零件,它们之间联接,既可用胶合剂粘结,也可利用螺纹或法兰连接。

任务三　无机非金属材料

一、化工陶瓷

化工陶瓷具有良好的耐腐蚀性能、足够的不透性、耐热性和一定的机械强度。其主要原料是粘土、瘠性材料和助熔剂。用水混合后经过干燥和高温焙烧,形成表面光滑、断面象细密石质的材料。但陶瓷性脆易裂,导热性差。

目前化工生产中,化工陶瓷设备与管道应用很多。化工陶瓷产品有塔、贮槽、容器、泵、阀门、旋塞、反应器、搅拌器和管道、管件等。

二、化工搪瓷

化工搪瓷设备是由含硅量高的瓷釉通过 900℃ 左右的高温锻烧,使瓷釉密着于金属胎表面而制成的。瓷釉的厚度一般为 0.8 ~ 1.5mm,它具有优良的耐蚀性、较好的耐磨性和电绝缘性。搪瓷表面十分光滑并能隔离金属离子,因此,搪瓷设备广泛地应用于耐腐蚀、不挂料以及产品纯度要求较高的场合之中。

目前我国生产的搪瓷设备有反应罐、贮罐、管子、管降、换热器、蒸发器、塔和阀门等。

搪瓷的导热系数不到钢的 1/40,而其体膨胀系数又较大,所以搪瓷设备不能直接用火焰加热以免损坏搪瓷面。使用油浴或蒸汽加热时也应缓慢升温,一般搪瓷设备及管子的耐温急变性容许温差不超过 110℃,特别应避免受到冷冲击(指瓷面从热突然变冷)以防止瓷釉在拉应力作用下发生裂纹。一般在缓慢加热或冷却条件下,搪瓷设备的使用温度为 - 30 ~270℃。

化工搪瓷能耐大多数无机及有机酸、有机溶剂等介质的腐蚀,尤其是在盐酸、硝酸、王水等介质中有优良的耐蚀性。但是不能用于氢氟酸(包括其他含氟离子的介质)、温度高于 180℃ 的磷酸、150℃ 以上的盐酸以及温度高于 100℃ 的碱液等介质中。

设备的搪瓷面损坏时,可以用水玻璃胶泥或环氧胶泥等进行修补。

三、砖板衬里

在化工生产中,砖板衬里设备是一种应用广泛、行之有效的非金属防腐蚀方法。

作衬里用的砖、板、管材有以下几种。

1. 辉绿岩板、管材

它们是由辉绿岩石熔融铸成的,主要成分是二氧化硅。除氢氟酸、300℃ 以上的磷酸和熔融的碱外,对所有的有机酸、无机酸和碱类均耐蚀,而且耐磨性也好。

2. 耐酸陶瓷砖、板、管材

它们是由耐火粘土、长石及石英以干成型法焙烧而成的,主要成分也是二氧化硅,耐蚀性基本上与辉绿岩相同。

3. 不透性石墨板

4. 玻璃管

上述各种砖、板的性能比较见表 1-2-2。

衬砖板所用的胶泥,由于选用的树脂不同,胶泥的配方与组成不同,因而所得的衬里性能也就不同,常用的有酚醛胶泥、水玻璃胶泥和呋喃胶泥等。

认真进行施工是保证砖板衬里设备取得良好防腐蚀效果的关键。

表 1-2-2　各种衬里用的砖、板材性能比较

名　称 项　目	辉绿岩板	瓷砖板	不透性石墨板[①]
耐酸性	好	好	好
耐碱性(NaOH)	好	一般	不耐
耐氢氟酸性	不耐	不耐	好
耐磨性	好	好	差
导热性	差	一般	好
温差急变性	差	差	好
价格	低	一般	高

①指用酚醛树脂浸渍的不透性石墨。

习　题

1. 若将碳含量为 0.3%、0.8%、1.0%、3.5% 的铁碳合金从室温开始缓慢加热直至熔化,试说明合金的组织变化情况。

2. 一个完整的热处理过程包括几个主要步骤,应该控制的是哪些参数? 为什么?

3. 解释下述金相组织结构,并说明它们的性能特点和存在条件。

　　(1) $a-Fe$ 　　　　　(2) $\gamma-Fe$

　　(3) 铁素体　　　　　(4) 奥氏体

　　(5) 珠光体　　　　　(6) 马氏体

　　(7) 渗碳体　　　　　(8) 莱氏体

　　(9) 贝氏体　　　　　(10) 石墨

4. 制造容器用钢为什么含碳量都低? 制造齿轮、轴等传动零件用钢为什么含碳量一般在 0.4% 以上?

5. 说明下述钢种的主要区别。

　　(1) 普通碳钢与优质碳钢;甲类钢与乙类钢

　　(2) 沸腾钢与镇静钢

　　(3) 普通低合金钢与合金结构钢

（4）不锈钢与耐酸钢

6. 常用的铸铁有几种？它们在组织及性能上的主要特点是什么？用组织结构的特点来解释下述问题（举例）。

（1）为什么灰铸铁的抗拉强度低，抗压强度高？为什么铸铁的塑性差？

（2）为什么同一牌号的铸铁，铸件尺寸不同，机械性能也就不同？

（3）为什么球墨铸铁的强度和韧性都比灰铸铁高？

7. 试总结在钢中加入合金元素后能够改变钢材的哪些性能，并尽可能说明改变钢材的这些性能的原理。

8. 铜、铝、铅及其合金的主要性能特点是什么？这些材料主要用于何处？

9. 总结各种腐蚀发生的场合及其防止的方法。

模块二

力学基础

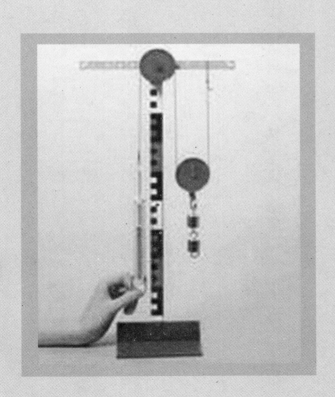

项目 **1**
静力学

学习目的

◆掌握物体的受力分析方法。

◆掌握金平面一般力学的平衡方法。

化工设备及其零部件在工作时都要受到各种外力作用。例如安装在室外的塔设备,要承受风力的作用;压力容器法兰联接的螺栓要承受拉力作用;搅拌轴工作时要承受物料阻力的作用等。为了使构件在外力作用下,既能安全可靠地工作,又能满足经济要求,除了需要选择适当的材料外,还要确定构件合理的截面形状和尺寸。要解决这些问题,就必须对构件进行受力分析和承载能力计算。

本项目的任务就是介绍化工设备设计计算所必须掌握的力学基础知识。其主要内容可以概括为两部分。

1.构件的受力分析

构件的受力分析主要研究构件的受力情况及平衡条件,进行受力大小的计算。其研究的构件是处于平衡状态下的构件。所谓平衡是指构件在外力作用下相对于地面处于静止或匀速直线运动状态。构件的受力分析是对构件进行承载能力分析的前提。

2.构件的承载能力分析

构件的承载能力是指构件在外力作用下的强度、刚度和稳定性。

强度是指构件抵抗外力破坏的能力。刚度是指构件抵抗变形的能力。稳定性是指构件在外力作用下保持其原有平衡状态的能力。为了确保设备在载荷作用下安全可靠地工作,构件必须具有足够的强度、刚度和稳定性。

在构件的承载能力分析中,主要研究静载荷作用下的等截面直杆的几种基本变形,即轴向拉伸和压缩变形、剪切和挤压变形、扭转变形、弯曲变形。

任务一　物体的受力分析

一、力的概念

1.力的概念

力的概念是人们在长期的生产实践中建立起来的。力是物体间相互的机械作用,这种作用使物体的运动状态发生改变或使物体产生变形。

使物体运动状态发生改变的效应称为力的外效应。如人推小车,小车由静止变为运动,运动的速度由慢变快,或者使运动方向有了改变。

使物体产生变形的效应称为力的内效应。如弹簧受拉力作用会伸长;桥式起重机的横梁在起吊重物时要弯曲;锻压加工时工件会变形等。

力的外效应和力的内效应总是同时产生的,在一般情况下,工程上用的构件大多是用金属材料制成的,它们都具有足够的抵抗变形的能力,即在外力的作用下,它们产生的变形是微小的,对研究力的外效应影响不大,在静力分析中,可以将其变形忽略不计。在外力作用下永不发生变形的物体称为刚体。本节以刚体为研究对象,只讨论力的外效应。

2.力的三要素

实践证明,力对物体的作用效应,由力的大小、方向和作用点的位置所决定,这三个因素称为力的三要素。当这三个要素中任何一个改变时,力的作用效果就会改变。如用扳手拧螺母时,作用在扳手上的力,其大小、方向或作用点位置不同,产生的效果都不一样。

3.力的矢量表示

力是一个具有大小和方向的矢量,图示时,常用一个带箭头的线段表示,线段长度 AB 按一定比例代表力的大小,线段的方位和箭头表示的力方向,其起点或终点表示力的作用点,如图 2-1-1 所示。书面表达时,用黑体字如 **F** 代表力矢量,并以同一字母非黑体字 F 代表力的大小。

工程上作用在构件上的力,常以下面两种形式出现。

(1)集中力

集中作用在很小面积上的力,一般可以把它近似地看成作用在某一点上,称其为集中力。如图 2-1-1 所示的力 **F**,其单位为"牛顿"(N)或"千牛顿"(kN)。

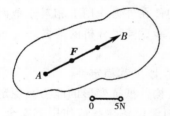

图 2-1-1　力的图示

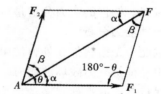

图 2-1-2　力的合成

(2)分布载荷

连续分布在一定面积或体积上的力称为分布载荷。如果分布载荷的大小是均匀的就称为均布载荷。均布载荷中,单位长度上所受的力称为载荷集度,用 q 表示,其单位为"牛顿/米"(N/m)或"千牛顿/米"(kN/m)。如卧式容器的自重、塔设备所受的风载荷都可简化为均布载荷。

二、力的基本性质

力的性质反映了力所遵循的客观规律,它们是进行构件受力分析、研究力系简化和力系平衡的理论依据。

力的基本性质由静力学公理来说明。

1.公理一　二力平衡公理

作用在刚体上的两个力,使刚体保持平衡的必要和充分条件是:这两个力大小相等、方向相反,且作用在同一直线上。

该公理指出了刚体平衡时最简单的性质,是推证各种力系平衡条件的依据。

凡是可以不计自重且只在两点受力而处于平衡的构件,称为二力构件。二力构件的形状可以是直线形的,也可以是弯曲的,因只有两个受力点,根据平衡公理,力的方向必在两受力点连线上。在结构中找出二力构件,对物体的受力分析至关重要。

2.公理二　力的平行四边形公理

作用于物体上同一点的两个力,其合力也作用在该点上,合力的大小和方向由以这两个力为邻边所作的平行四边形的对角线确定。由矢量合成法则:

$$F = F_1 + F_2$$

该公理说明了力的可加性,它是力系简化的依据。

如图 2-1-2 所示,F 即为 F_1 和 F_2 的合力。F 的大小可以由余弦定理计算,F 的方向可以用它与 F_1(或 F_2)之间的夹角 α(或 β)来表示。

$$\left.\begin{aligned} F &= \sqrt{F_1^2 + F_2^2 - 2F_1F_2\cos\theta} \\ \tan\alpha &= \frac{F_2\sin\theta}{F_1 + F_2\cos\theta} \end{aligned}\right\} \tag{2-1-1}$$

力的平行四边形公理是力系合成的依据,也是力分解的法则,在实际问题中,常将合力沿两个互相正交的方向分解为两个分力,称为合力的正交分解。

3.公理三　加减平衡力系公理

在已知力系上加上或减去任意的平衡力系,不会改变原力系对刚体的作用效应。

现有一刚体受力 F 作用(图 2-1-3(a)),作用点为 A,沿力的作用线上另一点 B 处加上等值、反向的两个力 F_1 和 F_2(图 2-1-3(b)),且 $F_1 = F_2 = F$。由于 F_1 与 F 构成平衡力系,可除去。此时,原刚体就受力 F_2 的作用(图 2-1-3(c)),而与原来在 F 作用下等效。由此,有下面的推论:

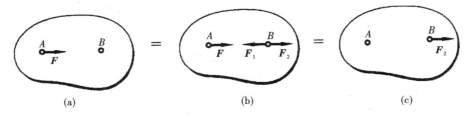

图 2-1-3　力的可传性

作用在刚体上某点的力,沿其作用线移到刚体内任一点,不改变它对刚体的作用。这就是力的可传性原理。例如,实践中用力拉车和用等量同方向的力去推车,效果是一样的。

由力的可传性原理可以看出,作用于刚体上的力的三要素为:力的大小、方向和力的作用线位置,不再强调力的作用点。

需要说明的是,公理一、公理三及其推论只对刚体适用,而不适用于变形体。

4.公理四　作用力与反作用力公理

当甲物体给乙物体一作用力时,甲物体也同时受到乙物体的反作用力,且两个力大小相等、方向相反、作用在同一直线上。

如图 2-1-4 所示,重物给绳一个向下的拉力 T_A,同时绳作用在重物上一个向上的拉力 T_A',

T_A 与 T'_A 互为作用力与反作用力。由此可见,力总是成对出现的。由于作用力与反作用力分别作用在两个不同物体上,因而它们不是平衡力。

三、约束与约束反力

凡是对一个物体的运动(或运动趋势)起限制作用的其他物体,都称为这个物体的约束。

能使物体运动或有运动趋势的力称为主动力,主动力往往是给定的或已知的。如图2-1-4物体所受重力 G 即为主动力。

约束既然限制物体的运动,也就给予该物体以作用力,约束对被约束物体的作用力称为约束反力,简称反力。如图2-1-4所示,绳给重物的作用力 T'_A 就是约束反力。约束反力的方向总是与约束所阻止的物体运动趋势方向相反。

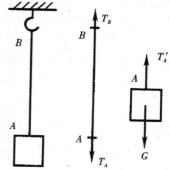

约束反力的方向与约束本身的性质有关。下面介绍几种工程中常见的约束类型及其相应的约束反力。

1. 柔性约束

绳索、链条、胶带等柔性物体形成的约束即为柔性约束。柔性物体只能承受拉力,而不能受压。作为约束,它只能限制被约束物体沿其中心线伸长方向的运动,而无法阻止物体沿其他方向的运动。因此,柔性约束产生的约束反力,通过接触点沿着柔体的中心线背离被约束物体(使被约束物体受拉)。如图2-1-4所示,重物受柔体约束反力 T'_A 的作用。

图2-1-4　作用力与反作用力

2. 光滑面约束

一些不计摩擦的支承表面,如导轨、气缸壁等产生的约束称为光滑面约束。这种约束只能阻止物体沿着接触点公法线方向的运动,而不限制离开支承面和沿其切线方向的运动。因此,光滑面约束反力的方向是通过接触点并沿着公法线,指向被约束的物体。如图2-1-5(a)所示,在主动力 G 的作用下,物体有向下运动的趋势,而约束反力 N 则沿着公法线垂直向上,指向圆心。图2-1-5(b)所示为轴架在V

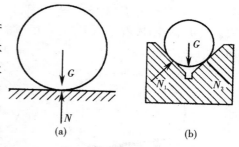

图2-1-5　光滑面约束

形铁上,V形铁对轴的约束反力 N_1、N_2 沿接触斜面的法线方向,指向轴的圆心。

3. 铰链约束

(1)固定铰链约束

如图2-1-6(a)所示,被连接件 A 只能绕销轴 O 转动,而不能沿销轴半径方向移动。这种结构对构件 A 的约束就称为固定铰链约束。固定铰链约束通常简化为如图2-1-6(b)或(c)所示的力学模型,其约束反力的作用线通过铰链中心,但其方向待定,可先任意假设。常用水平和铅垂两个方向的分力来表示,如图2-1-6(b)、(c)中的 N_x、N_y 所示。

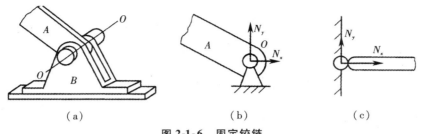

图 2-1-6　固定铰链

（2）活动铰链约束

如图 2-1-7（a）所示，在铰链支座下面装几个辊轴，就成为活动铰链支座。化工和石油装置中的一些管道、卧式容器及桥梁等，为了适应较大的温度变化而产生的伸长或收缩，应允许支座间有稍许的位移，这些支座可简化为活动铰链约束，其力学模型见图 2-1-7（b）。

活动铰链约束不限制物体沿支承面切线方向的运动，只能限制物体沿支承面的法线方向压入支承面的运动，其约束反力与光滑面约束相似，方向是沿着支承面法线通过铰链中心指向物体，如图 2-1-7（b）所示。

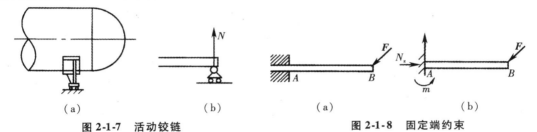

图 2-1-7　活动铰链　　　　　　　　　图 2-1-8　固定端约束

工程实际中的轴承约束常可简化为固定铰链或活动铰链。

4. 固定端约束

物体的一部分固嵌于另一物体所构成的约束，称为固定端约束，如图 2-1-8（a）所示。例如，建筑物中的阳台、插入地面的电线杆、塔设备底部的约束和插入建筑结构内部的悬臂式管架等，这些工程实例都可抽象为固定端约束。固定端约束既不允许构件作纵向或横向移动，也不允许构件转动。其力学模型如图 2-1-8（b）所示。

固定端约束所产生的约束反力比较复杂，一般在平面力系中常简化为三个约束反力 N_x、N_y、m，如图 2-1-8（b）所示。

四、受力图

静力分析主要解决力系的简化与平衡问题。为了便于分析计算，应将所研究物体的全部受力情况用图形表示出来。为此，需将所研究物体假想地从相互联系的结构中"分离"出来，单独画出。这种从周围物体中单独隔离出来的研究对象，称为分离体。将研究对象所受到的所有主动力和约束反力，无一遗漏地画在分离体上，这样的图形称为受力图。

下面通过实例来说明受力图的画法。

例 2-1-1　重量为 G 的小球放置在光滑的斜面上，并用一绳拉住，如图 2-1-9（a）所示。试画小球的受力图。

解　①以小球为研究对象,解除斜面和绳的约束,画出分离体。

②画主动力。小球受重力 G,方向铅垂向下,作用于球心 O。

③画出全部约束反力。小球受到的约束有绳和斜面。绳为柔性约束,其约束反力 T 作用在 C 点,沿绳索背离小球;小球与斜面为光滑接触,斜面对小球的约束反力 N_B 作用在 B 点,垂直于斜面(沿公法线方向),并指向球心 O 点。小球受力图见图 2-1-9(b)。

例 2-1-2　如图 2-1-10(a)所示,水平梁 AB 用斜杆 CD 支撑,A、D、C 三处均为圆柱铰链联接。水平梁的重力为 G,其上放置一个重为 Q 的电动机。如斜杆 CD 所受的重力不计,试画出斜杆 CD 和水平梁 AB 的受力图。

解　①斜杆 CD 的受力图。如图 2-1-10(b)所示,将斜杆解除约束作为分离体。该杆的两端均为圆柱铰链约束,在不计斜杆自身重力的情况下,它只受到杆端两个约束反力 R_c 和 R_D 作用而处于平衡状态,故 CD 杆为二力杆。根据二力杆的特点,斜杆两端的约束反力 R_c 和 R_D 的方位必沿两端点 C、D 的连线且等值、反向。又由图可断定斜杆是处在受压状态,所以约束反力 R_c 和 R_D 的方向均指向斜杆。

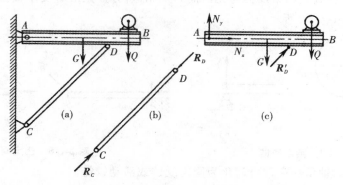

图 2-1-10　例 2-1-2 附图

②水平梁 AB 的受力图。如图 2-1-10(c)所示,将水平梁 AB 解除约束作为分离体(包括电动机)。作用在该梁上的主动力有梁和电动机自身的重力 G 和 Q。梁在 D、A 两处受到约束,D 处有约束反力 R_D' 与二力杆上的力 R_D 互为作用力与反作用力,所以 R_D' 的方向必沿 CD 杆的轴线并指向水平梁。A 处为固定铰链,其约束反力一定通过铰链中心 A,但方向不能预先确定,一般可用相互垂直的两个分力 N_x 和 N_y 表示。

通过以上各例,可以把受力图的画法归纳如下:

①明确研究对象,解除约束,画出分离体简图。

②在分离体上画出全部的主动力。

③在分离体解除约束处,画出相应的约束反力。

任务二　平面汇交力系

一、平面汇交力系的简化

凡各力的作用线均在同一平面内的力系,称为平面力系。各力的作用线全部汇交于一点的平面力系,称为平面汇交力系。如图 2-1-11 所示,滚筒、起重吊钩受力都是平面汇交力系,它是最基本的力系。

1. 力在坐标轴上的投影

力在坐标轴上的投影定义为:从力 **F** 的两端分别向选定的坐标轴 x、y 作垂线,其垂足间的距离就是力 **F** 在该轴上的投影。如图 2-1-12 所示。图中 ab 和 $a'b'$ 即为力 **F** 在 x 和 y 轴上的投影。

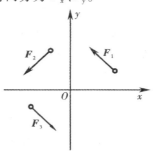

图 2-1-11　平面汇交力系

力 **F** 向 x 轴投影用 F_x 表示:$F_x = F\cos\alpha = ab$

力 **F** 向 y 轴投影用 F_y 表示:$F_y = F\sin\alpha = a'b'$

$$\left.\begin{array}{l}\end{array}\right\}$$ (2-1-2)

式中 α 是力 **F** 与 x 轴正向间的夹角。

如图 2-1-12 所示,若将力 **F** 沿 x、y 轴方向分解,则得两分力 F_x、F_y。

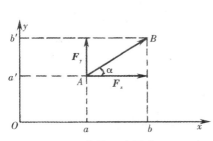

图 2-1-12　密排六方晶胞

力 **F** 在 x 轴上的分力大小:$F_x = F\cos\alpha$

力 **F** 在 y 轴上的分力大小:$F_y = F\sin\alpha$

由此可知,力在坐标轴上的投影,其大小就等于此力沿该轴方向分力的大小。力的分力是矢量,而力在坐标轴上的投影是代数量,它的正负规定如下:若此力沿坐标轴的分力的指向坐标轴一致,则力在该坐标轴上的投影为正值;反之,则投影为负值。在图 2-1-12 中,力在 x、y 轴的投影都为正值。图 2-1-13 中各力投影的正负,读者可自行判断。

若已知力在坐标轴上的投影 F_x、F_y,则力 **F** 的大小和方向可按下式求出

$$\left.\begin{array}{l} F = \sqrt{F_x^2 + F_y^2} \\[2mm] \tan\alpha = \dfrac{F_y}{F_x} \end{array}\right\}$$ (2-1-3)

式中 α 为力 **F** 与 x 轴正向间的夹角。力 **F** 的指向由 F_x,F_y 的正负号判定。

2. 平面汇交力系的简化

如图 2-1-14(a)所示,设物体上作用着汇交的两个力 F_1,F_2,则其合力 **F** 可由平行四边形 $ABCD$ 的对角线 AD 表示。

根据投影的定义,分力和合力的投影关系为

$$F_{1x} = ab \qquad F_{2x} = ac = bd \qquad F_x = ad$$

$$F_{1y} = a'b' \qquad F_{2y} = a'c' = b'd' \qquad F_y = a'b'$$

由图可知,表示投影的线段有如下关系

$$ab = ab + bd \qquad a'd' = a'b + b'd'$$

$$F_x = F_{1x} + F_{2x} \qquad F_y = F_{1y} + F_{2y}$$

在图 2-1-14(b)中,上述关系仍然存在,但投影的正负不一定完全相同,应根据具体情况确定,运算时应该特别注意。

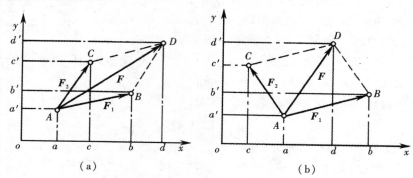

图 2-1-14　合力与分力的投影关系

上面证明了两个力合成时的投影关系,显然上述方法可以推广到任意多个汇交力的情况。设有 n 个力汇交于一点,如图 2-1-14(a)所示,它们的合力为 F。可以证明,合力 F 在坐标轴上的投影,等于各分力在该轴上投影的代数和,这个关系称合力投影定理。用数学式表达为

$$\left.\begin{aligned} F_x &= F_{1x} + F_{2x} + \cdots\cdots + F_{nx} = \sum F_x \\ F_y &= F_{1y} + F_{2y} + \cdots\cdots + F_{ny} = \sum F_y \end{aligned}\right\} \qquad (2\text{-}1\text{-}4)$$

由投影 F_x,F_y 就可以求合力 F 的数值(图 2-1-15(b))

$$\left.\begin{aligned} F &= \sqrt{F_x^2 + F_y^2} = \sqrt{\sum F_x^2 + \sum F_y^2} \\ \tan\alpha &= \frac{F_y}{F_x} = \frac{\sum F_y}{\sum F_x} \end{aligned}\right\} \qquad (2\text{-}1\text{-}5)$$

合力 F 的方向由 F_x,F_y 的正负决定。

二、平面汇交力系的平衡

若平面汇交力系的合力为零,则该力系将不引起物体运动状态的改变,即该力系是平衡力系。从式(2-1-5)可知,平面汇交力系保持平衡的必要条件是

$$F = \sqrt{(\sum F_x)^2 + (\sum F_y)^2} = 0$$

要使上式成立,则必须同时满足以下两个条件

$$\left.\begin{aligned} \sum F_x &= 0 \\ \sum F_y &= 0 \end{aligned}\right\} \qquad (2\text{-}1\text{-}6)$$

上式称为平面汇交力系的平衡方程,它的意义是:平面汇交力系平衡时,力系中所有各力在 x、y 两坐标轴上投影的代数和分别等于零。

例 2-1-3　如图 2-1-16(a)所示,储罐架在砖座上,罐的半径 $r = 0.5\,\mathrm{m}$,重 $G = 12\,\mathrm{kN}$,两砖座间距离 $L = 0.8\,\mathrm{m}$。不计摩擦,试求砖座对储罐的约束反力。

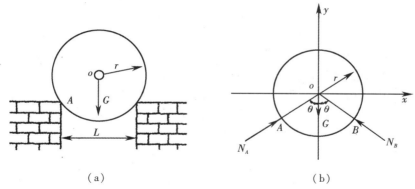

（a）　　　　　　　　　　　　　　　　（b）

图 2-1-16　例 2-1-3 附图

解　①取储罐为研究对象,画受力图。砖座对储罐的约束是光滑面约束,故约束反力 N_A 和 N_B 的方向应沿接触点的公法线指向储罐的几何中心 o 点,它们与 y 轴夹角设为 θ。G、N_A、N_B 三个力组成平面汇交力系。如图 2-1-16(b)。

②选取坐标 oxy 如图示,列平衡方程求解

$$\sum \boldsymbol{F}_x = 0 \quad N_A \sin\theta - N_B \sin\theta = 0 \tag{2-1-7a}$$

$$\sum \boldsymbol{F}_y = 0 \quad N_A \cos\theta + N_B \cos\theta - G = 0 \tag{2-1-7b}$$

解式(2-1-7a)得

$$N_A = N_B$$

由图中几何关系可知

$$\sin\theta = \frac{L/2}{r} = \frac{0.8/2}{0.5} = 0.8$$

所以

$$\theta = 53.13°$$

代入式(2-1-7b)得

$$N_A = N_B = \frac{G}{2\cos\theta} = \frac{12}{2\cos 53.13°} = 10(\text{kN})$$

任务三　平面一般力学

一、力矩

如图 2-1-17 所示,当人们用扳手拧紧螺母时,力 $\boldsymbol{F}$ 对螺母拧紧的转动效应不仅取决于力 $\boldsymbol{F}$ 的大小和方向,而且还与该力作用线到 O 点的垂直距离 d 有关。$\boldsymbol{F}$ 与 d 的乘积越大,转动效应越强,螺母就越容易拧紧。因此,在力学上用物理量 Fd 及其转向来度量力 $\boldsymbol{F}$ 使物体绕 O 点转动的效应,称为力对 O 点之矩,简称力矩,以符号 $M_0(\boldsymbol{F})$ 表示。即

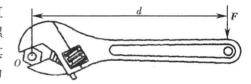

图 2-1-17　力对点之矩

$$M_0(F) = \pm Fd \tag{2-1-8}$$

式(2-1-7)中，O 点称为力矩的中心简称矩心；O 点到力 F 作用线的垂直距离 d 称为力臂。式中正负号表示两种不同的转向。通常规定：使物体产生逆时针旋转的力矩为正值；反之为负值。力矩的单位是牛顿·米（N·m）或千牛顿·米（kN·m）。

在平面问题中，由分力 F_1、F_2、$\cdots$、F_n 组成的合力 F 对某点 O 的力矩等于各分力对同一点力矩的代数和。这就是合力矩定理（证明从略）。

即 $\qquad M_O(F) = M_O(F_1) + M_O(F_2) + \cdots + M_O(F_n) = \sum M_O(F)$

合力矩定理不仅适用于平面汇交力系，而且也同样适用于平面一般力系。

由力矩定义可知：

①如果力的作用线通过矩心，则该力对矩心的力矩等于零，即该力不能使物体绕矩心转动。

②当力沿其作用线移动时，不改变该力对任一点之矩。

③等值、反向、共线的两个力对任一点之矩总是大小相等、方向相反，因此两者的代数和恒等于 0。

④矩心的位置可以任意选定，即力可以对其作用平面内的任意点取矩，矩心不同，所求的力矩的大小和转向就可能不同。

二、力偶

1. 力偶的概念

力学上把一对大小相等、方向相反，作用线平行且不重合的力组成的力系称为力偶，通常用（F, F'）表示。力偶中两个力所在的平面称为力偶的作用面，两力作用线之间的垂直距离 d 称为力偶臂，如图 2-1-18 所示。

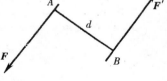

图 2-1-18　力偶

实践证明，力偶对物体的转动效应，不仅与力偶中力 F 的大小成正比，而且与力偶臂 d 的大小成正比。F 与 d 越大，转动效应越显著。因此，力学上用两者的乘积 Fd 来度量力偶对物体的转动效应，这个物理量称为力偶矩，记作 $M(F, F')$ 或简单地以 M 表示。

$$M = M(F, F') = \pm Fd \tag{2-1-8}$$

力偶矩与力矩一样，也是代数量，正负号表示力偶的转向，其规定与力矩相同，即逆正顺负。单位也和力矩相同，常用 N·m 和 kN·m。

力偶对物体的转动效应取决于力偶矩的大小、转向和力偶作用面的方位，称这三个因素为力偶的三要素。我们常用图 2-1-19（a）、（b）所示的方法表示力偶矩的大小、转向、作用面。

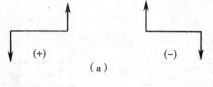
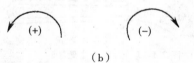

图 2-1-19　力偶的图示

2. 力偶的性质

根据力偶的概念，可以证明，力偶具有以下性质。

①力偶无合力。

如图 2-1-19 所示，在力偶作用平面内取坐标轴 x、y。

由于构成力偶的两平行力是等值、反向(但不共线),故在 z、y 轴上投影的代数和为零。这一性质说明力偶无合力,所以它不能用一个力来代替,也不能用一个力来平衡,力偶只能用力偶来平衡。由此可见,力偶是一个不平衡的、无法再简化的特殊力系。

　　②力偶的转动效应与矩心的位置无关。

　　如图 2-1-21 所示,设物体上作用一力偶(F,F'),其力偶矩 $M = Fd$。在力偶作用平面内任取一点 O 为矩心,将力偶中的两个力 F,F' 分别对 O 点取矩,其代数和为

$$M = M_O(F) + M_O(F') = F(d + l) - Fl = Fd$$

这表明,力偶中两个力对其作用面内任一点之矩的代数和为一常数,恒等于其力偶矩。而力对某点之矩,矩心的位置不同,力矩就不同,这是力偶与力矩的本质区别之一。

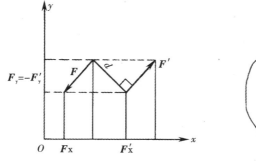

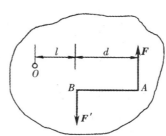

图 2-1-20 力偶无合力　　　　图 2-1-21 力偶矩与矩心位置无关

　　③力偶的等效性。

　　大量实践证明,凡是三要素相同的力偶,彼此等效。如图 2-1-22(a)、(b)、(c)所示,作用在同一平面内的三个力偶,它们的力偶矩都等于 240N·cm,转向也相同,因此,它们互为等效力偶,可以相互代替。有时就用一个带箭头的弧线来表示一个力偶,如图 2-1-22(d)所示。

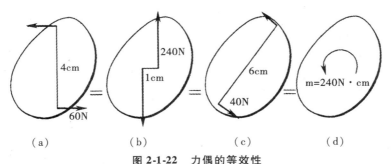

图 2-1-22 力偶的等效性

3.平面力偶系的合成与平衡

　　作用于同一物体上的若干个力偶组成一个力偶系,若力偶系中各力偶均作用在同一平面,则称为平面力偶系。

　　既然力偶对物体只有转动效应,而且,转动效应由力偶矩来度量,那么,平面内有若干个力偶同时作用时(平面力偶系),也只能产生转动效应,且其转动效应的大小等于各力偶转动效应的总和。可以证明,平面力偶系合成的结果为一合力偶,其合力偶矩等于各分力偶矩的代数和。即

$$M = m_1 + m_2 + \cdots\cdots + m_n = \sum m \tag{2-1-10}$$

若物体在平面力偶系作用下处于平衡状态,则合力偶矩必定等于零,即

$$M = \sum m = 0 \tag{2-10}$$

上式称为平面力偶系的平衡方程。利用这个平衡方程,可以求出一个未知量。

　　例 2-1-4　图 2-1-23(a)为塔设备上使用的吊柱,供起吊顶盖之用。吊柱由支承板 A 和支承托架 B 支承,吊柱可在其中转动。图中尺寸单位为 mm。已知起吊顶盖重力为 1000 N,试求起吊顶盖时,吊柱 A、B 两支承处受到的约束反力。

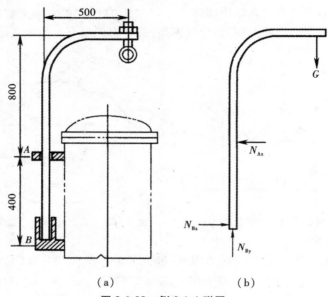

（a）　　　　　　　　　　（b）

图 2-1-23　例 2-1-4 附图

　　解　①以吊柱为研究对象,支承板 A 对吊柱的作用可简化为向心轴承,它只能阻止吊柱沿水平方向的移动,故该处只有一个水平方向的反力 N_{Ax}。支承托架 B 可简化为一个固定铰链约束,它能阻止吊柱铅垂向下、水平两个方向的移动,故该处有一个铅垂向上的反力 N_{By},一个水平反力 N_{Bx}。画出吊柱的受力图如图 2-1-23(b)。

　　②吊柱上共有四个力作用,其中 G 和 N_{By},是两个铅垂的平行力,N_{Ax}、N_{Bx}。是两个水平的平行力,由于吊柱处于平衡状态,它们必互成平衡力偶。

　　由力偶 (G, N_{By}) 可知 N_{By} 的大小为

$$N_{By} = G = 1\,000\,(\mathrm{N})$$

由 $\sum m = 0$ 得

$$-G \times 500 + N_{Ax} \times 400 = 0$$

所以

$$N_{Ax} = \frac{1000 \times 500}{400} = 1\,250\,(\mathrm{N})$$

$$N_{Bx} = N_{Ax} = 1\,250\,(\mathrm{N})$$

二、平面一般力系

(一)力的平移

有了力偶的概念以后,可进一步讨论力的平移问题。

如图 2-1-24(a)所示,设有一力 F 作用在物体上的 A 点,今欲将其平行移动(平移)到 O 点。如图 2-1-24(b)所示,在。点加一对平衡力 F' 和 F'',其大小和力 F 相等,且平行于 F。根据加减平衡力系公理,这时,三个力 F、F'、F''对物体的作用效果与原来的一个力 F 对物体的作用效果是相同的。F、F'、F''三力中,F''和 F 两力是等值、反向,但不共线的平行力,因而它们构成一个力偶,通常称为附加力偶,其臂长为 d,其力偶矩为 m 恰好等于原力 F 对 O 点之矩。

即
$$m = M_o(F) = Fd$$

而剩下的力 F',即为由 A 点平移到。点的力。于是,原来作用在 A 点的力 F,现在被一个作用在。点的力 F' 和一个附加力偶(F',F'')所代替(图 2-1-24(c)),显然它们是等效的。

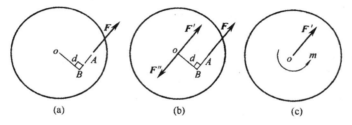

图 2-1-24　力的平移

由上可知:作用在物体上某点的力,可平行移动到该物体上的任意一点,但平移后必须附加一个力偶,其力偶矩等于原力对新作用点之矩,这就是力的平移定理。力的平移定理只适用于刚体,它是平面一般力系简化的理论依据。

(二)平面一般力系的简化

各力作用线任意分布的平面力系,称为平面一般力系。

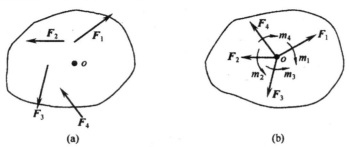

图 2-1-25　平面一般力系的简化

如图 2-1-25(a)所示,设物体上作用着一个平面一般力系:F_1、F_2、F_3、F_4。在物体上任意选取。点作为简化中心。根据力的平移定理将此四个力平移到。点,最后得到一个汇交于。

点的平面汇交力系和一个平面力偶系,如图 2-1-25(b)。换言之,原来的平面一般力系与一个平面汇交力系和一个平面附加力偶系等效。

(三)平面一般力系的平衡

根据上述平面一般力系的简化结果,若简化后的平面汇交力系和平面附加力偶系平衡,则原来的平面一般力系也一定平衡。因此,只要综合上述两个特殊力系的平衡条件,就能得出平面一般力系的平衡条件。具体地说:

①平面汇交力系合成的合力为零即 $F = 0$。

②平面力偶系合成的合力偶矩为零即 $\sum M_o = 0$。

当同时满足这两个要求时,平面一般力系作用的物体既不能移动,也不能转动,即物体处于平衡状态。

由平面汇交力系的平衡条件可知,欲使合力 $F = 0$,则必须使 $\sum F_x = 0$ 及 $\sum F_y = 0$,因此得到平面一般力系的平衡方程为

$$\left.\begin{array}{l} \sum F_x = 0 \\ \sum F_y = 0 \\ \sum M_o = 0 \end{array}\right\} \tag{2-1-11}$$

由这组平面一般力系的平衡方程,可以解出平衡的平面一般力系中的三个未知量。

例 2-1-5　悬臂吊车如图 2-1-26(a)所示。横梁 AB 长 $L = 2.5$ m,自重 $G_1 = 1.2$ kN。拉杆 BC 倾斜角 $\alpha = 30°$,自重不计。电葫芦连同重物共重 $G_2 = 7.5$ kN。当电葫芦在图示位置 $a = 2$ m 匀速吊起重物时,求拉杆 BC 的拉力和支座 A 的约束反力。

解　①取横梁 AB 为研究对象,画其受力图,如图 2-26(b)。

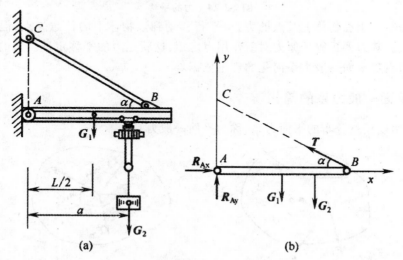

图 2-1-26　例 2-1-5 附图

②建立直角坐标系 A_{xy},如图 2-1-26(b),列平衡方程求解。

由　　　　　　　　　　$\sum M_A = 0$　　　　$TL\sin\alpha - G_1\dfrac{L}{2} - G_2 a = 0$

得
$$T = \frac{G_1 L + 2 G_2 a}{2 L \sin\alpha} = \frac{1.2 \times 2.5 + 2 \times 7.5 \times 2}{2 \times 2.5 \times \sin 30°} = 13.2 \,(\text{kN})$$

由　　　　　　　　$\sum F_x = 0$　　　　$R_{Ax} - T\cos\alpha = 0$

得　　　　　　　$R_{Ax} = T\cos\alpha = 13.2 \times \cos 30° = 11.4 \,(\text{kN})$

由　　　　　　　$\sum F_y = 0$　　　　$R_{Ay} - G_1 - G_2 + T\sin\alpha = 0$

得　　　$R_{Ay} = G_1 + G_2 - T\sin\alpha = 1.2 + 7.5 - 13.2 \times \sin 30° = 2.1 \,(\text{kN})$

例 2-1-6　如图 2-1-27 所示的塔设备,塔重 $G = 450$ kN,塔高 $h = 30$ m,塔底用螺栓与基础紧固联接。塔体的风力可简化为两段均匀分布载荷,$h_1 = h_2 = 15$ m,h_1 段均匀分布载荷的载荷集度为 $q_1 = 380$ N/m;h_2 段载荷集度为 $q_2 = 700$ N/m。试求塔设备在支座处所受的约束反力。

解　由于塔设备与基础用地脚螺栓牢固联接,塔既不能移动,也不能转动,所以可将基础对塔设备的约束视为固定端约束。

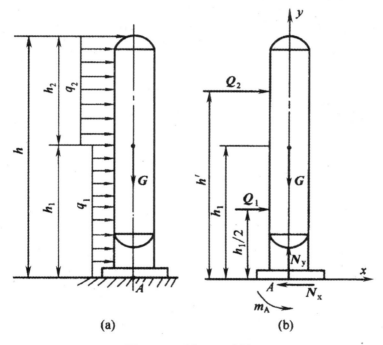

图 2-1-27　例 2-1-6 附图

①选塔体为研究对象,分析其受力情况。作用在塔体上的主动力有塔身的重力 G 和风力 q_1、q_2,塔底处为固定端约束,故有约束反力 N_x、N_y 和 m_A,其中 N_x 防止塔体在风力作用下向右移动,N_y 防止塔体因自重而下沉,而 m_A 则限制塔体在风力作用下绕 A 点转动。在计算支座反力时,均匀分布载荷 q_1 和 q_2 可用其合力 Q_1 和 Q_2 表示,它们分别作用在塔体两段受载部分的中点即 $h_{1/2}$ 和 $h' = h_1 + h_{2/2}$ 处,合力的大小分别为 $Q_1 = q_1 h_1$,$Q_2 = q_2 h_2$,方向与风力方向一致。约束反力 N_x、N_y 和 m_A 的大小未知,但它们的指向和转向可预先假定。其受力图如图 2-1-27(b)所示。

②在塔体受力图上建立直角坐标系 A_{xy},选取 A 点为矩心。

③列平衡方程,求解未知力。

由 $\qquad$ $\sum \boldsymbol{F}_x = 0 \qquad Q_1 + Q_2 - N_x = 0$

得 $\qquad$ $N_x = Q_1 + Q_2 = q_1 h_1 + q_2 h_2$

$$= 380 \times 15 + 700 \times 15$$

$$= 16\ 200\ \text{N} = 16.2(\text{kN})$$

由 $\qquad$ $\sum \boldsymbol{F}_y = 0 \qquad N_y - G = 0$

得 $\qquad$ $N_y = G = 450(\text{kN})$

由 $\qquad$ $\sum M_A = 0$

$$m_A - Q_1 \frac{h_1}{2} - Q_2 \left(h_1 + \frac{h_2}{2} \right) = 0$$

$$mA = Q_1 \frac{h_1}{2} + Q_2 \left(h_1 + \frac{h_2}{2} \right) = q_1 h_1 \frac{h_1}{2} + q_2 h_2 \left(h_1 + \frac{h_2}{2} \right)$$

$$= 380 \times 15 \times \frac{15}{2} + 700 \times 15 \left(15 + \frac{15}{2} \right) = 279\ 000(\text{N} \cdot \text{m}) = 279(\text{kN} \cdot \text{m})$$

计算求得的 N_x、N_y 和 m_A 均为正值，说明受力图上假定的指向和转向与实际指向和转向相同。

项目 2 材料力学

学习目的

◆ 掌握四大变形的受力、应力初步分析。

◆ 了解四大变形。

◆ 了解压杆的稳定。

任务一　轴向拉伸与压缩

一、轴向拉伸与压缩的概念

承受拉伸或压缩的杆件,工程实际中是很常见的。例如压力容器法兰的联接螺栓(图 2-2-1(a)),就是受拉伸的杆件,而容器的支脚(图 2-2-1(c))和千斤顶的螺杆(图 2-2-2),则是受压缩的杆件。这类杆件的受力特点是:作用在直杆两端的外力大小相等、方向相反,且外力的作用线与杆的轴线重合。其变形特点是:沿着杆的轴线方向伸长或缩短。这种变形称为轴向拉伸或轴向压缩。

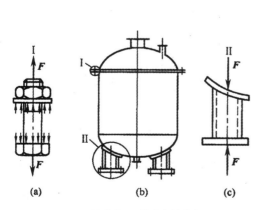

图 2-2-1　拉伸与压缩实例(一)

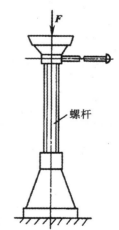

图 2-2-2　拉伸与压缩实例(二)

二、轴向拉伸与压缩时横截面上的内力

1. 内力的概念

研究构件的强度时,把构件所受作用力分为外力与内力。外力是指其他构件对所研究

构件的作用力,它包括载荷(主动力)和约束反力。内力是指构件为抵抗外力作用,在其内部产生的各部分之间的相互作用力。内力随外力的增大而增大,但内力的增大是有限度的,当达到一定限度时,构件就要破坏。这说明构件的破坏与内力密切相关。因此,计算构件的强度时,首先应求出在外力作用下构件内部所产生的内力。

2. 截面法

求内力普遍采用的方法是截面法。即欲求某截面上的内力时,就假想沿该截面将构件截开,然后在截面标示出内力,再应用静力平衡方程求出内力。如图 2-2-3(a)所示,杆件受拉力 F 作用,假想沿 $m—n$ 截面将杆件截为两段,任取其中一段(此处取左段)作为研究对象(图 2-2-3(b)),由于各段仍保持平衡状态,所以在横截面上有力 N 作用,它代表着杆右段对左段的作用,这个力就是截面 $m—n$ 上的内力。由于内力是分布在整个截面上的力,所以,应把集中力 N 理解为这些分布力的合力。它的大小可由静力平衡方程求得

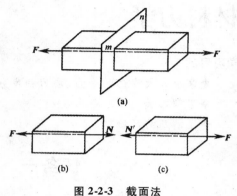

图 2-2-3　截面法

$$\sum F_x = 0 \qquad N - F = 0 \qquad N = F$$

如取右段为研究对象,则可求出右段上的内力 $N' = F$(图 2-2-3(c))。力 N 与 N' 是左右两段的相互作用力,它们必然大小相等、方向相反。

轴向拉压时,横截面上的内力与杆件的轴线相重合,这种内力称为轴力,常用符号 N 表示。通常规定,拉伸时的轴力为正,压缩时的轴力为负。

当杆件受到两个以上的轴向外力作用时,则在杆的不同段内将有不同的轴力。为了清晰地表示杆件各横截面上的轴力,常把轴力随横截面位置的改变而变化的情况用图线表示出来。一般是以直杆的轴线为横坐标,表示横截面的位置,而以垂直于杆轴线的坐标为纵坐标,表示横截面上的轴力,按一定的比例,正的轴力画在横坐标上方,负的画在下方,这样绘制出来的图形,称为轴力图。轴力图可反映轴力沿杆轴线的变化情况。

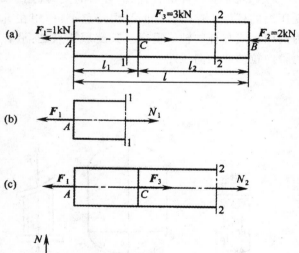

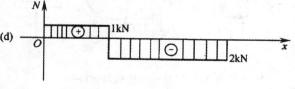

图 2-2-4　例 2-2-1 附图

例 2-2-1　如图 2-2-4 所示,构件受力 F_1、F_2、F_3 作用,求截面 1—1、2—2 上的内力,并画出构件的轴力图。

解 (1)求截面 1—1 上的内力

假想在 1—1 处将杆件截为两段,取左段为研究对象,画出受力图(图 2-3-4(b))。由静

力平衡方程 $\sum F_x = 0$ 得

$$N_1 - F_1 = 0$$
$$N_1 = F_1 = 1(\text{kN})$$

AC 段各横截面的内力均为 $N_1 = 1$ kN。

（2）求截面 2—2 上的内力。

从 2—2 处"截开"杆件后，其左段的受力图如图 2-2-4（c）所示。由静力平衡方程得

$$N_2 - F_1 + F_3 = 0$$
$$N_2 = F_1 - F_3 = 1 - 3 = -2(\text{kN})$$

截面 2—2 上的内力 N_2 为负值，说明实际方向与假定方向（受拉）相反，为压力 2 kN。 CB 段各横截面的内力均为 $N_2 = -2$ kN。

（3）画轴力图。取 $N-x$ 坐标系，由于每段内各横截面上的轴力不变，根据 N_1、N_2 的大小，按适当的比例，并注意 N_1、N_2 的正负号，在各段杆长范围内画出两条水平线，即可得到该构件的轴力图，如图 2-2-4（d）所示。

从轴力图上便可确定最大轴力的数值及其所在的横截面位置。在此例中，CB 段的轴力最大，即 $|N_{\max}| = |N_2| = 2$ kN 且为压力。

三、轴向拉伸与压缩时的强度计算

1. 轴向拉压时的应力

求出拉压杆件的轴力之后，还不能判断杆件的强度是否足够。例如两根材料相同、粗细不等的杆件，在相同拉力作用下，它们的内力是相等的。当拉力逐渐增大时，细杆必然先被拉断。这说明杆件的强度不仅与内力有关，还与横截面面积有关。实验证明，杆件的强度须用单位面积上的内力来衡量。单位面积上的内力称为应力。应力达到一定程度时，杆件就发生破坏。

取一等截面直杆作试件，如图 2-2-5 所示，在其表面上画出两条垂直于杆轴线的横向线 ab 和 cd，代表两个横截面，然后对其施加拉伸载荷 F。

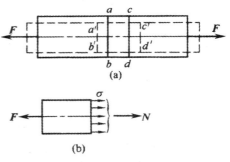

在受到拉伸后，试件产生变形，可以看到，ab、cd 分别平移到 $a'b'$ 和 $c'd'$ 位置，如图 2-2-5（a）所示，且各线段仍与杆件轴线垂直。根据这一实验现象，可以做出一个重要的假设：杆件变形前为平面的各横截面，在变形后仍为平面。这个假设称为横截面平面假设。

图 2-2-5　拉伸变形与横截面上的正应力

设想杆件是由无数条与轴线平行的纵向纤维构成，由平面假设推断，纵向纤维产生了相同的伸长量。因此，各纵向纤维的受力也相同。由此可知，杆件受拉伸或压缩时，其横截面上的内力是均匀分布的。因而，横截面上的应力也是均匀分布的，它的方向与横截面垂直，称为正应力（图 2-2-5（b）），其计算公式为

$$\sigma = \frac{N}{A} \tag{2-2-1}$$

式中：N——横截面上的轴力，N。

　　　　A——横截面面积，mm^2。

当正应力 σ 的作用使构件拉伸时 d 为正，压缩时 d 为负。

应力的单位是 N/m^2，称为帕（Pa）。因这个单位太小，还常用兆帕（MPa）。

$1\ MPa = 10^6\ Pa = 10^6\ N/m^2 = 1\ N/mm^2$

2.许用应力与强度条件

杆件是由各种材料制成的。材料所能承受的应力是有限度的，且不同的材料，承受应力的限度也不同，若超过某一极限值，杆件便发生破坏或产生过大的塑性变形，因强度不够而丧失正常的工作能力。因此，工程中对各种材料，规定了保证杆件具有足够的强度所允许承担的最大应力值，称为材料的许用应力。显然，只有当杆件中的最大应力小于或等于其材料的许用应力时，杆件才具有足够的强度。许用应力常用符号 $[\sigma]$ 表示。

为了保证拉、压杆具有足够的强度，必须使其最大正应力 σ_{max}（称为工作应力）小于或等于材料在拉伸（压缩）时的许用正应力 $[\sigma]$，即

$$\sigma_{max} = \frac{N}{A} \leqslant [\sigma] \tag{2-2-2}$$

式（2-2-2）称为拉（压）杆的强度条件，是拉（压）杆强度计算的依据。产生 σ_{max} 的截面，称为危险截面。等截面直杆的危险截面位于轴力最大处，而变截面杆的危险截面，必须综合轴力 N 和横截面面积 A 两方面来确定。

根据强度条件，可解决以下三方面的问题。

（1）强度校核

已知构件所受载荷、截面尺寸和材料的情况下，强度是否满足要求，可由（2-2-2）式决定。符合 $\sigma_{max} \leqslant [\sigma]$ 为强度足够，安全可靠；不符合，则强度不够，表明构件工作不安全。

（2）设计截面

已知构件所受的载荷和所用材料，则构件的横截面面积可由下式决定

$$A \geqslant \frac{N_{max}}{[\sigma]} \tag{2-2-3}$$

（3）计算许可载荷 已知构件横截面面积及所用材料就可以按下式计算构件所能承受的最大轴力，即

$$N_{max} \leqslant [\sigma]A \tag{2-2-4}$$

根据构件的受力情况，确定构件的许用载荷。

对上述三类问题的计算，根据有关设计规范，最大应力不允许超过许用应力的 5%。

例 2-2-2　如图 2-2-6 所示，储罐每个支脚承受的压力 $F = 90\ kN$，它是用外径为 140 mm，内径为 131 mm 的钢管制成的。已知钢管许用应力 $[\sigma] = 120\ MPa$，试校核支脚的强度。

解　支脚的轴力为压力

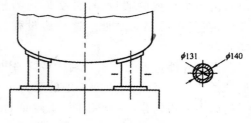

图 2-2-6　例 2-2-2 附图

$$N = F = 90(kN)$$

支脚的横截面面积

$$A = \frac{\pi}{4}(140^2 - 131^2) = 1\ 920\ (\text{mm}^2)$$

压应力

$$\sigma = \frac{N}{A} = \frac{90 \times 10^3}{1\ 920} = 46.8\ (\text{MPa}) < [\sigma] = 120\ (\text{MPa})$$

所以支脚的强度足够。

四、轴向拉压时的变形

1. 变形分析

杆件受拉压作用时,它的长度将发生变化,拉伸时伸长,压缩时缩短。

设杆件原长为 l,拉伸或压缩后长度为 l_1 (图 2-2-7),则杆件的伸长量 Δl 为

$$\Delta l = l_1 - l$$

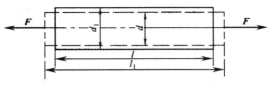

Δl 称为绝对变形,拉伸时 $\Delta l > 0$,压缩时 $\Delta l < 0$。原长不等的杆件,其变形 Δl 相等时,它们变形的程度并不相同。因此,用 Δl 与原长 l 的比值表示杆件的变形程度,即

图 2-2-7   轴向拉伸时的变形

$$\varepsilon = \frac{\Delta l}{l} \tag{2-2-5}$$

式中 ε 称为相对变形,也称为应变。它是一个无因次量,工程中也用百分数表示。

杆件轴向伸长(或缩短)时,它的横向尺寸将缩短(或伸长),若杆件的横向尺寸原为 d,受拉时变为 d_1(图 2-2-7),则杆件横向缩短为

$$\Delta d = d_1 - d$$

横向的相对变形,即横向应变 ε' 为

$$\varepsilon' = \frac{\Delta d}{d}$$

横向应变 ε' 与轴向应变 ε 之比的绝对值称为横向变形系数或泊松比 μ。即

$$\mu = \left| \frac{\varepsilon'}{\varepsilon} \right|$$

μ 也是一个无因次量,对于一定的材料,μ 为定值。如钢材的 μ 值一般为 0.3 左右。

2. 虎克定律

实验证明,杆件受拉伸或压缩作用时,变形与轴力之间存在一定的关系。当应力未超过某一限度(称为材料的比例极限)时,杆件的绝对变形 Δl 与轴力 N、原长 l 成正比,而与杆件的横截面面积成反比,即

$$\Delta l \propto \frac{Nl}{A}$$

引进比例系数 E,可将上式写成等式

$$\Delta l = \frac{Nl}{EA} \tag{2-2-6}$$

式中 E 仅与材料的性能有关,称为材料的拉压弹性模量。这个关系称为拉压虎克定律。将式(2-2-6)等式两边各除以原长 l,则得

$$\varepsilon = \frac{\sigma}{E} \text{或} \sigma = E\varepsilon$$

这是虎克定律的另一种表达形式:当应力未超过材料的比例极限时,杆件的应力与应变成正比。

对于某种材料,在一定温度下,E 有一确定的数值。常用材料在常温下的 E 值列于表2-2-1中。须注意 ε 无单位,E 的单位与应力的单位相同,即常采用 Pa 或 MPa。

表 2-2-1　常用材料在常温下的 E、μ 值

材料	$E \times 10^5$/MPa	μ	材料	$E \times 10^5$/MPa	μ
碳钢	1.96 ~ 2.16	0.24 ~ 0.28	铝及其合金	0.71	0.33
合金钢	1.86 ~ 2.16	0.24 ~ 0.33	混凝土	0.14 ~ 0.35	0.16 ~ 0.18
铸铁	1.13 ~ 1.57	1.13 ~ 1.57	橡胶	0.000 78	0.47
铜及其合金	0.73 ~ 1.28	0.31 ~ 0.42			

五、典型材料拉伸与压缩时的力学性能

所谓材料的力学性能(机械性能),是指材料从开始受力到破坏为止的整个过程中所表现出来的各种性能,如弹性、塑性、强度、韧性、硬度等。这些性能指标是进行强度、刚度设计和选择材料的重要依据。

低碳钢和铸铁是工程上常用的两类典型材料,它们在拉伸和压缩时所表现出来的力学性能具有广泛的代表性。这里主要介绍这两种材料在常温静载下受拉伸和压缩时所表现出来的力学性能。

1. 低碳钢拉伸时的力学性能

试验前,把要进行试验的材料做成如图 2-2-8 所示的标准试件,其标距 l 有 $l = 5d$ 和 $l = 10d$ 两种规格。试验时,将试件的两端装夹在试验机上,后在其上施加缓慢增加的拉力,直到把试件拉断为止。在不断缓慢增加拉力的过程中,试件的伸长量 $\triangle l$ 也逐渐增大。在试验机的测力表盘上可以读出一系列的拉力 F 值,同时可以测出与每一个 F 值所对应的 $\triangle l$

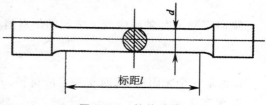

图 2-2-8　拉伸试件

值。若以伸长量 $\triangle l$ 为横坐标,以拉力 F 为纵坐标,可以做出拉力 F 与绝对变形 $\triangle l$ 关系的曲线 – 拉伸图。一般的试验机上有自动绘图装置,可以自动绘出拉伸图。

为了消除试件尺寸的影响,将拉力 F 除以试件横截面面积 A 得 σ,又将 $\triangle l$ 除以试件原标距 l 得 ε。以应力 σ 为纵坐标、应变 ε 为横坐标,可以得到应力应变关系曲线 – 应力应变图(或称 σ – ε 曲线),如图 2-2-9 所示。以 Q235 钢的 σ – ε 曲线为例,讨论低碳钢在拉伸时的力学性能。

(1)比例极限 σ_p

$\sigma - \varepsilon$ 曲线的 oa 段是斜直残,这说明试件的应变与应力成正比,材料符合虎克定律 $\sigma = E\varepsilon$。oa 段的斜率 $\tan\alpha = E$,直线部分最高点 a 点所对应的应力值 σ_p,是材料符合虎克定律的最大应力值,称为材料的比例极限。Q235 钢的比例极限 $\sigma_p \approx 200$ MPa。

（2）弹性极限 σ_e

当应力超过材料比例极限 σ_p 后,图上 aa' 已不是直线,这说明应力与应变不再成正比,材料不符合虎克定律。但是,当应力值不超过 a' 点对应的应力值 σ_e 时,拉力 F 解除后,变形也完全随之消失,试件恢复原长,材料只出现弹性变形。应力值若超过 σ_e,即使把拉力 F 全部解除,试件也不能恢复原长,会保留有残余变形,这部分不可恢复的残余变形称为塑性变形。a' 点对应的应力值 σ_e 是材料只出现弹性变形的极限应力值,称为弹性极限。实际上 a' 与 a 两点非常

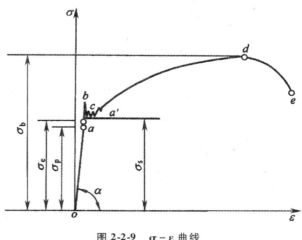

图 2-2-9　$\sigma - \varepsilon$ 曲线

接近,在应用时通常对比例极限和弹性极限不作严格区分。Q235 钢的弹性极限 σ_e 近似等于 200 MPa。

试件的应力在从零缓慢增加到弹性极限 σ_e 的过程中,只产生弹性变形,不产生塑性变形,故 σ_e 曲线上从 o 至 a' 这一阶段叫弹性阶段。

（3）屈服点 σ_s

当应力超过弹性极限 σ_e 后,$\sigma - \varepsilon$ 图上出现一段近似与横坐标轴平行的小锯齿形曲线 bc。说明这一阶段应力虽有波动,但几乎没有增加,而变形却在明显增加,材料好像失去了抵抗变形的能力。这种应力大小基本不变而应变显著增加的现象称为屈服或流动。图上从 b 至 c 所对应的过程叫屈服阶段。这一阶段应力波动的最低值 σs 称为材料的屈服点。如果试件表面光滑,可在试件表面上看到与轴线成 45°角的条纹（图 2-2-10）。一般认为,这是材料内部的晶粒沿最大剪应力方向相对滑移的结果,这种滑移是造成塑性变形的根本原因。因此,屈服阶段的变形主要是塑性变形。塑性变形在工程上一般是不允许的,所以屈服点 σ_s 是材料的重要强度指标。Q235 钢的 $\sigma_s = 235$ MPa。

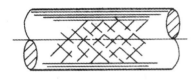

图 2-2-10　材料的屈服

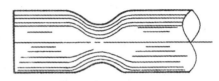

图 2-2-11　颈缩现象

（4）强度极限 σ_b

经过屈服阶段以后,曲线从 c 点开始逐渐向上凸起,这意味着要继续增加应变,必须增加应力,材料恢复了抵抗变形的能力,这种现象称为材料的强化。从 c 点到 d 点所对应的过程叫强化阶段,曲线最高点 d 对应的应力 σ_b 是试件断裂前所承受的最大应力值,称为强度极限。强度极限 σb 是表示材料强度的另一个重要指标。Q235 钢的强度极限 $\sigma_b = 400$ MPa。

在应力值小于强度极限 σ_b 时,试件的变形是均匀的。当应力达到 σ_b 后,在试件的某一局部,纵向变形显著增加,横截面积急剧减小,出现颈缩现象,如图 2-2-11 所示,试件被迅速拉断。颈缩现象出现后,试件继续变形所需的拉力 F 也相应减小,用原始面积算出的应力值 F/A 也随之下降,所以 $\sigma - \varepsilon$ 曲线出现了 de 部分。在 e 点试件断裂。曲线上从 d 点至 e 点所对应的过程叫颈缩阶段。

（5）伸长率 δ 和断面收缩率 Ψ

伸长率
$$\delta = \frac{l_1 - l_0}{l_0} \times 100\%$$

式中:l_0——试件标距。

　　l_1——试件拉断后的长度。

　　$l_0 - l_0$——塑性变形。

δ 值的大小反映材料塑性的好坏。工程上一般把 $\delta > 5\%$ 的材料称为塑性材料,如低碳钢、铜、铝等;将 $\delta < 5\%$ 的材料称为脆性材料,如铸铁等。Q235 钢的 $\delta = 25\% \sim 27\%$。

断面收缩率
$$\Psi = \frac{A_0 - A_1}{A_0} \times 100\%$$

式中:A_0——试件横截面原始面积。

　　A_1——试件断口处的横截面面积。

Ψ 值的大小也反映材料的塑性好坏。Q235 钢的 $\Psi = 60\%$,它是典型的塑性材料。

2. 其他塑性材料拉伸时的力学性能

图 2-2-12（a）为伸长率 $\delta > 10\%$ 的几种没有明显屈服阶段的塑性材料拉伸时的力学性能。由它们的应力—应变曲线图可以看出,在拉伸的开始阶段,$\sigma - \varepsilon$ 也成直线关系（青铜除外）,符合虎克定律。与 Q235 钢相比,这些塑性材料并没有明显的屈服阶段。对于没有明显屈服阶段的塑性材料,工程上常采用名义屈服极限 $\sigma_{0.2}$ 作为其强度指标。$\sigma_{0.2}$ 是产生 0.2% 塑性应变时的应力值,如图 2-2-12（b）所示。

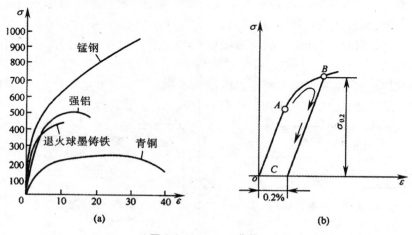

图 2-2-12　$\sigma - \varepsilon$ 曲线

3. 灰铸铁拉伸时的力学性能

灰铸铁静拉伸试验的 $\sigma - \varepsilon$ 曲线,如图 2-2-13 所示。应力应变曲线没有真正的直线部分,但是在较小的应力范围内很接近于直线。这说明在应力不大时,可近似地认为灰铸铁符合虎克定律。

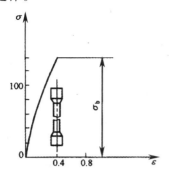

图 2-2-13　灰铸铁拉伸的 $\sigma-\varepsilon$ 曲线

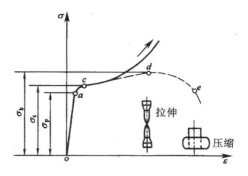

图 2-2-14　低碳钢压缩时的 $\sigma-\varepsilon$ 曲线

　　灰铸铁没有屈服和颈缩现象,断裂时塑性变形很小,伸长率一般只有 $0.5\% \sim 0.6\%$,断口较平齐。灰铸铁的拉伸强度极限较低,其 σ_b 在 $100 \sim 200\mathrm{MPa}$ 之间,故一般不用灰铸铁作承受拉伸的构件。

4.低碳钢压缩时的力学性能

　　将低碳钢做成高与直径之比为 $1.5 \sim 3$ 的圆柱形试件,并在万能材料试验机上进行压缩试验。其 $\sigma-\varepsilon$ 曲线如图 2-2-14 所示,图中虚线表示拉伸时的 $\sigma-\varepsilon$ 曲线。我们发现,在屈服阶段以前,压缩时的力学性能与拉伸时的力学性能相同,即比例极限 σ_p、屈服点 σ_s 和弹性模量 E 都与拉伸时相同。但过了屈服阶段后,随着压力的增大,试件越压越扁,试件的横截面积也不断地增大,试件不会断裂,所以低碳钢压缩时不存在强度极限 σ_b。

5.灰铸铁压缩时的力学性能

　　灰铸铁压缩试验时的 $\sigma-\varepsilon$ 曲线如图 2-2-15 所示。曲线上也没有真正的直线部分,材料只是近似地符合虎克定律,压缩过程中没有屈服现象。灰铸铁压缩破坏时,变形很小,而且是沿着与轴线大致成 $45°$ 的斜截面断裂。值得注意的是,灰铸铁的抗压强度极限比抗拉强度极限大约高 4 倍,故常用灰铸铁等脆性材料作承受压缩的构件。

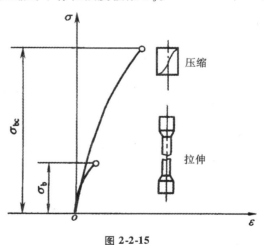

图 2-2-15

6.许用应力

　　材料丧失正常工作能力时的应力,称为极限应力。通过对材料力学性能的研究,知道塑性材料和脆性材料的极限应力分别为屈服点和强度极限。为了确保构件在外力作用下安全可靠地工作,考虑到由于理论计算的近似性和实际材料的不均匀性,当构件中的应力接近极限应力时,构件就处于危险状态。为此,必须给构件工作时留有足够的强度储备。即将极限应力除以一个大于 1 的系数 n 作为构件工作时允许产生的最大应力,这个应力称为许用应力,常以 $[\sigma]$ 表示。对于塑性材料

$$[\sigma] = \frac{\sigma_s}{n_s}$$

对于脆性材料

$$[\sigma] = \frac{\sigma_b}{n_b}$$

式中 n_s、n_b 分别为屈服安全系数和断裂安全系数,它的选取涉及安全与经济的问题。根据有关设计规范,对一般构件常取 $n_s = 1.5 \sim 2$、$n_b = 2 \sim 5$。

7. 应力集中

受轴向拉伸或压缩的等截面直杆,其横截面上的应力是均匀分布的。但实际工程中,这样外形均匀的等截面直杆是不多见的。由于结构和工艺等方面的要求,杆件上常常带有孔、槽等结构。在这些地方,杆件的截面形状和尺寸有突然的改变。实验证明,在杆件截面发生突变的地方,即使是在最简单的轴向拉伸或压缩的情况下,截面上的应力也不再是均匀分布的。而在开槽、开孔、切口等截面发生骤变的区域,应力局部增大(图 2-2-16),它是平均应力的数倍,并且经常出现杆件在截面突然改变处断裂,离开这个区域,应力就趋于平均。这种由于截面突然改变而引起的应力局部增高的现象,称为应力集中。

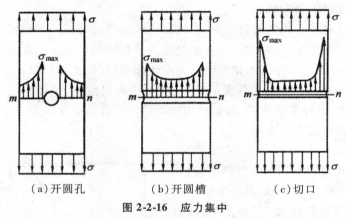

(a)开圆孔　　　　(b)开圆槽　　　　(c)切口

图 2-2-16　应力集中

实验证明,截面尺寸改变得越急剧,应力集中程度就越严重,局部区域出现的最大应力 σ_{max} 就越大。由于应力集中对杆件的工作是不利的,因此,在设计时尽可能设法降低应力集中的影响。为此,杆件上应尽可能避免用带尖角的孔和槽,在阶梯轴的轴肩处要用圆弧过渡。

化工容器在开孔接管处也存在应力集中,在这些区域附近常需采用补强结构,以减缓应力集中的影响。

任务二　剪切与挤压

一、剪切

1. 剪切概念

用剪床剪钢板时,剪床的上下两个刀刃以大小相等、方向相反、作用线相距很近的两力 F 作用于钢板上(图 2-2-17),迫使钢板在两力间的截面 $m—n$ 处发生相对错动,这种变形称为剪切变形。产生相对错动的截面 m—n 称为剪切面。剪切面总是平行于外力作用线。

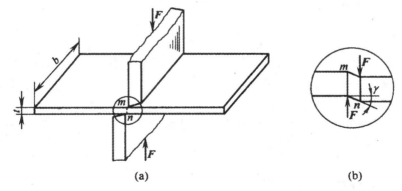

图 2-2-17　受剪钢板

机器中的联接件,如联接轴与齿轮的键,铆钉(如图 2-2-18)等,都是承受剪切零件的实例。

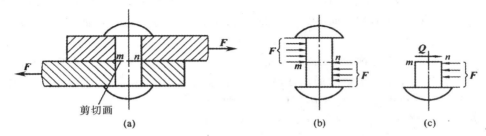

图 2-2-18　受剪切的铆钉

2. 剪应力与剪切强度条件

图 2-2-19(a)是用螺栓联接的两块钢板,钢板受外力 F 作用,这时螺栓受到剪切(图 2-2-19(b))。现分析螺栓杆部的内力和应力。仍用截面法,沿受剪 m—m 将杆部切开,并保留下段研究其平衡(图 2-2-19(d))。可以看出,由于外力 F 垂直于螺栓轴线,因此,在剪切面 m—m,必存在一个大小等于 F,而方向与其相反的内力 Q,这一内力称为剪力。

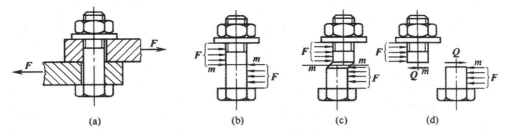

图 2-2-19　受剪切的螺栓

剪力 Q 在截面上的分布比较复杂,但在工程实际中,通常假定它在截面上是均匀分布的。设 A 为剪切面的面积,则可得剪应力的计算公式为

$$\tau = \frac{Q}{A} \tag{2-2-7}$$

剪应力 τ 的单位与正应力 σ 的单位相同,常用 MPa(即 N/nm^2)。

为了保证受剪的联接件不被剪断,受剪面上的剪应力不得超过联接件材料的许用剪应力$[\sigma]$,由此得剪切强度条件为

$$\tau = \frac{Q}{A} \leqslant [\tau] \qquad (2\text{-}2\text{-}8)$$

许用剪应力$[\tau]$等于材料的剪切极限应力σ除以安全系数n。试验表明,钢质联接件的许用剪应力为$[\tau] = (0.6 \sim 0.8)[\sigma]$。$[\sigma]$为钢材的许用拉应力。运用公式(2-2-8)也可解决工程上属于剪切的三类强度问题。

以上分析的受剪构件都只有一个剪切面,这种情况称为单剪切。实际问题中有些零件往往有两个面承受剪切,称为双剪切。

二、挤压应力及强度条件

一般情况下,构件在发生剪切变形的同时,往往还伴随着挤压变形。机械中受剪切作用的联接件,在传力的接触面上,由于局部承受较大的压力,而出现塑性变形,这种现象称为挤压。构件上产生挤压变形的表面称为挤压面,挤压面就是两构件的接触面,一般垂直于外力作用线。

挤压作用引起的应力称为挤压应力,用符号σ_{jy}表示。挤压应力与压缩应力不同,挤压应力只分布于两构件相互接触的局部区域,而压缩应力则遍及整个构件的内部。挤压应力在挤压面上的分布也很复杂,与剪切相似,在工程中,近似认为挤压应力在挤压面上均匀分布。如P_{jy}为挤压面上的作用力,A_{jy}为挤压面面积,则

$$\sigma_{jy} = \frac{P_{jy}}{A_{jy}} \qquad (2\text{-}2\text{-}9)$$

关于挤压面面积A_{jy}的计算,要根据接触面的具体情况确定。挤压面为平面,挤压面面积就是传力的接触面面积,即$A_{jy} = l \times h/2$。螺栓、铆钉、销钉等一类圆柱形联接件(如图2-2-20(a)),其杆部与板的接触面近似为半圆柱面,板上的铆钉孔被挤压成长圆形(如图2-2-20(b)),铆钉杆部半圆柱面上挤压应力分布大致如图(2-2-20(c))所示,最大挤压应力发生于圆柱形接触面的中点。为了简化计算,一般取通过圆柱直径的平面面积(即圆柱的正投影面面积),作为挤压面的计算面积(如图2-2-20(d))。计算式为

$$A_{jy} = dt$$

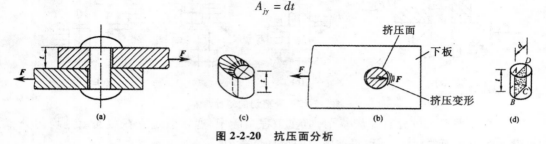

图 2-2-20　抗压面分析

由于剪切和挤压总是同时存在,为了保证联接件能安全正常工作,对受剪构件还必须进行挤压强度计算。挤压的强度条件为

$$\sigma_{jy} = \frac{P_{jy}}{A_{jy}} \leqslant [\sigma_{jy}] \tag{2-2-10}$$

式中[σ_{jy}]为材料的许用挤压应力,其数值由试验确定,可从有关手册查得,对于钢材一般可取[σ_{jy}] = (1.7 ~ 2.0)[σ]。

下面举例说明剪切和挤压的强度计算。

例 2-2-3　两块钢板用铆钉联接(见图 2-2-18)。已知铆钉直径 d = 16mm,许用剪应力[σ] = 60MPa。求铆钉所能承受的许可载荷。

解　根据公式(2-2-8),可得

$$Q \leqslant [\tau] A$$

$$A = \frac{\pi d^2}{4} = \frac{1}{4} \times 3.14 \times 16^2 = 200 (\text{mm}^2)$$

由图 2-2-18(c)分析可知,Q = F,故铆钉所能承受的许可载荷为

$$F \leqslant [\tau] A = 60 \times 200 = 12 \times 10^3 \text{N} = 12 (\text{kN})$$

例 2-2-4　图 2-2-21(a)所示的起重机吊钩,上端用销钉联接。已知最大起重量 F = 120kN,联接处钢板厚度 t = 15mm,销钉的许用剪应力[τ] = 60 MPa,许用挤压应力[σ_{jy}] = 180 MPa,试计算销钉的直径 d。

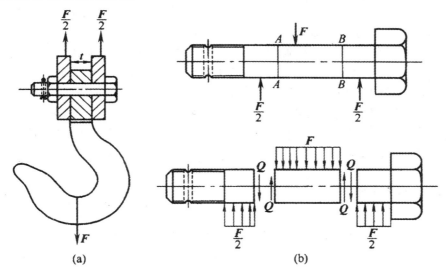

图 2-2-21　例 2-2-4 附图

解　①取销钉为研究对象,画受力图如图 2-2-21(b)。销钉受双剪切,有两个剪切面,用截面法可求出每个剪切面上的剪力为

$$Q = \frac{F}{2} = \frac{120}{2} = 60 (\text{kN})$$

②按剪切强度条件计算销钉直径

剪切面面积

$$A = \frac{\pi d^2}{4}$$

由剪切强度条件公式(2-2-8)可知

$$d \geqslant \sqrt{\frac{2F}{\pi[\tau]}} = \sqrt{\frac{2 \times 120 \times 10^3}{3.14 \times 60}} = 35.7(\text{mm})$$

③按挤压强度条件计算销钉直径挤压面面积为 $A_{jy} = td$, 挤压力 $P_{jy} = F$

由挤压强度条件公式可知

$$\sigma_{jy} = \frac{P_{jy}}{A_{jy}} = \frac{F}{td} \leqslant [\sigma_{jy}]$$

故　　　　　　　　$$d \geqslant \frac{F}{t[\sigma_{jy}]} = \frac{120 \times 10^3}{15 \times 180} = 44.4(\text{mm})$$

为了保证销钉安全工作,必须同时满足剪切和挤压强度条件,故销钉最小直径应取 45mm。

任务三　圆轴扭转

一、扭转概念

在一对大小相等,转向相反,且作用平面垂直于杆件轴线的力偶作用下,杆件上的各个横截面发生相对转动,这种变形称为扭转变形。扭转变形也是杆件的一种基本变形,在工程实际中,受扭转变形的杆件是很多的。如汽车的传动轴,日常生活中常用的螺丝刀。又如图 2-2-22 反应釜中的搅拌轴,在轴的上端作用着由电动机所施加的主动力偶 m_A,它驱使轴转动,而安装在轴下端的板式桨叶则受到物料阻力形成的阻力偶 m_B 作用,当搅拌轴等速旋转时,这两个力偶大小相等、转向相反,且都作用在与轴线垂直的平面内,因而会使搅拌轴发生扭转变形。工程上发生扭转变形的构件大多数是具有圆形或圆环形截面的圆轴,故这里只研究等截面圆轴的扭转变形。

二、外力偶矩的计算

若已知电动机传递的功率 P_e 和转速 n,则电动机给轴的外力偶矩为

$$M = 9.55 \times 10^3 P_e/n \qquad\qquad (2\text{-}2\text{-}11)$$

式中:M——轴的外力偶矩,N·m。

　　　P_e——轴所传递的功率,kW。

　　　n——轴的转速,r/min。

从式(2-2-11)可知,在转速一定时力偶矩与功率成正比。但在功率一定的情况下,力偶矩与转速成反比。因此在同一台机器中,高速轴上力矩小,轴可以细些,低速轴上力矩大,轴应该粗些。

三、扭矩的计算

如前所述,搅拌轴(图 2-2-22)受力情况可以简化为如图 2-2-23 所示的受力图,搅拌轴在

其两端受到一对大小相等,转向相反的外力偶矩(m_A、m_B)的作用,这段搅拌轴的横截面上必然产生内力,现用截面法求内力。

假想用 n—n 截面将圆轴截成两段,以左段为研究对象,在左端作用有力偶矩 m_A,为保持左段的平衡,在左段 n—n 截面上必然有右段给左段作用的内力偶矩,这个内力偶矩称为扭矩,用符号"M_n"表示,它与外力偶矩 m_A 相平衡。根据平衡条件

$$\sum M = 0 \qquad m_A - M_n = 0 \qquad M_n = m_A$$

当轴只受两个(大小相等,转向相反的)外力偶作用而平衡时,在这两个外力偶作用面之间的这段轴内,任意截面上的扭矩是相等的,它等于外力偶矩。

如果轴上受到两个以上的外力偶作用时,同样也可以用截面法求出轴上各截面上的扭矩。在这种情况下,轴上任一截面上的扭矩,在数值上等于截面一侧所有外力偶矩的代数和。即

$$M_n = \sum M$$

扭矩的正负按右手螺旋法则确定,即右手四指弯向表示扭矩的转向,当拇指指向截面外侧时,扭矩为正,反之为负。外力偶矩的正负号规定与扭矩相反。

为了形象地表示各截面扭矩的大小和正负,以便分析危险截面,可画出扭矩随截面位置变化的函数图像,这种图像称为扭矩图。其画法与轴力图类同。

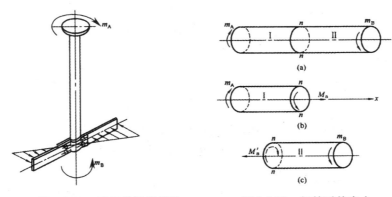

图 2-2-22　受扭转的搅拌轴　　　图 2-2-23　扭转时的内力

例 2-2-5　如图 2-2-24(a)所示,传动轴的转速 $n = 500$ r/min,轮 A 输入功率 $P_{eA} = 10$ kW,轮 B 和轮 C 输出功率分别为 $P_{eB} = 7$kW 和 $P_{eC} = 3$kW。轴承的摩擦忽略不计。画出此轴的扭矩图。

解　先求各轮的力偶矩

$$M_A = 9.55 \times 10^3 P_{eA}/n = 9.55 \times 10^3 \times 10/500 = 191(\text{N} \cdot \text{m})$$

$$M_B = 9.55 \times 10^3 P_{eB}/n = 9.55 \times 10^3 \times 7/500 = 134(\text{N} \cdot \text{m})$$

$$M_C = 9.55 \times 10^3 P_{eC}/n = 9.55 \times 10^3 \times 3/500 = 57(\text{N} \cdot \text{m})$$

因不计轴承的摩擦,故轴只在 BA 段和 AC 段受扭,它们的扭矩分别为

$$M_{n1} = -M_B = -134(\text{N} \cdot \text{m})$$

$$M_{n2} = -M_B + M_A = -134 + 191 = 57(\text{N} \cdot \text{m})$$

画出此轴的扭矩图(如图 2-2-24(b))。此时轴的 BA 段内各横截面上扭矩的绝对值最大,为危险截面,其最大扭矩值为

$$|M_{\max}| = 134(\mathrm{N \cdot m})$$

四、圆轴扭转时的应力

通过实验和理论推导得知:圆轴扭转时横截面上只产生剪应力,而横截面上各点剪应力的大小与该点到圆心的距离 ρ 成正比。在圆心处剪应力为零;在轴表面处剪应力最大,如图2-2-25 所示。

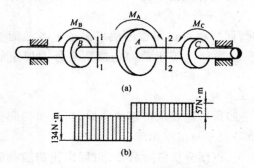

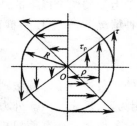

图 2-2-24　例 2-2-5 附图　　　　　　图 2-2-25　扭转剪应力分布规律

横截面上各点剪应力为

$$\tau_{\rho} = \frac{M_n \rho}{I_P} \qquad\qquad (2\text{-}2\text{-}12)$$

最大剪应力为

$$\tau_{\max} = \frac{M_n R}{I_P}$$

式中 I_P 称为横截面对圆心的极惯性矩,对于一定的截面,极惯性矩是个常量,它说明截面的形状和尺寸对扭转刚度的影响。不同形状截面的极惯性矩 I_P 的计算公式见表2-2-2。

表 2-2-2　截面的 I_p、W_n 计算公式

截面	极惯性矩 I_p	抗扭截面模量 W_n
圆截面	$\pi d^4/32$	$\pi d^3/16$
圆环截面	$\pi(D^4 - d^4)/31$	$\pi D^3 [1 - (d/D)^4]/16$

令 $W_n = I_p/R$,称 W_n 为抗扭截面模量,它说明截面的形状和尺寸对扭转强度的影响。不同形状截面的抗扭截面模量 W_n 的计算公式见表2-2-2。所以

$$\tau_{\max} = \frac{M_n}{W_n} \qquad\qquad (2\text{-}2\text{-}13)$$

五、圆轴扭转时的变形

圆轴扭转时,它的各个截面彼此相对转动。扭转变形常以轴的两端横截面之间相对转过的角度,即扭转角 φ 表示,如图2-2-26 所示。工程上一般用单位长度的扭转角 θ 表示扭转变形的程度,即

$$\theta = \frac{\varphi}{L} = \frac{180°}{\pi} \times 10^3 \frac{M_n}{GI_p} \quad\quad (2\text{-}2\text{-}14)$$

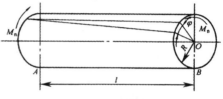

图 2-2-26　扭转变形

式中 G 为材料的剪切弹性模量,它是表示材料抵抗剪切变形能力的量。常用钢材的 G 为 $8 \times 10^4 MPa$。

GI_p 称为轴的抗扭刚度,决定于轴的材料与截面的形状与尺寸。轴的 GI_p 越大,扭转角 φ 就越小,表明抗扭转变形的能力越强。

六、圆轴扭转时的强度和刚度条件

为了保证圆轴扭转时安全地工作,就应该限制轴内危险截面上的最大剪应力不超过材料的许用剪应力。因此圆轴扭转时的强度条件为

$$\tau_{max} = \frac{M_{n\,max}}{W_n} \leqslant [\tau] \quad\quad (2\text{-}2\text{-}15)$$

式中 $M_{n\,max}$ 是轴内危险截面上的最大扭矩,$[\tau]$ 是材料的许用剪应力。

圆轴受扭转时,除了考虑强度外,有时还应满足刚度要求。例如机床的主轴和丝杠,若扭转变形太大,就会引起剧烈的震动,影响加工工件的质量。因此,对精密机器上的轴,还要限制扭转变形不得超过规定的数值。用许用单位长度上的扭转角 $[\theta]$ 加以限制,即

$$\theta_{max} = \frac{\varphi}{L} = \frac{180°}{\pi} \times 10^3 \frac{M_n}{GI_p} \leqslant [\theta] \quad\quad (2\text{-}2\text{-}16)$$

上式即为圆轴扭转时的刚度条件。

应用扭转的强度条件和刚度条件,可以解决校核强度和刚度、设计截面尺寸、确定许可载荷等三类问题。

例 2-2-6　图 2-2-27(a)为带有搅拌器的反应釜简图,搅拌轴上有两层桨叶,已知电动机功率 $P_e = 22kw$,转速 $n = 60r/min$,机械效率为 $\eta = 90\%$,上下两层阻力不同,各消耗总功率的 40% 和 60%。此轴采用 $\varphi114mm \times 6mm$ 的不锈钢管制成,材料的扭转许用剪应力 $[\tau] = 60MPa$,$G = 8 \times 10^4 MPa$,$[\theta] = 0.5°/m$。试校核搅拌轴的强度和刚度。若将此轴改为材料相同的实心轴,试确定其直径,并比较两者用钢量。

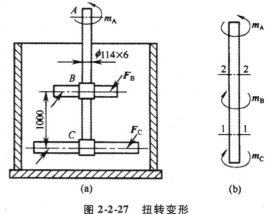

图 2-2-27　扭转变形

解　搅拌轴可简化为如图 2-2-27(b)所示的计算简图。

(1)外力偶矩计算

因为机械效率 $\eta = 90\%$,故传到搅拌轴上的实际功率为

$$P = P_e\eta = 22 \times 0.9 = 19.8(kW)$$

电动机给搅拌轴的主动力偶矩 m_A 为

$$m_A = 9.55 \times 10^3 \times \frac{19.8}{60} = 3\ 150 (\text{N} \cdot \text{m})$$

上层阻力偶矩

$$m_B = 9.55 \times 10^3 \times \frac{0.4 \times 19.8}{60} = 1\ 260 (\text{N} \cdot \text{m})$$

下层阻力偶矩

$$m_C = 9.55 \times 10^3 \times \frac{0.6 \times 19.8}{60} = 1\ 890 (\text{N} \cdot \text{m})$$

用截面法求 1—1,2—2 截面上扭矩分别为

$$M_{n1} = 1\ 89 (\text{kN} \cdot \text{m})$$

$$M_{n2} = m_C + m_B = 1.89 + 1.26 = 3.15 (\text{kN} \cdot \text{m})$$

最大扭矩在 AB 段上,其值为 $M_{n\max} = 3.15 (\text{kN} \cdot \text{m})$。

(2)强度校核

查表 2-2-2 得抗扭截面模量为

$$W_n = \pi D^3 [1 - (d/D)^4]/16$$
$$= \pi \times 114^3 \times [1 - (102/114)^4]/16 = 104.46 \times 10^3 (mm^3)$$

最大剪应力为

$$\tau_{\max} = \frac{M_{n\max}}{W_n} = \frac{3\ 150 \times 10^3}{104.46 \times 10^3} = 30.16 \text{MPa} < [\tau] = 60 (\text{MPa})$$

所以搅拌轴的强度足够。

(3)刚度校核

查表 2-2-2,空心轴截面的极惯性矩为

$$I_P = \pi (D^4 - d^4)/32 = \pi (114^4 - 102^4)/31 = 5.95 \times 10^6 (mm^4)$$

由式(2-2-16)得

$$\theta_{\max} = \frac{\varphi}{L} = \frac{180°}{\pi} \times 10^3 \frac{M_n}{GI_p} = \frac{180°}{\pi} \times 10^3 \times \frac{3\ 150 \times 10^3}{8 \times 10^4 \times 5.95 \times 10^{-6}}$$
$$= 0.38 (°/\text{m}) < [\theta] = 0.5 (°/\text{m})$$

所以搅拌轴的刚度也足够。

(4)求实心轴直径

如实心轴和空心轴的强度相等和所受的外力偶矩相同,则抗扭截面模量应相等,即

$$\frac{\pi}{16} D_i^3 = \frac{\pi}{16} D^3 \left[1 - \left(\frac{d}{D} \right)^4 \right] = W_n = 104.46 \times 10^3 (\text{mm}^3)$$

即

$$D_i = \sqrt[3]{\frac{16 W_n}{\pi}} = \sqrt[3]{\frac{16 \times 104.46 \times 10^3}{3.14}} = 81 (\text{mm})$$

(5)空心轴与实心轴用钢量比较

$$\frac{G}{G_i} = \frac{\pi (D^2 - d^2)/4}{\pi D_i/4} = \frac{114^2 - 102^2}{81^2} = 0.395$$

即在相同情况下空心轴用钢量为实心轴的 39.5%,由此可见空心轴省料。因为圆轴扭

转时横截面上剪应力分布不均匀,实心轴靠近中心部分剪应力很小,材料的强度远没有被充分利用,如果把这部分材料移到离圆心较远的位置就可以提高材料强度的利用率。

任务四 直梁的弯曲

一、弯曲变形的概念

当杆件受到垂直于杆轴线的力或力偶作用而变形时,杆的轴线将由直线变成曲线,这种变形称为弯曲。弯曲变形是工程实际中最常见的一种基本变形。如高大的塔设备受风载荷作用(图2-2-28);起重机的横梁受自重和起吊重物的作用(图2-2-29);卧式容器受到自重和内部物料重量的作用(图2-2-30)等都是产生弯曲变形的典型实例。工程上把以弯曲变形为主的杆件统称为梁。

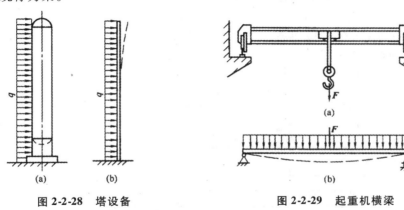

图 2-2-28 塔设备   图 2-2-29 起重机横梁

如果梁的轴线是在纵向对称平面内产生弯曲变形,则称为平面弯曲(图2-2-31)。平面弯曲是弯曲问题中最基本和最常见的情况,故本节只研究直梁的平面弯曲问题。

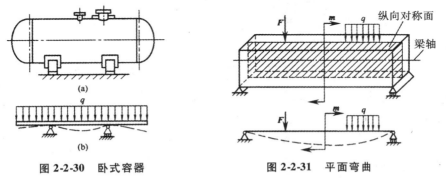

图 2-2-30 卧式容器   图 2-2-31 平面弯曲

常见的梁有以下三种。

(1)悬臂梁

一端固定,另一端自由的梁称为悬臂梁。如图2-2-28所示,高塔设备就可简化为悬臂梁。

(2)简支梁

一端为固定铰链支座,而另一端为活动铰链支座的梁称为简支梁。如图 2-2-29 所示,起重机的横梁即可简化为简支梁。

（3）外伸梁

简支梁的一端或两端伸出支座以外的梁称为外伸梁。如图 2-2-30 所示,放在两个鞍座上的卧式容器可简化为外伸梁。

简支梁或外伸梁两个支座间的距离称为梁的跨度。

二、直梁弯曲时的内力

1. 剪力和弯矩

梁在外力作用下,内部将产生内力。为求出梁横截面 1—1 上的内力,假想沿 1—1 截面将梁截为两段(图 2-2-32),取其中一段(此处取左段)作为研究对象。在这段梁上作用的外力有支座约束反力 R_A,截面上的内力应与这些外力相平衡。由静力平衡方程 $\sum F_y = 0$ 判断截面上作用有沿截面的力 Q,截面上还应有一个力偶 M,以满足平衡方程 $\sum M_o = 0$,该力偶与外力对截面 1—1 形心 O 的力矩相平衡。内力 Q 称为横截面上的剪力。内力偶 M 称为横截面上的弯矩。因此,梁弯曲时的内力包括剪力 Q 与弯矩 M。

运用静力平衡方程求图 2-2-32 中 1—1 和 2—2 截面上的剪力和弯矩。

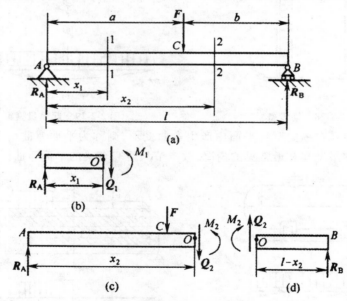

图 2-2-32　弯曲变形的内力

利用静力平衡方程可先求出支座反力 R_A 和 R_B。如图 2-2-31(b),取 1—1 截面左段为研究对象。

由方程　　　　　　　　　　　　$\sum F_y = 0, R_A - Q_1 = 0$

得　　　　　　　　　　　　　　　$Q_1 = R_A$

由　　　　　　　　　　　　　　$\sum M_o = 0, M_1 - R_A x_1 = 0$

得　　　　　　　　　　　　　　　$M_1 = R_A x_1$

用同样的方法,可求出 2—2 截面上的剪力和弯矩

$$Q_2 = R_A - F$$
$$M_2 = R_A x_2 - F(x_2 - a)$$

上面是取横截面 1—1,2—2 的左段梁为分离体进行分析所得到的剪力和弯矩。如果取横截面 1—1,2—2 的右段梁为分离体进行分析,也可求得同样大小的剪力和弯矩,但方向和转向相反。这说明梁横截面上内力的计算,与所取的分离体(左段梁或右段梁)无关。为方便起见通常是选取外力比较简单的左(右)段梁为分离体。如在计算横截面 2—2 上的剪力和弯矩时,由于右段梁只有支座反力 $\boldsymbol{R}_B$ 作用,故取右段梁为分离体进行计算较为方便,如图 2-2-32(d)所示。

用截面法计算横截面上的剪力和弯矩,是求弯曲内力的基本方法。在这一方法的基础上,可直接由梁上的外力求截面上的剪力与弯矩。由上面的计算可以得到剪力、弯矩的计算法则如下。

某截面上剪力等于此截面一侧所有外力的代数和。

某截面上弯矩等于此截面一侧所有外力对该截面形心力矩的代数和。

$$Q = \sum F$$
$$M = \sum M_o(F)$$

为了使从左右两段梁上求得的内力符号一致,根据梁的变形情况,对剪力与弯矩的符号作如下规定:以某一截面为界,左右两段梁发生左上右下的相对错动时,该截面上剪力为正,反之为负,如图 2-2-33(a)、(b)所示。若某截面附近梁弯曲呈上凹下凸状时,该横截面上的弯矩为正,反之为负,如图 2-2-33(c)、(d)所示。

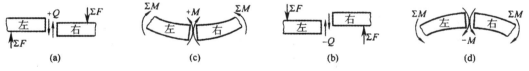

图 2-2-33 内力 Q、M 的符号规则

由图 2-2-33(a)、(b)可看出,截面左侧向上,右侧向下的外力产生正剪力;截面左侧向下,右侧向上的外力产生负剪力。因此,由外力计算剪力时,截面左侧向上的外力为正,向下的外力为负;截面右侧情况与此相反,即"左上右下为正"。外力代数和为正时,剪力为正,反之为负。

由图 2-2-33(c)、(d)可看出,截面左侧外力(包括力偶)对截面形心之矩为顺时针转向时产生正弯矩,逆时针转向时产生负弯矩;截面右侧情况与此相反。因此,由外力计算弯矩时可规定:截面左侧对截面形心顺时针的外力矩为正,反之为负;截面右侧情况与此相反,即"左顺右逆为正"。

2. 剪力图和弯矩图

从上述求剪力和弯矩的方法可以看出,梁横截面上的剪力和弯矩随截面位置不同而变化。若以坐标 x 表示横截面在梁轴线上的位置,则各横截面上的剪力和弯矩皆可表示为 x 的函数,即

$$Q = Q(x)$$
$$M = M(x)$$

上面的函数表达式,即为梁的剪力方程和弯矩方程。

与绘制轴力图和扭矩图一样,也可用图线表示梁各横截面上剪力 Q 和弯矩 M 沿轴线变化的情况。这种图线分别称为剪力图和弯矩图,或简称为 Q 图和 M 图。作图的基本方法是,平行于梁轴线的坐标 x 表示梁横截面的位置,纵坐标表示相应截面上的剪力和弯矩,正值画在 x 轴的上方,负值画在 x 轴的下方,并且在图上标明端值。有了剪力图和弯矩图就能一目了然地看出剪力和弯矩沿梁轴线的变化情况,从而找出最大剪力和最大弯矩所在的横截面位置及数值。在一般情况下,梁的破坏通常是发生在弯矩最大的横截面,故弯矩绝对值最大的横截面就是危险截面。因此,在进行梁的弯曲强度计算时应以危险截面的弯矩为依据。

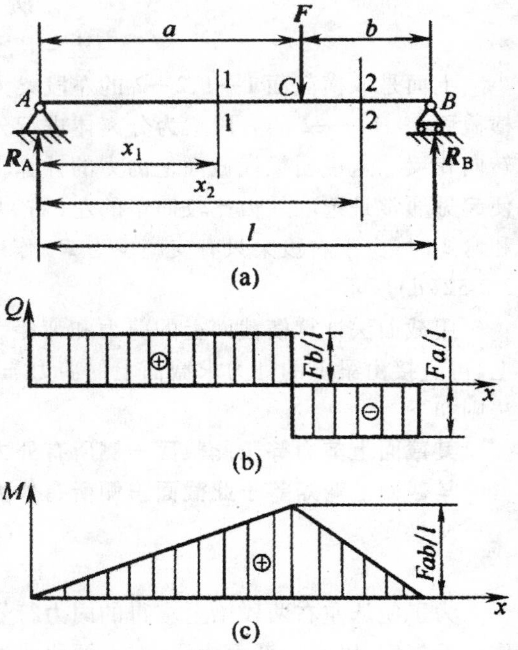

例 2-2-7 试作出图 2-2-31(a)所示梁的剪力图和弯矩图。

解 图 2-2-31(a)梁可简化为图 2-2-34(a)。

图 2-2-34 例 2-2-7 附图

(1)求支座反力

利用静力平衡方程可求出

$$R_A = \frac{Fb}{l}$$

$$R_B = \frac{Fa}{l}$$

(2)列剪力方程和弯矩方程由前面分析可知,AC 段梁的剪力方程和弯矩方程为

$$Q_1 = R_A = \frac{Fb}{l} \qquad (0 < x_1 < a)$$

$$M_1 = R_A x_1 = \frac{Fb}{l} x_1 \qquad (0 \leqslant x_1 \leqslant a)$$

CB 段梁的剪力方程和弯矩方程为

$$Q_2 = -R_B = \frac{Fa}{l} \qquad (a < x_2 < l)$$

$$M_2 = R_B(1 - x_2) = \frac{Fa}{l}(1 - x_2) \qquad (a \leqslant x_2 \leqslant l)$$

(3)画剪力图和弯矩图

由上述方程可知,剪力 Q_1、Q_2 均为与 x 无关的常数。Q_1 为正的常数,因此在 $Q-x$ 图上为一条平行于 x 轴的直线,且位于 x 轴的上方。Q_2 为负的常数,因此在 $Q-x$ 图上也是一条水平直线,但位于 x 轴的下方。所以整个梁的剪力图是由两个矩形所组成,如图 2-2-34(b)

所示。由弯矩方程可知,AC 段和 CB 段梁的弯矩 M_1、M_2 均为 x 的一次函数,故在 $M-x$ 图上均为斜直线,只要求出该直线上的两点就可作图。

AC 段:在 $x_1=0$ 处,$M_1=0$;在 $x_1=a$ 处,$M_1=\dfrac{Fb}{l}a$。利用这两个位置处的弯矩值,就可绘出 AC 段梁的弯矩图。

CB 段:在 $x_2=a$ 处,$M_2=\dfrac{Fb}{l}a$;在 $x_2=l$ 处,$M_2=0$。利用这两个位置处的弯矩值,同样可绘出 CB 段梁的弯矩图。

如图 2-2-34(c)所示,整个梁的弯矩图为一个三角形,最大弯矩发生在集中力 F 作用点处的横截面上,此即危险截面,其最大弯矩值为

$$M_{max}=\frac{Fa}{l}b$$

如果 $a=b=\dfrac{1}{2}$,则有

$$M_{max}=\frac{1}{4}Fl$$

例 2-2-8　如图 2-2-35(a)所示,填料塔内支承填料用的栅条可简化为受均布载荷作用的简支梁。已知梁所受的均布载荷集度为 q(N/m),跨度 l(m)。试作该梁的剪力图和弯矩图。

解　①求支座反力。由对称性可知

$$R_A=R_B=\frac{1}{2}ql$$

②列剪力方程和弯矩方程。

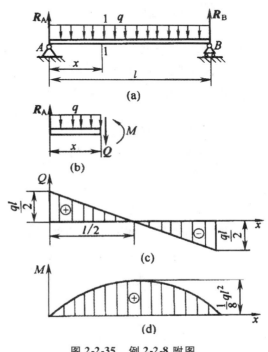

图 2-2-35　例 2-2-8 附图

取梁左端 A 为坐标原点,以梁的轴线为 x 轴。在距左端为 x 的横截面 1—1 处将梁切开,根据图 2-2-35(b)所示的分离体的平衡条件,得到的剪力方程和弯矩方程分别为

$$Q=R_A-qx=\frac{ql}{2}-qx\qquad(0<x<l)\qquad(2\text{-}2\text{-}17a)$$

$$M=R_Ax-qx\,\frac{x}{2}=\frac{ql}{2}x-\frac{q}{2}x^2\qquad(0\leqslant x\leqslant l)\qquad(2\text{-}2\text{-}17b)$$

③作剪力图和弯矩图。由式(2-2-17a)可知,剪力 Q 为 x 的一次函数,故在 $Q-x$ 图上是一条斜直线。只要求出任意两个横截面处的弯矩值,就可确定这条斜直线的位置。如在 $x=0$ 处,$Q=ql/2$;在 $x=x$ 处,$Q=-ql/2$。连接这两点,即可画出剪力图,如图 2-2-35(c)所示。

由式(2-2-17b)可知,弯矩是 x 的二次函数,说明弯矩图是一条抛物线。为此,至少要定出曲线上的三个点,才能近似地画出弯矩图。由

$$x=0,M=0$$

$$x=\frac{1}{4}l,M=\frac{3ql^2}{32}$$

$$x = \frac{1}{2}l, M = \frac{ql^2}{8}$$

$$x = l, M = 0$$

画出弯矩图,如图 2-2-35(d)所示。

由 **Q**、**M** 图可知,最大剪力发生在梁的两端,其值为 $Q_{max} = ql/2$;而最大弯矩发生在梁的中间截面,即 $x = \frac{1}{2}l$ 处,其值为 $M_{max} = \frac{ql^2}{8}$,此即为危险截面。

三、弯曲正应力

1. 弯曲正应力计算

前面讨论了梁弯曲时横截面上的内力。在一般情况下,截面上既有弯矩又有剪力。为了使问题简化,先讨论只有弯矩而无剪力的所谓纯弯曲的情况。梁在其两端只受到在纵向对称平面内的一对力偶作用时,其弯曲即属于纯弯曲。

为了分析弯曲时的应力及其分布规律,首先观察梁纯弯曲时的变形情况。取一矩形截面梁,在它的侧面画上很多间距相等的纵向线与横向线(如图 2-2-36 所示),然后在梁的两端各作用一个力偶 M,使其发生纯弯曲。实验结果表明:

①侧面的纵向线弯曲成了弧线,而且向外凸出一侧的纵向线伸长,凹进一侧的纵向线缩短,中间一条纵向线长度不变。

②侧面上的横向线仍保持为直线,且仍垂直于梁的轴线。

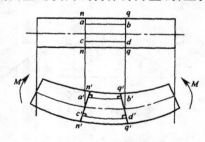　　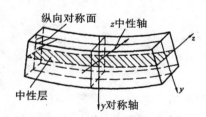

图 2-2-36　梁的纯弯曲变形　　　　　　图 2-2-37　梁的中性层和中性轴

可设想梁由许多纵向纤维组成,并且梁内部纤维的变形与表面纤维的变形相同。那么,在凸出一侧的各层纤维都是伸长的,而凹进一侧的纤维层是缩短的。中间的一层既不伸长也不缩短,称为中性层。中性层与横截面的交线称为中性轴(如图 2-2-37 所示)。由于代表横截面的横向线仍保持为直线,且仍垂直于梁的轴线,故梁变形时横截面仍保持为平面,这就是弯曲变形的横截面平面假设。

由以上实验观察,可判断梁纯弯曲时,横截面上只有正应力。梁凸出一侧的纤维层伸长,其应力为拉应力。凹侧纤维层缩短,应力为压应力。注意到梁变形时横截面仍保持为平面的特点,可知纵向纤维层的伸长或缩短与它到中性层的距离成正比,其应变也与此距离成正比。

根据变形现象及平面假设,从变形的几何关系、物理关系、静力平衡条件可以推导出纯弯曲时横截面上任一点的正应力计算公式为

$$\sigma = \frac{My}{I_z} \qquad (2\text{-}2\text{-}18)$$

式中:σ——横截面上距中性轴为 y 的各点的正应力。

M——横截面上的弯矩。

y——计算正应力的点到中性轴的距离。

I_z——横截面对中性轴 z 的惯性矩,它表示截面的几何性质,是一个仅与截面形状和尺寸有关的几何量,反映了截面的抗弯能力,常用单位有 m^4、cm^4 和 mm^4。

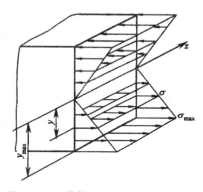

由式(2-2-18)可知:梁弯曲变形时,横截面上任意点的正应力与该点到中性轴的距离成正比,亦即横截面上的正应力沿截面高度按直线规律变化;中性轴上各点($y=0$),正应力为零;离中性轴最远的点,正应力最大,弯曲正应力沿截面宽度方向(距中性轴等距的各点)正应力相同,如图 2-2-38 所示。

图 2-2-38　横截面上正应力分布规律

由图 2-2-38 可见,横截面上离中性轴最远的点($y=y_{max}$),正应力值最大。

$$\sigma_{max} = \frac{M}{I_z}y_{max} = \frac{M}{I_z/y_{max}}$$

令

$$I_z/y_{max} = W_z$$

则

$$\sigma_{max} = \frac{M}{W_z} \qquad (2\text{-}2\text{-}19)$$

式中:M——截面上的弯矩,$N \cdot mm$。

W_z——横截面对中性轴 z 的抗弯截面模量,是一个仅与截面形状和尺寸有关的几何量,反映了截面的抗弯能力,单位为 m^3 或 mm^3,常见截面的轴惯性矩 I_z 和抗弯截面模量 W_z 如表 2-2-3 所示。

表 2-2-3　常见截面的轴惯性矩 I_z 和抗弯截面模 w_z

截面	矩形截面	圆形截面	圆环截面	大口径的设备或管道
I_z	$\dfrac{b}{12}h^3$	$\dfrac{\pi d^4}{64} \approx 0.05d^4$	$\dfrac{\pi}{64}(D^4-d^4)$	$\dfrac{\pi}{8}d^3\delta$
W_z	$\dfrac{b}{6}h^2$	$\dfrac{\pi d^3}{32} \approx 0.1d^3$	$\dfrac{\pi}{32D}(D^4-d^4)$	$\dfrac{\pi}{4}d^2\delta$

式(2-2-18)和式(2-2-19)是梁在纯弯曲的情况下建立起来的,对于横力弯曲的梁,若其跨度 l 与截面高度 h 之比 l/h 大于 5,仍可使用这些公式计算弯曲正应力。

2.弯曲正应力强度条件

弯曲变形的梁,其横截面上通常既有由弯矩引起的正应力,又有由剪力引起的剪应力。对于工程中常见的梁,理论分析表明,正应力是引起梁破坏的主要因素,所以要进行强度计算,首先要找出最大弯矩 M_{max} 的危险截面。对于等截面直梁,弯矩最大的截面就是危险截面。在危险截面上,离中性轴最远的上下边缘各点的应力最大,破坏往往就是从这些具有最大正应力的点开始。因此,为了保证梁能安全工作,最大工作应力 σ_{max} 应不得超过材料的许

用弯曲应力。于是，梁弯曲正应力的强度条件为

$$\sigma_{max} = \frac{M_{max}}{W_z} \le [\sigma] \qquad (2\text{-}2\text{-}20)$$

式中 $[\sigma]$ 为弯曲许用应力，通常其值等于或略高于同一材料的许用拉（压）应力。

利用梁的正应力强度条件，可以对梁进行强度校核；确定梁的截面形状和尺寸；计算梁的许可载荷。

例 2-2-9　如图 2-2-39 所示，分馏塔高 $H = 20\text{m}$，作用于塔上的风载荷分两段计算：$q_1 = 420\text{N/m}$，$q_2 = 600\text{N/m}$；塔内径为 1000mm，壁厚 6mm，塔与基础的联接方式可看成固定端。塔体的许用应力 $[\sigma] = 100\text{MPa}$。试校核塔体的弯曲强度。

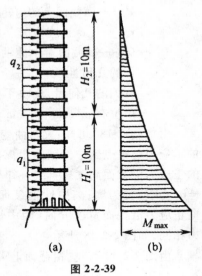

图 2-2-39

解　（1）求最大弯矩值

将塔简化为受均布载荷 q_1、q_2 作用的悬臂梁，由前面的知识画出其弯矩图（如图 2-2-39（b））。由图可见，在塔底截面弯矩值最大，其值为

$$M_{max} = q_1 H_1 \frac{H_1}{2} + q_2 H_2 \left(H_1 + \frac{H_2}{2} \right)$$

$$= 420 \times 10 \times \frac{10}{2} + 600 \times 10 \times \left(10 + \frac{10}{2} \right)$$

$$= 111 \times 10^3 (\text{N} \cdot \text{m}) = 111 \times 10^6 (\text{N} \cdot \text{mm})$$

（2）校核塔的弯曲强度由表 2-2-3 查得，塔体抗弯截面模量为

$$W_z = \pi d^2 \delta / 4 = \pi \times 1\,000^2 \times 6 / 4 = 4.7 \times 10^6 (\text{mm}^3)$$

塔体因风载荷引起的最大弯曲应力为

$$\sigma_{max} = \frac{M_{max}}{W_z} = \frac{111 \times 10^6}{4.7 \times 10^6} = 23.6 (\text{MPa}) < [\sigma] = 100 (\text{MPa})$$

所以塔体在风载荷作用下强度足够。

四、提高弯曲强度的主要措施

提高梁的强度，就是在材料消耗最低的前提下，提高梁的承载能力，从而满足既安全又经济的要求。

从弯曲强度条件

$$\sigma_{max} = \frac{M_{max}}{W_z} \le [\sigma]$$

可以看出，要提高梁的承载能力，应从两方面考虑。一方面是合理安排梁的受力情况，以降低 M_{max} 的数值；另一方面则是采用合理截面，以提高抗弯截面模量 W_z 的数值，充分利用材料的性能。

1. 降低最大弯矩值 M_{max}

梁的最大弯矩值 M_{max} 不仅取决于外力的大小,而且还取决于外力在梁上的分布。力的大小由工作需要而定,而力在梁上分布的合理性,可通过支座与载荷的合理布置达到。

如图 2-2-40(a)所示,在均布载荷作用下的简支梁,最大弯矩为

$$M_{max} = \frac{1}{8}ql^2$$

若将两端支承各自向里移动 $0.2l$,如图 2-2-40(b)所示,则最大弯矩减小为

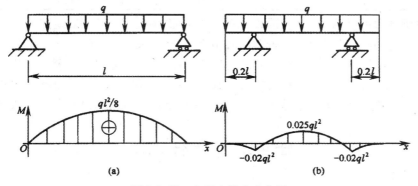

图 2-2-40　合理安排支座位置

仅为前者的 $1/5$。化工厂里的卧式储罐的支座就是这样布置的,这使得因储罐和物料自重引起的罐壁弯曲应力较小(如图 2-2-41 所示)。

如图 2-2-42(a)所示简支梁 AB,集中力 F 作用于梁的中点,则 $M_{max} = Fl/4$。若按图 2-2-42(b)所示,将 F 移至距支座 A 点 $l/6$ 处,则 $M_{max} = 5Fl/36$。相比之下,后者的最大弯矩就减少近一半。工程上常使梁上的集中力靠近支座作用,这可大大减小梁的最大弯矩值。

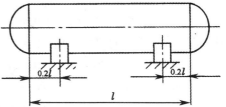

图 2-2-41　卧式储罐的支座位置

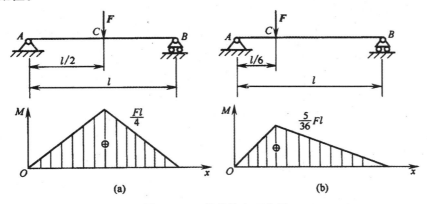

图 2-2-42　载荷的合理布置

2. 选择合理的截面形状

若把弯曲正应力的强度条件改写成

$$M_{max} \leqslant [\sigma]W_z$$

可见,梁可能承受的 M_{max} 与抗弯截面模量 W_z 成正比,W_z 越大越有利。另一方面,使用材料的多少与自重的大小,则与截面面积 A 成反比,面积越小越经济,越轻巧。因而合理的截面形状应该是截面积 A 较小而抗弯截面模量 W_z 较大,可用比值 W_z/A 来衡量截面形状的合理性和经济性。现将几种常用截面的比值 W_z/A 列于表 2-2-4 中。

表 2-2-4 几种常用截面的 W_z/A 值

截面形状($h = d = D$)	圆形	圆环形	矩形	工字形
W_z/A	$0.125d$	$0.205D(a = 0.8)$	$0.167h$	$(0.27 \sim 0.31)h$

从表中所列数值可看出,工字钢或槽钢优于环形,环形优于矩形,矩形优于圆形。其原因是中性轴附近的正应力很小,该处材料的作用未充分发挥,将它们移置到离中性轴较远处,可使材料得到充分利用。由此,选择合理截面的原则是使尽量多的材料分布到弯曲正应力较大的、远离中性层的边缘区域,在中性层附近区域留用少量材料,以使材料得到充分利用。所以桥式起重机的大梁以及其他钢结构中的抗弯杆件,经常采用工字形、槽形等截面。

任务五 压杆稳定

一、压杆稳定性的概念

前面我们研究杆件压缩问题时,都认为只要杆件满足强度条件,就能保持正常工作。但是,实践和理论证明,这个结论对粗短的压杆是正确的,但对细长压杆并不成立。

如图 2-2-43(a)所示,在一根细长直杆的两端逐渐施加轴向压力 F,当所加的轴向压力 F 小于某一极限值 F_{cr} 时,杆件能稳定地保持其原有的直线形状。这时,如果在压杆的中间部分作用一个微小的横向干扰力,压杆虽会发生微小弯曲,但一旦撤去横向力后,压杆能很快地恢复原有的直线形状,如图 2-2-43(b)所示。这表明,此时压杆具有保持原有直线形状的能力,是处在一种稳定的直线平衡状态。但当轴向压力 F 达到某一极限值 F_{cr} 时,若再加一个横向干扰力使杆发生微小弯曲,则在撤去横向力后,压杆就不能再恢复到原有的直线形状而处于弯曲状态,如图 2-2-43(c)所示。这种由于细长压杆所受压力达到某个限度而突然变弯丧失其工作能力的现象,称为丧失稳定性,简称失稳。

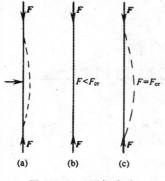

图 2-2-43 压杆失稳

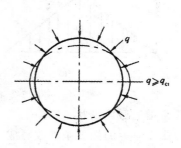

图 2-2-44 外压容器失稳

失稳现象是突然发生的,事前并无迹象,所以它会给工程造成严重的事故。在飞机和桥梁工程上都曾发生过这种事故。

除了细长杆受压外,工程实际中的外压薄壁容器也有稳定问题。如图 2-2-44 所示,当外压 q 增大到某一临界值 q_{cr} 时,筒体形状及筒壁内的应力状态发生了突变,原来的平衡遭到破坏,圆形的筒体被压成椭圆形或曲波形。这就是外压容器的失稳。

二、压杆的临界力和临界应力

1. 压杆的临界力

如上所述,杆件所受压力逐渐增加到某个极限值时,压杆将由稳定状态转化为不稳定状态。这个压力的极限值称为临界压力 F_{cr}。它是压杆保持直线稳定形状时所能承受的最大压力。只要杆件的轴向工作压力小于压杆的临界压力,压杆就不会失稳。

压杆的临界压力大小可由理论推导得出,此公式又称欧拉公式

$$F_{cr} = \frac{\pi^2 EI}{(\mu L)^2} \tag{2-2-21}$$

式中:E——材料的弹性模量,MPa。

　　　I——压杆横截面的轴惯性矩,mm^4。

　　　L——压杆的长度,mm。

　　　μ——支座系数,决定于压杆两端支座形式,见表 2-2-5。

表 2-2-5　不同支座形式下的支座系数

支座形式	两端铰支	一端固定一端自由	一端固定一端铰支	两端固定
简图				
μ	1	2	0.7	0.5

轴惯性矩是表示截面形状和尺寸的几何量,大小决定于截面的形状和尺寸,不同截面形状的轴惯性矩见表 2-2-3。

工程中常用的型钢,如工字钢、槽钢、角钢等,它们的形状和几何尺寸均已标准化,因此其轴惯性矩可以从型钢规格表中查取。

例 2-2-10　有一受压矩形截面直杆,材料为 Q235 钢,$E = 2 \times 10^5$ MPa,长 $l = 3$m,截面尺寸 $b = 42$mm,$h = 100$mm,两端铰支,试计算压杆的临界压力。

解   对于同一矩形截面,不同的中性轴有不同的轴惯性矩,即

$$I_1 = bh^3/12 = 42 \times 100^3/12 = 3.5 \times 10^6 (\text{mm}^4)$$

$$I_2 = bh^3/12 = 100 \times 42^3/12 = 6.2 \times 10^5 (\text{mm}^4)$$

计算临界压力应取小者,所以

$$I_{\min} = I_2 = 6.2 \times 10^5 (\text{mm}^4)$$

由公式 2-2-21 计算临界压力,查表 2-2-5 可知 μ 值为 1.0。

$$F_{\text{cr}} = \pi^2 EI/(\mu l)^2 = 3.14^2 \times 2 \times 10^5 \times 6.2 \times 10^5/(1.0 \times 3\ 000)^2$$
$$= 1.4 \times 10^5 (\text{N})$$

故此压杆临界压力为 $1.4 \times 10^5 \text{N}$。

2. 压杆的临界应力

设压杆横截面面积为 A,则压杆的临界应力为

$$\sigma_{\text{cr}} = \frac{F_{\text{cr}}}{A} = \frac{\pi^2 EI}{(\mu l)^2 A} \tag{2-2-22}$$

将压杆截面的惯性半径

$$i = \sqrt{\frac{I}{A}}$$

代入上式,并令

$$\lambda = \frac{\mu l}{i} \tag{2-2-23}$$

推导得

$$\sigma_{\text{cr}} = \frac{\pi^2 E}{\lambda^2} \tag{2-2-24}$$

式(2-2-24)称为压杆临界应力欧拉公式。式中 A 称为压杆的柔度,它综合反映了压杆的支承情况、长度、截面形状与尺寸等对临界应力的影响,是一个无量纲的量。由式(2-2-23)及式(2-2-24)可以看出,如压杆的长度 l 愈大,惯性半径 i 愈小,即压杆愈细长,且两端约束较弱时,λ 就愈大,σ_{cr} 愈小,则压杆越易失稳。所以 λ 是度量压杆失稳难易的重要参数。

三、压杆稳定性计算

临界力和临界应力是压杆丧失工作能力时的极限值。为了保证压杆具有足够的稳定性,不但要求压杆的轴向压力或工作应力小于其极限值,而且还应考虑适当的安全储备。因此,压杆的稳定条件为

$$F \leqslant \frac{F_{\text{cr}}}{n_{\text{cr}}} \tag{2-2-25}$$

式中 n_{cr} 称为稳定安全系数。由于考虑压杆的初曲率、加载的偏心以及材料不均匀等因素对临界力的影响,n_{cr} 值一般比强度安全系数规定得高些。静载下,其值一般为:

钢类 $n_{\text{cr}} = 1.8 \sim 3.0$

铸铁 $n_{\text{cr}} = 4.5 \sim 5.5$

木材 $n_{\text{cr}} = 2.5 \sim 3.5$

若将式(2-2-25)改写成如下形式

$$n = \frac{F_{cr}}{F} \geq n_{cr} \qquad (2-2-26)$$

此式为用安全系数表示的压杆的稳定条件,称为安全系数法。式中 n 为工作安全系数,它等于临界力与工作压力之比值。

若将式(2-2-25)的两边同时除以压杆的横截面面积 A,则可得

$$\frac{F}{A} \leq \frac{F_{cr}}{An_{cr}}$$

或

$$\sigma \leq \frac{\sigma_{cr}}{n_{cr}} = [\sigma_{cr}] \qquad (2-2-27)$$

此即为用应力形式表示的压杆稳定条件。式中 $[\sigma_{cr}]$ 为压杆的稳定许用应力。由于临界应力 σ_{cr} 随柔度 λ 而变化,所以稳定许用应力 $[\sigma_{cr}]$ 也随 A 而变。为计算方便起见,通常将稳定许用应力 $[\sigma_{cr}]$ 表示为压杆材料的强度许用应力 $[\sigma]$ 乘上一个系数 φ,即

于是式(2-2-27)可写成

$$\sigma = \frac{F}{A} \leq \varphi[\sigma] \qquad (2-2-28)$$

式中 φ 称为折减系数。由于 $[\sigma_{cr}] < [\sigma]$,所以 φ 必是一个小于1的系数。表2-2-6中列出了几种常用材料制成的压杆在不同柔度 λ 下的折减系数 φ 值。

利用公式(2-2-28)进行压杆稳定计算的方法,称为折减系数法。

表 2-2-6　压杆的折减系数 φ

柔度 $\lambda = \frac{\mu l}{i}$	φ 值			柔度 $\lambda = \frac{\mu l}{i}$	φ 值		
	低碳钢	铸铁	木材		低碳钢	铸铁	木材
0	1.000	1.00	1.00	110	0.536	—	0.25
10	0.995	0.97	0.99	120	0.466	—	0.22
20	0.981	0.91	0.97	130	0.401	—	0.18
30	0.958	0.81	0.93	140	0.349	—	0.16
40	0.927	0.69	0.87	150	0.306	—	0.14
50	0.888	0.57	0.80	160	0.272	—	0.12
60	0.842	0.44	0.71	170	0.243	—	0.11
70	0.789	0.34	0.60	180	0.218	—	0.10
80	0.731	0.26	0.48	190	0.197	—	0.09
90	0.669	0.20	0.38	200	0.180	—	0.08
100	0.604	0.16	0.31				

例 2-2-11　某立式储罐总重为 $G = 260$kN,由四根支柱对称地支承(如图2-2-45所示)。已知每根支柱的高度为 $l = 2.8$m,由 $\Phi76$mm $\times 5$mm 钢管制成,其许用应力为 $[\sigma] = 120$MPa,支柱两端的约束可简化为铰支。试对该支柱进行稳定性校核。

解　根据题意，支柱承受储罐总重 **G** 的作用，可视为两端铰支的压杆。

①计算支柱的柔度 λ。已知钢管外径 $D = 76\text{mm}$，内径 $d = 76 - 2 \times 5 = 66(\text{mm})$，而钢管的横截面面积为

$$A = \frac{\pi}{4}(D^2 - d^2) = \frac{\pi}{4}(0.076^2 - 0.066^2)$$
$$= 0.001\ 12(\text{m}^2)$$

钢管横截面的惯性半径为

$$i = \sqrt{\frac{I}{A}} = \sqrt{\frac{\frac{\pi}{64}(D^4 - d^4)}{\frac{\pi}{4}(D^2 - d^2)}} = \frac{\sqrt{D^2 + d^2}}{4}$$

$$= \frac{\sqrt{0.076^2 + 0.066^2}}{4} = 0.025(\text{m})$$

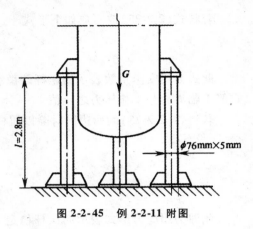

图 2-2-45　例 2-2-11 附图

因支柱两端的约束简化为铰支，故其长度系数 $\mu = 1$，由此求得支柱的柔度 λ 为

$$\lambda = \frac{\mu l}{i} = \frac{1 \times 2.8}{0.025} = 112$$

②计算支柱的稳定许用应力 $[\sigma_{\text{cr}}]$。由表 2-2-6 查得钢管的折减系数为 $\varphi = 0.522$，故得

$$[\sigma_{\text{cr}}] = \varphi[\sigma] = 0.522 \times 120 = 62.64(\text{MPa})$$

③校核支柱的稳定性。由于四根支柱对称地支承，故可假定每根支柱所承受的轴向力相等，其值为

$$F = \frac{G}{4} = \frac{260}{4} = 65(\text{kN})$$

支柱的工作应力 σ 为

$$\sigma = \frac{F}{A} = \frac{65 \times 10^3}{0.001\ 12} = 58.04 \times 10^6(\text{N/m}^2) = 58.04(\text{MPa})$$

由于 $\sigma = 58.04(\text{MPa}) < [\sigma_{\text{cr}}] = 62.64(\text{MPa})$，所以该支柱的稳定性足够。

四、提高压杆稳定性的措施

根据欧拉公式，要提高细长杆的稳定性，可从下列几方面来考虑。

（1）合理选用材料

临界力与弹性模量 E 成正比。钢材的 E 值比铸铁、铜、铝的 E 值大，故压杆选用钢材为宜。合金钢的 E 值与碳钢的 E 值相差无几，故细长杆选用合金钢并不能比选用碳钢提高稳定性。

（2）合理选择截面形状

临界力与截面的轴惯性矩 I 成正比。应选择

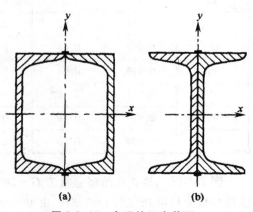

图 2-2-46　合理的组合截面

I 大的截面形状,如圆环形截面比圆形截面合理,型钢截面比矩形截面合理。并且尽量使压杆横截面对两个互相垂直的中性轴的 I 值相近,如图 2-2-46 的布置(a)比(b)好。

（3）减小压杆长度

临界力与杆长平方成反比。在可能情况下,两小杆的长度或在杆的中部设置支座,会大大提高稳定性。

（4）改善支座形式

临界力与支座形式有关。固定端比铰链支座稳定性好,自由端最差。加强杆端约束的刚性,才能使压杆的稳定性得到相应提高。

思考题

1. 如何求思考题 2-2-1 图所示两分力的合力。

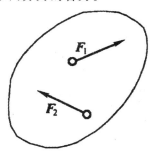

思考题 2-2-1 图

2. 简述公理一与公理四的区别。

3. 什么样的杆件称为二力杆? 受力上有何特点?

4. 工程上常见的约束有哪些类型? 约束反力的方位如何确定?

5. 什么是力在坐标轴上的投影? 怎样计算? 正负号如何确定?

6. 力偶中的二力是等值反向的,作用力与反作用力也是等值反向的,而二力平衡条件中的两个力也是等值反向的,试问三者有何区别?

7. 思考题 2-2-7 图中力的单位是 N,长度的单位是 cm,试分析思考题 2-2-7 图四个力偶中,哪些是等效的? 哪些是不等效的?

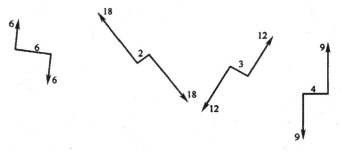

思考题 2-2-7 图

8. 两根长度、横截面积相同,但材料不同的等截面直杆。当它们所受轴力相等时,试说明:①两杆横截面上的应力是否相等? ②两杆的强度是否相同? ③两杆的总变形是否相等?

9.减速器中,高速轴直径较大还是低速轴直径较大? 为什么?

10.梁的内力剪力和弯矩的正负是怎样规定的? 怎样根据截面一侧的外力来计算截面上的剪力和弯矩?

11.挑东西的扁担常常是在中间折断,而游泳池的跳水板则容易在固定端处弯断,为什么?

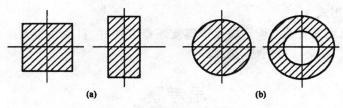

思考题 2-2-12 图

12.思考题 2-2-12 图所示两组截面,两截面面积相同,作为压杆时(两端为球铰),各组中哪一种截面形状合理?

习　题

1.试画出习题 2-2-1 图中每个标注符号的构件(如 A、B、AB 等)的受力图。设备接触面均为光滑面,未标重力的构件的质量不计。

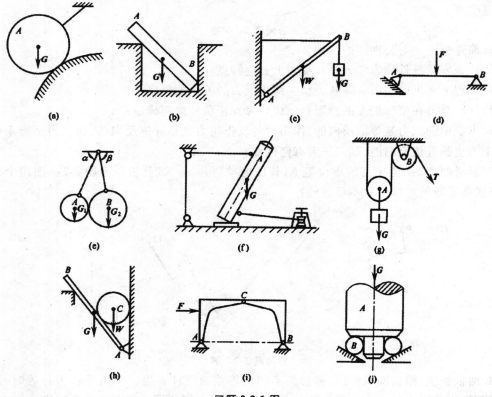

习题 2-2-1 图

2. 如习题 2-2-2 图所示，圆筒形容器搁在两个托轮 A、B 上，A、B 处于同一水平线。

已知容器重 $G = 30\text{kN}$，$R = 500\text{mm}$，托轮半径 $r = 50\text{mm}$，两托轮中心距 $l = 750\text{mm}$。求托轮对容器的约束反力。

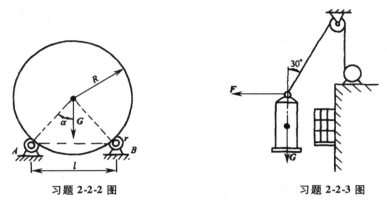

习题 2-2-2 图　　　　　　　　　习题 2-2-3 图

3. 习题 2-2-3 图中化工厂起吊设备时为避免碰到栏杆，施加一水平力 F，设备重 $G = 40\text{kN}$。试求水平力 F 及绳子的拉力 T。

4. 习题 2-2-4 图中实线所示为一人孔盖，它与接管法兰用铰链在 A 处联接。设人孔盖重为 $G = 600\text{N}$，作用在 B 点，当打开人孔盖时，F 力与铅垂线成 30°，并已知 $a = 250\text{mm}$，$b = 420\text{mm}$，$h = 70\text{mm}$。试求 F 力及铰链 A 处的约束反力。

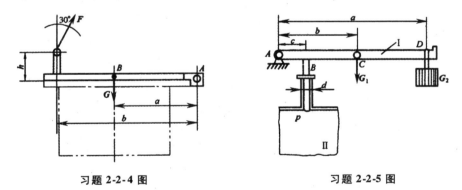

习题 2-2-4 图　　　　　　　　　习题 2-2-5 图

5. 某锅炉上的安全装置如习题 2-2-5 图所示，其中 I 为杠杆，II 为锅炉。已知杠杆 AC 重为 $G_1 = 80\text{N}$，$a = 1\text{m}$，$b = 0.45\text{m}$，$c = 0.2\text{m}$，蒸汽出口处的直径 $d = 60\text{mm}$。安全阀应在锅炉内的绝对气压达到 $p = 0.7\text{MPa}$ 时立即打开。求平衡重的重力 G_2 和铰链 A 处的反力。

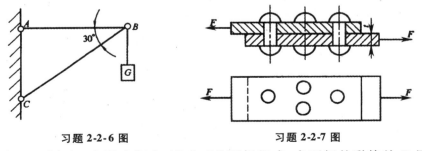

习题 2-2-6 图　　　　　　　　　习题 2-2-7 图

6. 习题 2-2-6 图示三角形支架由 AB 和 BC 两杆组成，在两杆的联接处 B 悬挂有重物

$G = 30\text{kN}$。已知两杆均为圆截面,其直径分别为 $d_{AB} = 25\ \text{mm}$,$d_{BC} = 30\ \text{mm}$,杆材的许用应力 $[\sigma] = 120\ \text{MPa}$。试问此支架是否安全?

7. 在习题 2-2-7 图中两块厚度 $t = 8\text{mm}$ 的钢板,用四个铆钉联接在一起。已知钢板受拉力 $F = 80\text{kN}$,铆钉材料的许用应力分别为 $[\tau] = 80\text{MPa}$,$[\sigma_{jy}] = 200\text{MPa}$,试确定铆钉的直径。

8. 一带有框式桨叶的搅拌轴,其受力情况如习题 2-2-8 图所示。搅拌轴由电动机经过减速器及圆锥齿轮带动,已知电动机功率 $P_e = 2.8\text{kW}$,机械传动效率 $\eta = 85\%$,搅拌轴的转速 $n = 10\text{r/min}$,轴的直径 $d = 70\text{mm}$,轴的扭转许用剪应力为 $[\tau] = 60\text{MPa}$。试校核搅拌轴的强度。

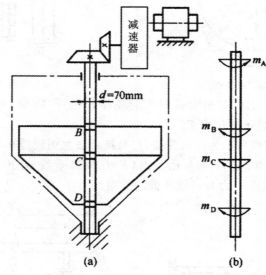

习题 2-2-8 图

9. 在习题 2-2-9 图中某传动轴的转速为 $n = 300\text{r/min}$,主动轮 1 输入功率为 $P_1 = 20\text{kW}$,从动轮 2、3 输出功率分别为 $P_2 = 5\text{kW}$,$P_3 = 15\text{kW}$。已知材料的扭转许用剪应力 $[\tau] = 60\text{MPa}$,许用单位长度扭转角 $[\theta] = 1°/\text{m}$,剪切弹性模量为 $G = 8 \times 10^4\text{MPa}$。试确定:(1) AB 段的直径 d_1 和 BC 段的直径 d_2。(2) 主动轮和从动轮如何安排才比较合理?

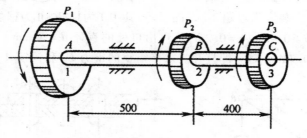

习题 2-2-9 图

10. 习题 2-2-10 图示各梁中的载荷为 $F = 20\ \text{kN}$,$q = 10\text{kN/m}$,$m = 20\text{kN} \cdot \text{m}$,尺寸为 $l = 2\text{m}$,$a = 1\text{m}$。试列出各梁的剪力、弯矩方程并做出剪力、弯矩图,求出 Q_{max} 和 M_{max}。

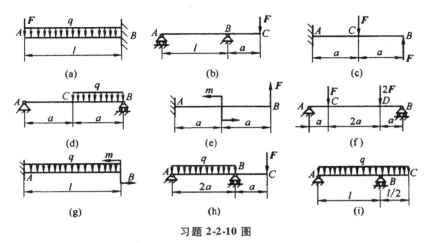

习题 2-2-10 图

11. 习题 2-2-11 图为一卧式容器及其计算简图。已知其内径为 $d = 1800\text{mm}$，壁厚为 $S = 20\text{mm}$，封头高度为 $H = 480\text{mm}$，支承容器的两鞍座之间的距离为 $l = 8\text{m}$，鞍座至筒体两端的距离均为 $a = 1.2\text{m}$，内储液体及容器的自重可简化为均布载荷，其集度为 $q = 30\text{kN/N}$。试求容器上的最大弯矩和弯曲应力。

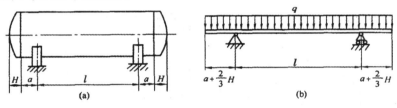

习题 **2-2-11** 图

12. 习题 2-2-12 图中某塔设备外径为 $D = 1\text{m}$，塔总高为 $l = 15\text{m}$，受水平方向风载荷 $q = 800\text{N/m}$ 作用。塔底部用裙式支座支承，裙式支座的外径与塔外径相同，其壁厚 $S = 8\text{mm}$。裙式支座的 $[\sigma] = 100\text{MPa}$。试校核支座的弯曲强度。

13. 习题 2-2-13 图托架中的 AB 杆由钢管制成，其外径为 $D = 50\text{mm}$，内径为 $d = 40\text{mm}$，两端为铰支，钢管的弹性模量为 $E = 2 \times 10^5 \text{MPa}$。在托架 D 端的工作载荷为 $F = 12\text{kN}$，规定的稳定安全系数为 $n_{\text{cr}} = 3$。试问 AB 杆是否稳定（图中尺寸单位为 mm）。

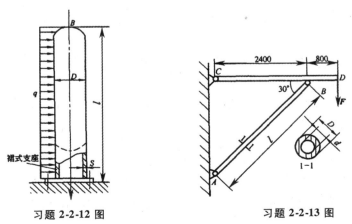

习题 **2-2-12** 图　　　　　　习题 **2-2-13** 图

项目 3
机械传动与联接

学习目的

◆ 了解带传动原理、特点及应用。

◆ 了解齿轮传动原理、特点及应用。

◆ 了解蜗杆传动原理、特点及应用。

◆ 了解轴的联动的结构及应用。

◆ 了解轴承。

任务一　带传动

一、带传动原理、特点、类型、应用场合

1.带传动原理

带传动由主动带轮、从动带轮和紧套在两带轮上的传动带所组成（图 2-3-1）。利用传动带把主动轴的运动和动力传递给从动轴。

带安装时必须张紧,这使得带在运转之前就有初拉力。因此,在带与带轮的接触面之间有正压力。当主动带轮转动时,带与轮的接触面之间产生摩擦力,于是主动带轮靠摩擦力驱动挠性带运动,带又靠摩擦力驱动从动带轮转动。所以,带传动是靠带与轮之间的摩擦力来进行工作的。

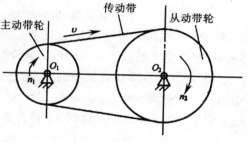

图 2-3-1　带传动

2.带传动的特点

①由于带的弹性良好,因此能缓和冲,吸收振动,使传动平稳无噪声。

②过载时带会在轮上打滑,可防止其他零件的损坏,起到过载安全保护作用。

③结构简单,制造容易,成本低廉,维护方便。

④可用于两轴间中心距较大的场合。

⑤由于传动带有不可避免的弹性滑动,因此不能保证恒定的传动比。

⑥带的寿命较短,传动效率也较低。

⑦由于摩擦生电,不宜用于易燃烧和有爆炸危险的场合。

3.带传动的类型及应用场合

带传动一般分为圆带传动、平带传动、V 带传动、同步带传动等类型,如图 2-3-2 所示。

（1）平带传动

平带的横截面为矩形,已标准化。常用的平带有帆布芯平带、编织平带、锦纶片复合带等。其中帆布芯平带应用最广。

平带传动结构简单,带轮制造方便,平带质轻且挠曲性好,故多用于高速和中心距鞍的传动。

（2）V 带传动

V 带的横截面为梯形,已标准化。理论分析表明,在同样的张紧情况下,V 带与轮槽间的压紧力比平带与带轮间的压紧力大得多,故 V 带与带轮间的摩擦力也大得多,所以 V 带的传动能力比平带大得多,因而获得了广泛的应用。目前在机床、空气压缩机、带式输送机和水泵等机器中均采用 V 带传动。

（3）圆带传动

圆带的横截面为圆形,常用皮革制成,也有圆绳带和圆锦纶带等。

圆带传动只适用于低速、轻载的机械,如缝纫机、真空吸尘器、磁带盘的传动机构等。

（4）同步带传动

平带传动、V 带传动、圆带传动均是靠摩擦力工作的。与此不同,同步带传动是靠带内侧的齿与带轮外缘的齿相啮合来传递运动和动力的,因此不打滑,传动比准确且较大（最大可允许 $i = 20$）,但制造精度和安装精度要求较高。

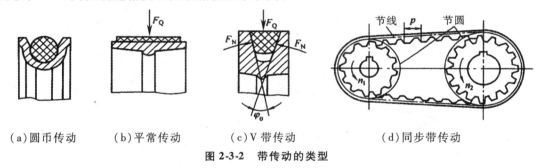

（a）圆币传动　　　（b）平常传动　　　（c）V 带传动　　　（d）同步带传动

图 2-3-2　带传动的类型

二、普通 V 带和带轮

1. V 带结构与材料

V 带的横截面构造如图 2-3-3 所示。由图中可见,V 带由包布层、顶胶层、抗拉体和底胶层四部分组成。包布层多由胶帆布制成,它是 V 带的保护层。顶胶层和底胶层由橡胶制成,当胶带在带轮上弯曲时可分别伸张和收缩。抗拉体用来承受基本的拉力,有两种结构:由几层棉帘布构成的帘布芯（如图 2-3-3（b））或由一层线绳制成的绳芯（如图 2-3-3（a））。帘布芯结构的 V 带抗拉强度较高,制造方便;绳芯结构的 V 带柔韧性好,抗弯强度高,适用于转速较高、带轮直径较小的场合。现在,生产中越来越多地采用绳芯结构的 V 带。

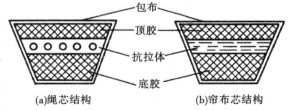

（a）绳芯结构　　　　　　（b）帘布芯结构

图 2-3-3　V 带的构造

普通 V 带的尺寸已标准化(GB/T 11544 – 1997),分为 Y、Z、A、B、C、D、E 七种型号,截面尺寸和承载能力依次增大。

标准 V 带均制成无接头的整圈,其长度系列可参见有关标准。

V 带的标记内容和顺序为型号、基准长度和标准号。例如标记"A1600 GB/T 11544 – 1997"表示 A 型普通 V 带,基准长度为 1600 mm。V 带标记通常压印在带的顶面上。

2. V 带轮结构与材料

V 带轮结构取决于它的直径,有四种形式:实心带轮、腹板带轮、孔板带轮、椭圆轮辐带轮。当带轮的基准直径 $d_d \leqslant (2.5 \sim 3)d(d$ 为轴的直径)时,采用实心带轮(如图 2-3-4(a));当带轮的基准直径 $d_d \leqslant 250 \sim 300mm$ 时,采用腹板带轮(如图 2-3-4(b)),它由轮缘、腹板和轮毂三部分组成,轮缘用于安装带,轮毂是与轴配合联接的部分,腹板用于联接轮缘和轮毂;当带轮基准直径 $d_d = 250 \sim 400mm$,且轮缘与轮毂间距离≥100mm 时,可在腹板上制出 4 个或 6 个均布孔,以减轻质量和便于加工时装夹,称为"孔板带轮";当带轮基准直径 $d_d > 400mm$ 时,多采用横截面为椭圆的轮辐取代腹板,称为"椭圆轮辐带轮"(如图 2-3-4(c))。

V 带轮常用灰铸铁(带速 $v \leqslant 25m/s$)制成,带速较高时($v \geqslant 25 \sim 45m/s$)宜用铸钢,功率小时可用铝合金或工程塑料,单件生产时可用钢板冲压后焊接而成。

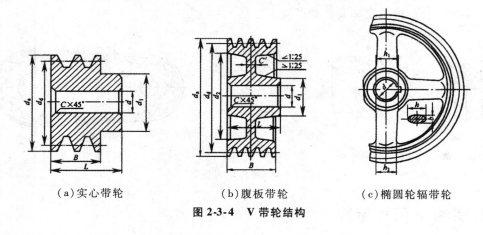

(a)实心带轮　　　　　(b)腹板带轮　　　　　(c)椭圆轮辐带轮

图 2-3-4　V 带轮结构

三、带传动的失效、张紧、安装与维护

1. 带传动的失效

带传动的失效形式主要是:带在带轮上打滑和带疲劳损坏。

打滑是因为带与带轮间的摩擦力不足,所以增大摩擦力可以防止打滑。增大摩擦力的措施主要有:适当增大初拉力,也就增大了带与带轮之间的压力,摩擦力也就越大;增大带与小带轮接触的弧段所对应的圆心角(称为小带轮包角)也能增大摩擦力;适当提高带速。

带的疲劳是因为带受交变应力的作用。在带传动过程中,带的横截面上有两种应力:因带的张紧和传递载荷以及带绕上带轮时的离心力而产生的拉应力;因带绕上带轮时弯曲变形而产生的弯曲应力。拉应力作用在整个带的各个截面上,而弯曲应力只在带绕上带轮时才产生。带在运转过程中时弯时直,因而弯曲应力时有时无,带是在交变应力的作用下工作的,这是带产生疲劳断裂的主要原因。

一般情况下,两种应力中弯曲应力较大,为了保证带的寿命,就要限制带的弯曲应力。带的弯曲应力与带轮直径大小有关,带轮直径越小,带绕上带轮时弯曲变形就越大,带内弯曲应力就越大。为此,对每种型号的 V 带,都规定了许用的最小带轮直径。

2. 带传动的张紧

带传动工作一段时间后,传动带会发生松弛现象,使张紧力降低,影响带传动的正常工作。因此,应采用张紧装置来调整带的张紧力。常用的张紧方法有调节轴的位置张紧和用张紧轮张紧。

图 2-3-5 所示为调节轴的位置张紧装置。张紧的过程是:放松固定螺栓,旋转调节螺钉,可使带轮沿导轨移动,即可调节带的张紧力。当带轮调到合适位置时,即可拧紧固定螺栓。这种装置用于水平或接近水平的传动。

图 2-3-6 所示为用张紧轮张紧。张紧轮安装在带的松边内侧,向下移动张紧轮即可实现张紧。为了不使小带轮的包角减小过多,应将张紧轮尽量靠近大带轮。这种装置用于固定中心距传动。

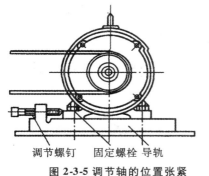

图 2-3-5 调节轴的位置张紧

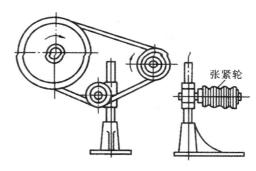

图 2-3-6 用张紧轮张紧

3. 带传动的安装与维护

正确的安装、使用和维护,能够延长带的寿命,保证带传动的正常工作。应注意以下几点:

①一般情况下,带传动的中心距应当可以调整,安装传动带时,应缩小中心距后把带套上去。不应硬撬,以免损伤带,降低带的寿命。

②传动带损坏后即需更换。为了便于传动带的装拆,带轮应布置在轴的外伸端。

③安装时,主动带轮与从动带轮的轮槽应对正,如图 2-3-7(a)所示,不要出现图 2-3-7(b)和(c)的情况,使带的侧面受损。

④带的张紧程度应适当,使初拉力不过大或过小。过大会降低带的寿命,过小则将导致摩擦力不足而出现打滑现象。

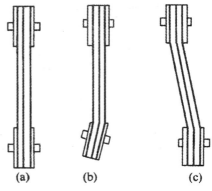

图 2-3-7 主动带轮与从动带轮的位置关系

⑤带传动通常同时使用同一型号的 V 带 3～5 根,应注意新旧不同的 V 带不得混用,以避免载荷分配不均,加速带的损坏。

⑥带传动装置应设置防护罩,以保证操作人员的安全。

⑦严防胶带与矿物油、酸、碱等介质接触,以免变质。胶带也不宜在阳光下暴晒。

任务二　齿轮传动

一、齿轮传动的特点、类型及应用场合

齿轮传动由主动齿轮和从动齿轮组成,依靠轮齿的直接啮合而工作。齿轮传动是应用最广泛的一种传动,在各种机器中大量使用着齿轮传动。

1.齿轮传动的特点

①传递的功率和圆周速度范围较大。功率从很小到数万千瓦,齿轮圆周速度从很低到300m/s 以上。

②瞬时传动比恒定,因而传动平稳。传动用的齿轮,其齿廓形状大多为渐开线,还有圆弧和摆线等,这种齿廓能够保持齿轮传动的瞬时传动比恒定。

③能实现两轴任意角度(平行、相交或交错)的传动。

④效率高,寿命长。加工精密和润滑良好的一对传动齿轮,效率可达 0.99 以上,能可靠地工作数年甚至数十年。

⑤结构紧凑,外廓尺寸小。

⑥齿轮的加工复杂,制造、安装、维护的要求较高,因而成本较高。

⑦工作时有不同程度的噪声,精度较低的传动会引起一定的振动。

2.齿轮传动的类型及应用场合

齿轮传动的类型很多,各有其传动特点,适用于不同场合。常用的齿轮传动如图 2-3-8 所示。

二、齿轮传动比计算

设主动齿轮转速为 n_1、齿数为 z_1,从动齿轮转速为 n_2、齿数为 z_2,则齿轮传动的平均传动比为

$$i = \frac{n_1}{n_2} = \frac{z_2}{z_1}$$

由上式可见,当 z_2 较大而 z_1 较小时可获得较大的传动比,即实现较大幅度的降速。但若 z_2 过大,则将因小齿轮的啮合频率高而导致两轮的寿命相差很大,而且齿轮传动的外廓尺寸也要增大。因此,限制一对齿轮传动的传动比 $i \leqslant 8$。

三、齿轮常用材料及选择

齿轮的常用材料是钢材,在某些情况下铸铁、有色金属、粉末冶金和非金属材料也可制作齿轮。

　　钢制齿轮一般通过热处理来改善其机械性能。按齿面硬度大小,钢齿轮分为"≤HBS350"的软齿面齿轮和">HBS350"的硬齿面齿轮两类。

　　软齿面齿轮的常用材料为 40、45、35SiMn、40MnB、40Cr 等调质钢,并经调质处理改善其综合力学性能,以适应齿轮的工作要求;对于要求不高的齿轮,可选用 Q275 或 40、45,并经正火处理;对于大直径齿轮(齿顶圆直径 d_a≥400 ~ 600 mm),因锻造困难,常用 ZG310 - 570、ZG340.640、ZG35SiMn 铸件毛坯,并经正火处理。在一对啮合的齿轮中,小齿轮轮齿的工作循环次数较多,因此,对软齿面齿轮往往选小齿轮的齿面硬度比大齿轮的齿面硬度高 HBS25 ~ HBS40。

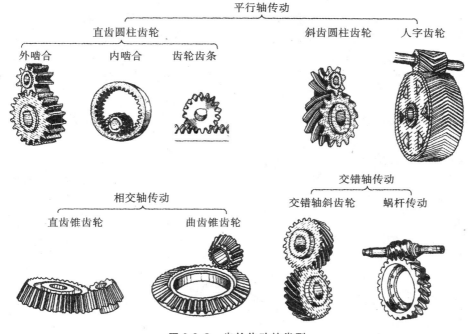

图 2-3-8　齿轮传动的类型

　　硬齿面齿轮的常用材料为调质钢经表面淬火处理,或用渗碳钢 20、20Cr、20CrMnTi 等经渗碳、淬火处理,也可采用 38CrMoAlA 钢经渗氮处理,以适应齿轮承受变载和冲击的要求。这类齿轮承载能力高,用于重要传动。

　　灰铸铁价格便宜,铸造性能和切削加工性能良好,但强度和韧性差,只宜用于低速、轻载或开式传动。常用的灰铸铁有 HT250、HT300、HT350 等。球墨铸铁的机械性能接近钢材,可以代替铸钢制造大齿轮。常用的球墨铸铁有 QT500 - 5、QT600 - 2 等。

四、齿轮传动失效形式及原因

　　齿轮传动是靠齿与齿的啮合进行工作的,轮齿是齿轮直接参与工作的部分,所以齿轮的失效主要发生在轮齿上。常见的轮齿失效形式有:轮齿折断、疲劳点蚀、磨损、胶合和塑性变形。

1. 轮齿折断

轮齿折断是指齿轮的一个或多个齿的整体或局部的断裂,如图 2-3-9 所示。它有疲劳折断和过载折断两种。

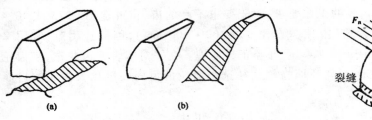

图 2-3-9　轮齿折断　　　　　　　　图 2-3-10　轮齿受力情况

齿轮工作时,每个轮齿都相当于一个悬臂梁(图 2-3-10),在齿根处产生的弯曲应力最大。由于齿轮运转时,每个轮齿都是间歇性工作的,故齿根处的弯曲应力是交变应力。当弯曲应力的数值超过齿轮的疲劳极限时,在经过一定的应力循环次数后,轮齿就会发生疲劳折断。

过载折断通常是由于短时意外的严重过载,使轮齿危险截面上产生的应力超过了齿轮的极限应力所造成的。

淬火钢或铸铁等脆性材料制造的齿轮,最易发生轮齿折断。在直齿圆柱齿轮中,一般多发生轮齿的整体折断(如图 2-3-9(a))。而在斜齿圆柱齿轮中,由于其轮齿啮合时的接触线是倾斜的,所以多发生局部折断(如图 2-3-9(b))。

2. 齿面点蚀

疲劳点蚀是一种因齿面金属局部脱落而呈麻点状的疲劳破坏,如图 2-3-11 所示。

图 2-3-11　齿面点蚀　　　　图 2-3-12　齿面胶合　　　　图 2-3-13　齿面塑性变形

齿轮在传递动力时,两齿面在理论上是线接触,由于弹性变形实际上是很小的面接触,所以在接触线附近产生很大的接触应力(局部挤压应力)。在传动过程中,齿面上的接触应力是按脉动循环变化的,如果接触应力的最大值超过了齿面的接触疲劳极限应力值,则在工作一定时间以后,齿面的金属将呈微粒状剥落下来,在齿面上形成小坑,这就是疲劳点蚀。随着点蚀的发生,轮齿间的实际接触面积逐渐减小,接触应力随之增大,从而使点蚀不断扩展,渐开线齿形遭到破坏,引起振动和噪声。疲劳点蚀是软齿面齿轮闭式传动中最常见的失效形式之一。

3. 齿面磨损

轮齿在啮合过程中,齿面之间存在相对滑动,因而使齿面发生磨损。齿面磨损后,渐开线齿形遭到破坏,引起振动和噪声。

在开式传动中,由于灰尘、杂质等容易进入轮齿工作表面,故磨损将会更加迅速和严重。

所以齿面磨损是开式齿轮传动的主要失效形式。

4. 齿面胶合

胶合是相啮合齿面的金属在一定的压力下直接接触而发生黏着,并随着齿面的相对运动,使金属从齿面上撕落而引起的一种破坏。

在高速重载的闭式传动中,由于齿面间的压力很大,齿面间相对滑动速度又大,因此大量发热,使齿面局部温度升高,破坏润滑油膜,互相啮合的两个齿面就会发生粘焊现象。当轮齿脱离啮合时,软齿面将被撕破,并在齿面形成沟纹(图2-3-12),这种失效形式称为"齿面胶合"。

胶合产生以后,渐开线齿形遭到破坏,引起振动和噪声,会很快导致齿轮的破坏。

5. 塑性变形

硬度较低的软齿面齿轮,在低速重载时,由于齿面压力过大,在摩擦力作用下,使齿面金属产生塑性流动而失去原来的齿形,如图2-3-13所示,这就是齿面塑性变形。齿面塑性变形以后,渐开线齿形遭到破坏,引起振动和噪声。

任务三　蜗杆传动

一、蜗杆传动的特点、类型及应用场合

蜗杆传动由蜗杆1和蜗轮2(图2-3-14)组成,用于传递空间两交错轴之间的运动和动力,两轴线投影的夹角为90°。

蜗杆与螺杆相似,常用头数为1、2、4、6;蜗轮则与斜齿轮相似。在蜗杆传动中,通常是蜗杆主动,蜗轮从动。设主动蜗杆转速为n_1、头数为z_1,从动蜗轮转速为n_2、齿数为z_2,则蜗杆传动的传动比为

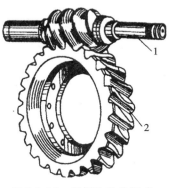

$$i = \frac{n_1}{n_2} = \frac{z_2}{z_1}$$

1. 蜗杆传动的特点

①可以用较紧凑的一级传动得到很大的传动比。因为一般蜗杆的头数$z_1 = 1$、2、4、6,蜗轮齿数$z_2 = 29 \sim 83$,故单级蜗杆传动的传动比可达83。

图2-3-14　蜗杆传动的组成

②传动平稳无噪声。由于蜗杆为连续的螺旋,它与蜗轮的啮合是连续的,因此,蜗杆传动平稳而无噪声。

③具有自锁性。适当设计的蜗杆传动可以作成只能以蜗杆为主动件,而不能以蜗轮为主动件的传动,这种特性称为"蜗杆传动的自锁"。具有自锁性的蜗杆传动,可用于手动的简单起重设备中,以防止吊起的重物因自重而自动下坠,保证安全生产。

④效率低。对于普通蜗杆传动,开式传动的效率仅为$0.6 \sim 0.7$,闭式传动的效率在$0.7 \sim 0.92$之间;对于具有自锁性的蜗杆传动,其效率仅为$0.4 \sim 0.5$。因此蜗杆传动不适用于大功率连续运转。

⑤有轴向分力。蜗杆传动中,蜗杆和蜗轮都有轴向分力,该力将使蜗杆和蜗轮轴沿各自轴线方向移动,故两轴上都要安装能够承受轴向载荷的轴承。

⑥制造蜗轮需用贵重的青铜,成本较高。

2.蜗杆传动的类型及应用场合

根据蜗杆的形状,蜗杆传动分为圆柱蜗杆传动、环面蜗杆传动等。圆柱蜗杆传动又分为普通圆柱蜗杆传动和圆弧圆柱蜗杆传动。

常用的普通圆柱蜗杆是用车刀加工的(图2-3-15),轴向齿廓(在通过轴线的轴向A—A剖面内的齿廓)为齿条形的直线齿廓,法向齿廓(在法向N—N截面内的齿廓)为曲线齿廓,而垂直于轴线的平面与齿廓的交线为阿基米德螺旋线,故称为“阿基米德蜗杆”。其蜗轮是一具有凹弧齿槽的斜齿轮。由于这种蜗杆加工简单,所以应用广泛。

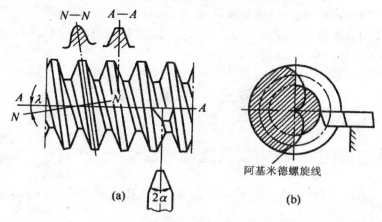

图 2-3-15　普遍圆柱蜗杆传动

圆弧圆柱蜗杆(图2-3-16)的轴向齿廓为凹圆弧形,相配蜗轮的齿廓为凸圆弧形。在中间平面内,蜗杆与蜗轮形成凹凸齿廓配合。具有效率高(达0.90以上)、承载能力大(是普通圆柱蜗杆传动的1.5~2.5倍)、传动比范围大、体积小等优点,适用于高速重载传动,已在矿山、冶金、建筑、化工等行业机械设备中得到广泛应用,并有逐渐替代普通圆柱蜗杆传动的趋势。

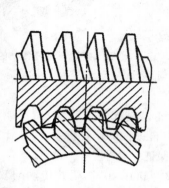

图 2-3-16　圆弧圆柱蜗杆传动

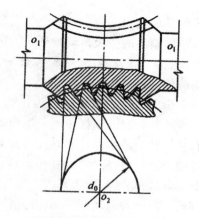

图 2-3-17　环面蜗杆传动

环面蜗杆(图2-3-17)的轴向齿廓为以凹圆弧为母线的内凹旋转曲面。环面蜗杆传动具有效率高(高达 0.90 ~ 0.95)、承载能力大(是普通圆柱蜗杆传动的 2 ~ 4 倍)、体积小、寿命长等优点,但需要较高的制造和安装精度。环面蜗杆传动应用日益广泛。

二、蜗杆传动的失效形式及原因

蜗杆传动的工作情况与齿轮传动相似,其失效形式也有磨损、胶合、疲劳点蚀和轮齿折断等。

在蜗杆传动中,蜗杆与蜗轮工作齿面间存在着相对滑动,相对滑动速度 v_s 按下式计算

$$v_s = \frac{v_1}{\cos\lambda} = \frac{\pi d_1 n_1}{60 \times 1\,000\cos\lambda}\ (\text{m/s})$$

式中:v_1——蜗杆上节点的线速度,m/s。

λ——蜗杆的螺旋升角。

d_1——蜗杆直径,有标准值,mm。

n_1——蜗杆转速,r/min。

由上式可见,v_s 值较大,而且这种滑动是沿着齿长方向产生的,所以容易使齿面发生磨损及发热,致使齿面产生胶合而失效。因此,蜗杆传动最易出现的失效形式是磨损和胶合。当蜗轮齿圈的材料为青铜时,齿面也可能出现疲劳点蚀。在开式蜗杆传动中,由于蜗轮齿面遭受严重磨损而使轮齿变薄,从而导致轮齿的折断。

在一般情况下,由于蜗轮材料强度较蜗杆低,故失效大多发生在蜗轮轮齿上。

避免蜗杆传动失效的措施有:供给足够的和抗胶合性能好的润滑油;采用有效的散热方式;提高制造和安装精度;选配适当的蜗杆和蜗轮副的材料等。

三、蜗杆蜗轮的常用材料与结构

1. 蜗杆、蜗轮的材料

根据蜗杆传动的失效特点,蜗杆蜗轮的材料不仅要求有足够的强度,而且还要有良好的减磨性(即摩擦系数小)、耐磨性和抗胶合的能力。实践表明,比较理想的材料组合是淬硬并经过磨制的钢制蜗杆配以青铜蜗轮齿圈。

(1)蜗杆材料

对高速重载的传动,蜗杆材料常用合金渗碳钢(如 20Cr、20CrMnTi 等)渗碳淬火,表面硬度达 HRC56 ~ HRC62,并经磨削;对中速中载的传动,蜗杆材料可用调质钢(如 45、35CrMo、40Cr、40CrNi 等)表面淬火,表面硬度为 HRCA5 ~ HRC55,也需磨削;低速不重要的蜗杆可用 45 钢调质处理,其硬度为 HBS220 ~ HBS300。

(2)蜗轮材料

蜗杆传动的失效主要是由较大的齿面相对滑动速度 v_s 引起的。v_s 越大,相应需要选择更好的材料。因而,v_s 是选择材料的依据。

对滑动速度较高($v_s = 5 ~ 25$ m/s)、连续工作的重要传动,蜗轮齿圈材料常用锡青铜如 ZCuSnl0P1 或 ZCuSn5Pb5Zn5 等,锡青铜的减磨性、耐磨性和抗胶合性能以及切削性能均好,但强度较低,价格较贵;对 $v_s \leqslant 6 ~ 10$ m/s 的传动,蜗轮材料可用无锡青铜 ZcuAl10Fe3 或锰

黄铜 ZCuZn38Mn2Pb2 等，这两种材料的强度高，价格较廉，但切削性能和抗胶合性能不如锡青铜；$v_s \leqslant 2\ m/s$ 且直径较大的蜗轮，可采用灰铸铁 HTl50 或 HT200 等。另外，也有用尼龙或增强尼龙来制造蜗轮的。

2. 蜗杆、蜗轮的结构

（1）蜗杆的结构

蜗杆一般都与轴制成一体，称为"蜗杆轴"。只有当蜗杆直径较大（蜗杆齿根圆直径 d_{f1} 与轴径 d 之比大于 1.7）时，才采用蜗杆齿圈和轴分开制造的形式，以利于节省材料和便于加工。蜗杆轴有车制蜗杆和铣制蜗杆两种形式（图 2-3-18），其结构因加工工艺要求而有所不同，其中铣制蜗杆的 $d > d_{f1}$，故刚度较好。

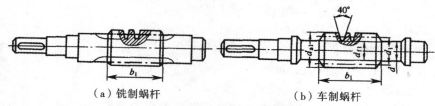

（a）铣制蜗杆　　　　　（b）车制蜗杆

图 2-3-18　蜗杆的结构

（2）蜗轮的结构

蜗轮的结构有整体式和组合式两种。

整体式（图 2-3-19（a））的结构简单，制造方便，但直径大时青铜蜗轮的成本较高，适用于蜗轮分度圆直径小于 100 mm 的青铜蜗轮和任意直径的铸铁蜗轮。

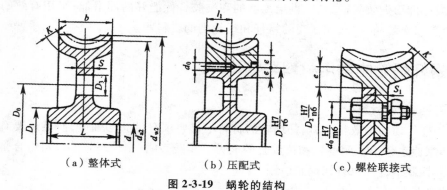

（a）整体式　　　　（b）压配式　　　　（c）螺栓联接式

图 2-3-19　蜗轮的结构

组合式蜗轮由齿圈和轮芯两部分组成。齿圈用青铜制造，轮芯用铸铁或铸钢制造，以节省贵重的有色金属。组合式蜗轮轮芯和齿圈的联接方式有三种：压配式、螺栓联接式、组合浇注式。

压配式是将青铜齿圈紧套在铸铁轮芯上（图 2-3-19（b））。这种结构制造简易，常用于直径较小（$d_2 \leqslant 400\ mm$）的蜗轮和没有过度受热危险的场合。当温度较高时，由于青铜的膨胀系数大于铸铁，其配合可能会变松。

螺栓联接式（图 2-3-19（c））采用配合螺栓联接，装拆方便，工作可靠，但成本较高。常用于直径较大（$d_2 > 400\ mm$）或轮齿磨损后需要更换齿圈的场合。

组合浇注式是把青铜齿圈镶铸在铸铁轮芯上，并在轮芯上预制出一些凸键，以防齿圈滑动，适用于大批量生产的蜗轮。

四、蜗杆传动装置的润滑与维护

1.蜗杆传动装置的润滑

蜗杆传动一般用油润滑。润滑方式有油浴润滑和喷油润滑两种。一般 $v_s < 10\text{m/s}$ 的中、低速蜗杆传动,大多采用油浴润滑;$v_s > 10\ \text{m/s}$ 的蜗杆传动,采用喷油润滑,这时仍应使蜗杆或蜗轮少量浸油。

对于闭式蜗杆传动,常用润滑油黏度牌号及润滑方式如表 2-3-1 所示。表中值适用于蜗杆浸油润滑。若蜗轮下置,则需将表中值提高 30% ~50% ,但最高不超过 680mm²/s。闭式蜗杆传动每运转 2000 ~4000 h 应及时换新油。换油时,应用原牌号油。不同厂家、不同牌号的油不要混用。换新油时,应使用原来牌号的油对箱体内部进行冲刷、清洗、抹净。

表 2-3-1　蜗杆传动润滑油的黏度和润滑方式

滑动速度 $v_s/(\text{m}\cdot\text{s}^{-1})$	≤2	2~5	5~10	>10
黏度 $v/(\text{mm}^2\cdot\text{s}^{-1})$	>612	414~506	288~352	198~242
牌号	680	460	320	220
润滑方式	油浴润滑		油浴或喷油润滑	喷油润滑

2.蜗杆传动装置的散热

在蜗杆传动中,由于摩擦会产生大量的热量。对开式和短时间断工作的蜗杆传动,因其热量容易散失,故不必考虑散热问题。但对于闭式传动,如果产生的热量不能及时散逸出去,将因油温不断升高而使润滑油黏度下降,减弱润滑效果,增大摩擦磨损,甚至发生胶合。所以,对于闭式蜗杆传动,必须采用合适的散热措施,使油温稳定在规定的范围内。通常要求不超过 75 ~85℃ 。常用的散热措施有:

①在箱体外表面上铸出或焊上散热片以增加散热面积。

②在蜗杆轴端装设风扇(图 2-3-20a),加速空气流通以增大散热系数。

③在箱体内装设蛇形水管(图 2-3-20b),利用循环水进行冷却。

④采用压力喷油循环润滑,利用冷却器将润滑油冷却。

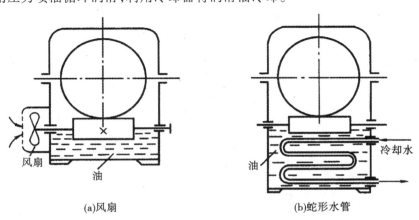

(a)风扇　　　　　　　　　　　　(b)蛇形水管

图 2-3-20　蜗杆传动装置得散热措施

任务四　轴与联轴器

一、轴的分类、材料、结构

1.轴的分类

所有的回转零件,如带轮、齿轮和蜗轮等都必须用轴来支承才能进行工作。因此,轴是机械中不可缺少的重要零件。

根据承受载荷的不同,轴可分为三类:心轴、传动轴和转轴。心轴是只承受弯曲作用的轴,图 2-3-21 所示火车轮轴就是心轴;传动轴主要承受扭转作用、

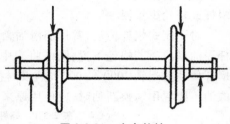

图 2-3-21　火车轮轴

不承受或只承受很小的弯曲作用,图 2-3-22 所示的汽车变速箱与后轮间的轴就是传动轴;转轴是同时承受弯曲和扭转作用的轴,图 2-3-23 所示的减速器输入轴即为转轴,转轴是机械中最常见的轴。

根据轴线的几何形状,轴还可分为直轴、曲轴和软轴三类。轴线为直线的轴称为"直轴",图 2-3-21 到图 2-3-23 所示的轴都是直轴,它是一般机械中最常用的轴;图 2-3-24 所示的轴称为"曲轴",它主要用于需要将回转运动和往复直线运动相互进行转换的机械(如内燃机、冲床等)中;图 2-3-25 所示的轴称为"软轴",它的主要特点是具有良好的挠性,常用于医疗器械、汽车里程表和电动的手持小型机具(如铰孔机等)的传动等。

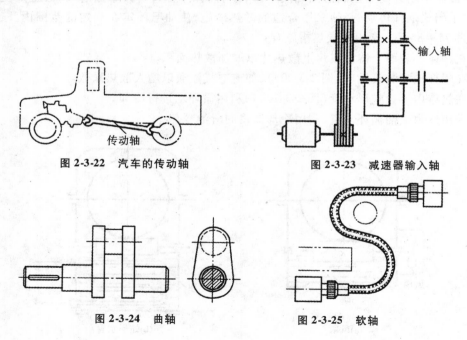

图 2-3-22　汽车的传动轴

图 2-3-23　减速器输入轴

图 2-3-24　曲轴

图 2-3-25　软轴

2．轴的材料

轴的常用材料是碳钢和合金钢,球墨铸铁也有使用。

碳钢价格低廉,对应力集中敏感性小,并能通过热处理改善其综合机械性能,故应用很广。一般机械的轴,常用 35、45、50 等优质碳素结构钢并经正火或调质处理,其中 45 钢应用最普遍。受力较小或不重要的轴,也可用 Q235、Q255 等碳素结构钢。

合金钢具有较高的机械强度和优越的淬火性能,但其价格较贵,对应力集中比较敏感。常用于要求减轻质量、提高轴颈耐磨性及在非常温条件下工作的轴。常用的有 40cr、35SiMn、40MnB 等调质,1Crl8Ni9Ti 淬火,20Cr 渗碳淬火等,其中 1Crl8Ni9Ti 主要用于在高低温及强腐蚀性条件下工作的轴。

形状复杂的曲轴和凸轮轴,也可采用球墨铸铁制造。球墨铸铁具有价廉、应力集中不敏感、吸振性好和容易铸成复杂的形状等优点,但铸件的品质不易控制。

3．轴的结构

轴由轴头、轴颈和轴身三部分组成(图 2-3-26)。轴上安装零件的部分称为“轴头”;轴上被轴承支承的部分称为“轴颈”;连接轴头和轴颈的过渡部分称为“轴身”。轴上直径变化所形成的阶梯称为“轴肩”(单向变化)或“轴环”(双向变化),用来防止零件轴向移动,即实现轴上零件的轴向固定,还有靠轴端挡圈固定,靠圆螺母固定,靠紧定螺钉固定等。

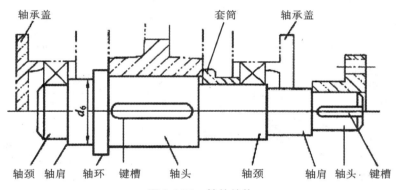

图 2-3-26　轴的结构

一般轴上要开设键槽,通过键联接使零件与轴一起旋转,即实现轴上零件的周向固定。周向固定的方法还有过盈配合、销联接等。采用销联接时需在轴上开孔,对轴的强度有较大削弱。

二、联轴器的功用、分类、结构、标准及选用

1．联轴器的功用

联轴器用来联接两根轴,使它们一起旋转以传递转矩。联轴器是一种固定联接装置,在机器运转过程中被联接的两根轴始终一起转动而不能脱开;只有在机器停止运转并把联轴器拆开的情况下,才能把两轴分开。

2．联轴器的分类

按照有无补偿轴线偏移能力,可将联轴器分为刚性联轴器和挠性联轴器两大类型。

(1)刚性联轴器

刚性联轴器没有补偿轴线偏移的能力。这种联轴器结构简单,制造方便,承载能力大,成本低,适用于载荷平稳、两轴对中良好的场合。常用的刚性联轴器有凸缘联轴器、套筒联轴器、夹壳联轴器等。

凸缘联轴器如图 2-3-27(a)所示,由两个带有凸缘的半联轴器 1、3 分别用键与两轴相联接,然后用螺栓组 2 将 1、3 联接在一起,从而将两轴联接在一起。GY 型由铰制孔用螺栓对中,拆装方便,传递转矩大;GYD 型采用普通螺栓联接,靠凸榫对中,制造成本低,但装拆时轴需作轴向移动。

(2)挠性联轴器

挠性联轴器分为无弹性元件和有弹性元件两种。无弹性元件的挠性联轴器只具备补偿轴线偏移的能力,不具备缓冲吸振的能力。滑块联轴器(图 2-3-27(b))就是无弹性元件的挠性联轴器,它是由两个带有"一"字凹槽的半联轴器 1、3 和带有"十"字凸榫的中间滑块 2 组成,利用凸榫与凹槽相互嵌合并做相对移动补偿径向偏移。

有弹性元件的挠性联轴器包括弹性套柱销联轴器、弹性柱销联轴器等,由于有弹性套柱销等弹性元件,因此不仅具备补偿轴线偏移的能力,而且能够缓冲吸振。弹性套柱销联轴器的构造(图 2-3-27(c))与凸缘联轴器相似,所不同的是用带有弹性套的柱销代替了螺栓。工作时用弹性套传递转矩。因此,可利用弹性套的变形补偿两轴间的偏移,缓和冲击和吸收振动。它制造简单,维修方便。适用于启动及换向频繁的高、中速的中、小转矩轴的联接。

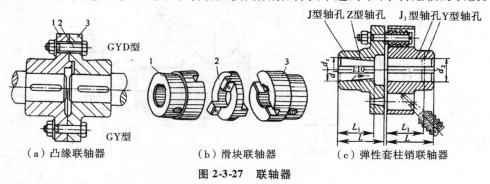

(a)凸缘联轴器　　　　(b)滑块联轴器　　　　(c)弹性套柱销联轴器

图 2-3-27　联轴器

3.联轴器的标准及选用

联轴器已经标准化,选用时根据工作条件选择合适的类型,然后根据转矩、轴径及转速选择型号。

(1)联轴器类型的选择

根据工作载荷的大小和性质、转速高低、两轴相对偏移的大小和形式、环境状况、使用寿命、装拆维护和经济性等方面的因素,选择合适的类型。例如,载荷平稳、两轴能精确对中、轴的刚度较大时,可选用刚性凸缘联轴器;载荷不平稳,两轴对中困难,轴的刚度较差时,可选用弹性柱销联轴器;径向偏移较大、转速较低时,可选用滑块联轴器;角偏移较大时,可选用万向联轴器。

(2)联轴器的型号选择

联轴器的型号是根据所传递的转矩、工作转速和轴的直径,从联轴器标准中选用的。选择的型号应满足三个条件:计算转矩应不超过所选型号的公称转矩;工作转速应不超过所选型号的许用转速;轴的直径应在所选型号的孔径范围之内。

考虑到机器起动和制动时的惯性力和工作中可能出现的过载,为安全起见,将联轴器传递的转矩 T 乘以一个大于 1 的系数 K,并称为"计算转矩",用 T_c 表示,

$$T_c = KT$$

式中:K——载荷情况系数,决定于原动机及工作机的种类,可查表确定。

　　　　　T——联轴器的名义转矩,$T = 9\,550\dfrac{P}{n}$。

例 2-3-1　一电动机经一齿轮减速器驱动带式运输机。电动机额定功率 $P = 3\text{kW}$,转速 $n = 960\text{r/min}$,电动机外伸轴直径 $d_1 = 32\text{mm}$,外伸长度 $L_1 = 80\text{mm}$,减速器输入轴的直径 $d_2 = 28\text{mm}$,外伸长度 $L_2 = 60\text{mm}$。电动机和减速器输入轴的轴端均为圆柱形,试选择电动机和减速器之间的联轴器。

解　(1)选择联轴器的类型

由于电动机和减速器的两轴,在安装时不易保证严格对中,所以选用应用十分广泛的弹性套柱销联轴器。

(2)求计算转矩 T_c,

$$T_c = KT$$

$$T = 9\,550\frac{P}{n} = 9\,550 \times \frac{3}{960} = 30(\text{N} \cdot \text{m})$$

查得工作情况系数 $K = 1.5$。则计算转矩为

$$T_c = 1.5 \times 30 = 45(\text{N} \cdot \text{m})$$

(3)选取联轴器的型号

查表 2-3-2 弹性套柱销联轴器国家标准,选取 TL5 型,两轴直径均与标准相符,其公称转矩 $T_n = 125\ \text{N} \cdot \text{m} > T_c = 45\text{N} \cdot \text{m}$,最高许用转速 $[n] = 3\,600\text{r/min} > n = 960\text{r/min}$,所选联轴器合用。

任务五　轴　承

轴承是支承轴的部件。而轴承一般安装在机架上或机器的轴承座孔中,有些轴承与机架做成一体。根据工作时摩擦性质的不同,轴承可分为滑动轴承和滚动轴承两大类。

一、滑动轴承的分类、常用材料、滑动轴承润滑

1. 滑动轴承的分类

(1)整体式向心滑动轴承

整体式向心滑动轴承(图 2-3-28)由轴承座和压入轴承座孔内的轴套组成,靠螺栓固定在机架上。整体式向心滑动轴承的顶部装油杯,最简单的结构是无油杯及轴瓦的。

整体式滑动轴承具有结构简单,制造方便,价格低廉,刚度较大等优点。但轴套磨损后间隙无法调整(只能采用更换轴套的办法);

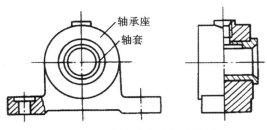

图 2-3-28　整体式向心滑动轴承

装拆时必须做轴向移动,不太方便。故只适用于低速、轻载和间歇工作的场合。表 2-3-2 为弹性套柱销联轴器的公称转矩、许用转速及轴孔尺寸。

表 2-3-2 弹性套柱销联轴器的公称转矩、许用转速及轴孔尺寸

型号	公称转矩 T_n /(N·m)	许用转速 $[n]$ /(r·min)		轴孔直径 d_1、d_2、d_3 /mm		轴孔长度/mm		
		铁	钢	铁	钢	Y 型	J、J_1、Z 型	
						L	L_1	L
TL5	125	3 600	4 600	25	25	62	44	62
				28	28			
				30	30	82	60	82
				32	32			
				—	35			
TL6	250	3 300	3 800	32	32			
				35	35			
				38	38			
				40	40	112	84	112
					42			
TL7	500	2 800	3 600	40	40			
				42	42			
				45	45			
				—	48			

(2)刮分式向心滑动轴承

剖分式向心滑动轴承的结构如图 2-3-29 所示。它由轴承座、轴承盖、上轴瓦、下轴瓦、双头螺柱、螺母、调整垫片和润滑装置等组成。为了便于装配时的对中和防止横向错动,在其剖分面上设置有阶梯形止口。

剖分式向心滑动轴承轴的装拆方便,轴瓦磨损后可用减薄剖分面的垫片厚度来调整间隙,因此应用广泛。

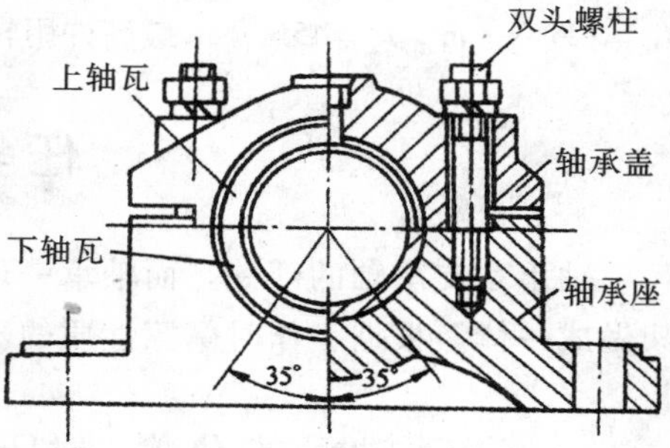

2. 滑动轴承的常用材料

滑动轴承中直接与轴接触的部分是轴瓦。为了节省贵重金属等原因,常在轴瓦内壁上浇铸一层减摩材料,称作"轴承衬"。这时轴承衬与轴颈直接接触,而轴瓦只起支承轴承衬的作用。

图 2-3-29 剖分式向心滑动轴承

常用的轴瓦(轴承衬)材料有三大类:

(1)金属材料

应用最广泛、性能最好的金属材料是锡基轴承合金、铅基轴承合金和铜基轴承合金。

锡基轴承合金、铅基轴承合金(如 ZSnSb11Cu6、ZPbSbl6Sn16Cu2 等)耐磨性、抗胶合能力、跑合性、导热性与对润滑油的亲和性及塑性都好,但是强度低、价格贵,通常选用铜基轴承合金,主要有 ZCuPb30、ZcuSnl0Pl、ZcuAl10Fe3 等。铜基轴承合金具有较高的机械强度和

较好的减摩性与耐磨性,因此是最常用的材料。

(2)非金属材料

包括塑料、橡胶及硬木等,而以塑料应用最多。塑料轴承具有很好的耐腐蚀性、减摩性和吸振作用。如在塑料中加入石墨或二硫化铝等添加剂,则具有自润性。缺点是承载能力低、热变形大及导热性差。它们适用于轻载、低速及工作温度不高的场合。

(3)粉末合金

粉末合金又称"金属陶瓷",含油轴承就是用粉末合金材料制成的,有铁—石墨和青铜—石墨两种。前者应用较广且价廉。含油轴承的优点是在间歇工作的机械上、可以长时间不加润滑油;缺点是强度较低,贮油量有限。适用于载荷平稳、速度较低的场合。

3. 滑动轴承的润滑

(1)润滑剂

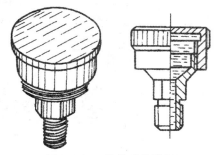

图 2-3-30　旋盖式油脂杯

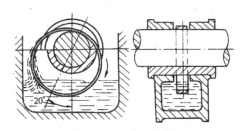

图 2-3-32　油环润滑

最常用的润滑剂有润滑油和润滑脂两类,另外还有石墨、二硫化钼等。

润滑油的内摩擦系数小,流动性好,是滑动轴承中应用最广的一种润滑剂。润滑油分矿物油、植物油和动物油三种。其中矿物油(主要是石油产品)资源丰富,价格便宜,适用范围广且稳定性好(不易变质),所以矿物油的应用广泛。

润滑脂俗称"黄干油",它的流动性小,不易流失,因此轴承的密封简单,润滑脂不需经常补充。但其内摩擦系数较大,效率较低,不宜用于高速轴承。

常用的固体润滑剂有石墨和二硫化钼,它们能耐高温和高压,但附着力低和缺乏流动性,故常以粉剂添加于润滑油或润滑脂中,以改进润滑性能。固体润滑剂适用于高温和重载的场合。

(2)润滑装置

常用的润滑装置有油脂杯、油杯、油环润滑和压力循环润滑等。

旋盖式油脂杯如图 2-3-30 所示,当旋紧杯盖时,杯中的润滑脂便可挤到轴承中去。

油杯供油量较少,主要用于低速轻载的轴承上。针阀式注油油杯如图 2-3-31 所示,通过转动手柄,利用手柄处于铅

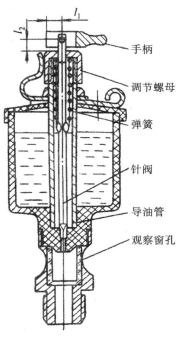

图 2-3-31　针阀式注油油杯

手柄

调节螺母

弹簧

针阀

导油管

观察窗孔

垂或水平位置时尺寸 l_1、l_2 的不同实现针阀阀杆的升降来打开和关闭供油阀门以实现供油，通过调节螺母改变阀门开启的大小来调节供油量的大小，用于要求供油可靠的润滑点上。

油环润滑如图 2-3-32 所示，随轴转动的油环将润滑油带到摩擦面上，只适用于稳定运转并水平放置的轴承上。

压力循环润滑是利用油泵将润滑油经过油管输送到各轴承中去进行润滑。它的优点是润滑效果好，缺点是装置复杂、成本高。压力循环润滑适用于高速、重载或变载的重要轴承上。

二、滚动轴承的构造、类型、代号、标准及类型选择

1. 滚动轴承的构造

滚动轴承的典型结构如图 2-3-33 所示，它由外圈 1、内圈 2、滚动体 3 和保持架 4 四部分组成。内、外圈上都有滚道，滚动体沿滚道滚动。保持架的作用是把滚动体彼此均匀地隔开，避免运转时互相碰撞和磨损。一般滚动轴承内圈与轴配合较紧并随轴转动，外圈与轴承座孔或机座孔配合较松，固定不动。

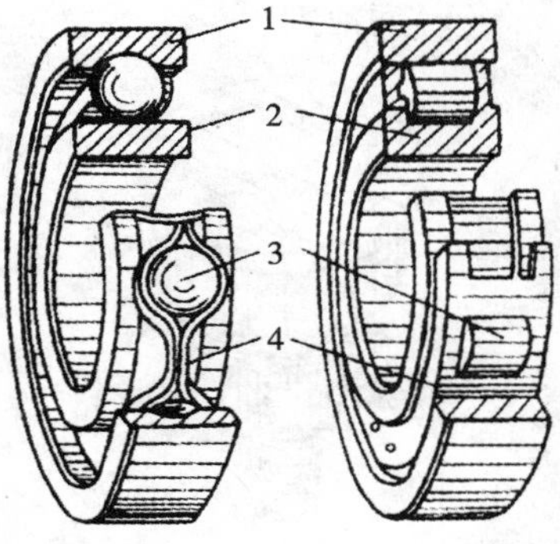

2. 滚动轴承的类型

按照国家标准，滚动轴承分为九大基本类型，如图 2-3-34 所示，它们的名称、类型代号及主要特性如下：

调心球轴承（类型代号 1）和调心滚子轴承（类型代号

图 2-3-33　滚动轴承的构造

2）均具有自动调心性能，主要承受径向载荷，同时也能承受少量的轴向载荷。但调心滚子轴承的承载能力大于调心球轴承。

推力调心滚子轴承（类型代号 2）主要承受轴向载荷，同时也能承受少量的径向载荷。该轴承为可分离型。

（a）调心球轴承　（b）调心滚子轴承　（c）推力调心滚子轴承　（d）圆锥滚子轴承　（e）推力球轴承

（f）深沟球轴承　　（g）角接触球轴承　　（h）圆柱滚子轴承　　（i）滚针轴承

图 2-3-34　滚动轴承的类型

　　圆锥滚子轴承(类型代号 3)和角接触球轴承(类型代号 7)均能同时承受径向和轴向载荷,通常成对使用,可以分装于两个支点或同装于一个支点上,前者的承载能力大于后者。

　　推力球轴承(类型代号 5)只能承受轴向载荷,而且载荷作用线必须与轴线相重合,不允许有角偏位。有单列和双列两种类型,单列只能承受单向推力,而双列能承受双向推力。高速时,因滚动体离心力大,球与保持架摩擦发热严重,寿命较低。可用于轴向载荷大、转速不高之处。

　　深沟球轴承(类型代号 6)主要承受径向载荷,同时也可承受一定的轴向载荷。当转速很高而轴向载荷不太大时,可代替推力球轴承承受纯轴向载荷。

　　圆柱滚子轴承(类型代号 N)和滚针轴承(类型代号 NA)均只能承受径向载荷,不能承受轴向载荷。滚动轴承的承载能力大,径向尺寸小,一般无保持架,因而滚针间有摩擦,极限转速低。

3. 滚动轴承的代号、标准

　　按照 GB/T 272 - 93 规定,滚动轴承代号由前置代号、基本代号和后置代号三段由左至右顺序构成并刻印在外圈端面上。

　　基本代号表示轴承的基本类型、结构和尺寸,由类型代号、尺寸系列代号和内径代号由左至右顺序组成。

　　类型代号用一位数字或一至两个字母表示,前已述及。

　　尺寸系列代号由宽(高)度系列代号和直径系列代号由左至右顺序组成,分别用一位数字表示。宽(高)度系列代号表示内径和外径相同而宽(高)度不同的系列,当宽(高)度系列代号为 0 时可省略;直径系列代号表示同一内径、不同外径的系列。

　　内径代号通常用两位数字表示。一般情况下,内径 d = 内径代号 × 5 mm;当内径代号为 00、01、02、03 时表示内径分别为 10 mm、12 mm、15 mm、17 mm;当内径 d < 10 mm,d = 22 mm、28 mm、32 mm 及 d > 500 mm 时的内径代号查有关手册。

　　前置代号表示成套轴承的分部件,用字母表示。如 L 表示可分离轴承的分离内圈或外圈、K 表示滚子和保持架组件等。后置代号为补充代号,轴承在结构形状、尺寸公差、技术要求等有改变时,才在基本代号右侧予以添加,一般用字母(或字母加数字)表示。

　　滚动轴承的代号及意义举例如下。

　　71108 表示角接触球轴承,尺寸系列 11(宽度系列 1,直径系列 1),内径 d = 40 mm。

　　LN308 为单列圆柱滚子轴承,可分离外圈,尺寸系列(0)3(宽度系列 0,直径系列 3),内径 40 mm。

4. 滚动轴承类型的选择

　　滚动轴承的类型应根据轴承的受载情况、转速、工作条件和经济性等来确定。

　　当载荷较小而平稳时,可选用球轴承;反之,宜选用滚子轴承。当轴承仅承受径向载荷时,应选用向心轴承;当只承受轴向载荷时,则应选用推力轴承。同时承受径向和轴向载荷的轴承,如以径向载荷为主时,应选用深沟球轴承;径向载荷和轴向载荷均较大时,可选用圆锥滚子轴承或角接触球轴承;轴向载荷比径向载荷大很多或要求轴向变形小时,则应选用接触角较大的圆锥滚子轴承或角接触球轴承,或选用推力轴承和向心轴承组合的支承结构。

　　球轴承的极限转速比滚子轴承高,故在高速时宜选用球轴承;推力轴承的极限转速很低,不宜用于高速。高速时应选用外径较小的轴承。

　　当轴工作时的弯曲变形较大,或两轴承座孔的同轴度较差时,应选用具有调心功能的调心轴承;当轴承的径向尺寸受限制时,可选用外径较小的轴承,必要时还可选用滚针轴承;当轴承的轴向尺寸受限制时,则可选用窄轴承。在需要经常装拆或装拆有困难的场合,可选用内外圈能分离的轴承。

　　普通结构的轴承比特殊结构的便宜,球轴承比滚子轴承便宜,精度低的轴承比精度高的便宜。选择轴承类型时,应在满足工作要求的前提下,尽量选用价格低廉的轴承。

三、滚动轴承的润滑、密封与维护

1. 滚动轴承的润滑

　　滚动轴承的润滑剂主要是润滑油和润滑脂两类。

　　润滑脂一般在装配时加入,并每隔 3 个月加一次新的润滑脂,每隔 1 年对轴承部件彻底清洗一次,并重新充填润滑脂。

　　当采用润滑油时,供油装置及方式有油浴润滑、滴油润滑、喷油润滑、喷雾润滑等。油浴润滑是将轴承局部浸入润滑油中,油面不应高于最低滚动体的中心。滴油润滑是在油浴润滑基础上,滴油补充润滑油的消耗,设置挡板控制油面不超过最低滚动体的中心。为使滴油畅通,常选用黏度较小的润滑油。喷油润滑是用油泵将润滑油增压后,经油管和特别喷嘴向滚动体供油,流经轴承的润滑油经过滤冷却后循环使用。喷雾润滑是用压缩空气,将润滑油变成油雾送进轴承,这种方式的装置复杂,润滑轴承后的油雾可能散逸到空气中,污染环境。

　　考虑到滚动轴承的温升等与轴承内径 d 和转速 n 的乘积 dn 成比例,所以常根据 dn 值来选择润滑剂和润滑方式,详见有关资料。

2. 滚动轴承的密封与维护

　　密封的目的是将滚动轴承与外部环境隔离,避免外部灰尘、水分等的侵入而加速轴承的磨损与锈蚀,防止内部润滑剂的漏出而污染设备和增加润滑剂的消耗。

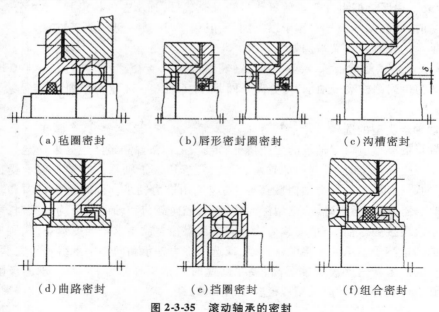

　　(a)毡圈密封　　　　　(b)唇形密封圈密封　　　　　(c)沟槽密封

　　(d)曲路密封　　　　　(e)挡圈密封　　　　　(f)组合密封

图 2-3-35　滚动轴承的密封

　　常用的密封方式有毡圈密封、唇形密封圈密封、沟槽密封、曲路密封、挡圈密封及毛毡圈加迷宫的组合密封等,如图 2-3-35 所示。各种密封方式的原理、特点及适用场合如下:

　　毡圈密封是利用安装在梯形槽内的毡圈与轴之间的压力来实现密封,用于脂润滑。

　　唇形密封圈密封原理与毡圈密封相似,当密封唇朝里时,目的是防止漏油;密封唇朝外时,主要目的是防止灰尘、杂质进入。这种密封方式既可用于脂润滑,也可用于油润滑。缝隙沟槽密封靠轴与盖间的细小环形隙密封,环形隙内充满了润滑脂,间隙愈小愈长愈好。

　　曲路密封是将旋转件与静止件之间的间隙做成曲路(迷宫)形式,在间隙中充填润滑油或润滑脂以加强密封效果。

　　挡圈密封主要用于内密封、脂润滑。挡圈随轴转动,可利用离心力甩去油和杂物,避免润滑脂被油稀释而流失及杂物进人轴承。

　　有时单一的密封方式满足不了使用要求,则可将上述密封方式组合起来使用。

任务六　螺纹联接、键联接、销联接

　　联接的类型很多,利用螺纹联接件将不同的零件联接起来,称为"螺纹联接";利用键将回转零件与轴联接在一起,称为"键联接";利用销将不同的零件联接起来,称为"销联接"。这些联接方式在生产中获得了广泛的应用。

一、螺纹联接类型、标准、预紧与防松

1.螺纹联接的类型、标准

螺纹联接的基本类型有螺栓联接、双头螺柱联接、螺钉联接、紧定螺钉联接。

(1)螺栓联接

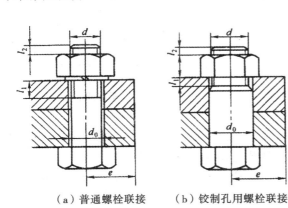

(a)普通螺栓联接　　(b)铰制孔用螺栓联接

图 2-3-36　螺栓联接

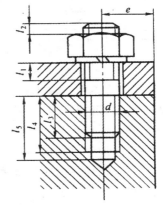

图 2-3-37　双头螺柱联接

　　螺栓联接(图 2-3-36)是将螺栓穿过两个被联接件的孔,然后拧紧螺母,将两个被联接件联接起来。螺栓联接分为普通螺栓联接(图 2-3-36(a))和铰制孔用螺栓联接(图 2-3-36(b))。前者螺栓杆与孔壁之闻留有间隙,螺栓承受拉伸变形;后者螺栓杆与孔壁之间没有间隙,常采用基孔制过渡配合,螺栓承受剪切和挤压变形。

　　螺栓联接无须在被联接件上切制螺纹孔,所以结构简单,装拆方便,应用广泛。这种联

接适用于被联接件不太厚并能从被联接件两边进行装配的场合。

(2)双头螺柱联接

双头螺柱联接(图2-3-37)是将双头螺柱的一端旋紧在被联接件之一的螺纹孔中,另一端则穿过其余被联接件的通孔,然后拧紧螺母,将被联接件联接起来。这种联接适用于被联接件之一太厚,不能采用螺栓联接或希望联接结构较紧凑,且需经常装拆的场合。

(3)螺钉联接

螺钉联接(图2-3-38)是将螺钉穿过被联接件的通孔,然后旋入另一被联接件的螺纹孔中。这种联接不用螺母,有光整的外露表面。它适用于被联接件之一太厚且不经常装拆的场合。

(4)紧定螺钉联接

紧定螺钉联接(图2-3-39)是将紧定螺钉旋入被联接件之一的螺纹孔中,并以其末端顶住另一被联接件的表面或顶入相应的凹坑中,以固定两个零件的相互位置。这种联接多用于轴与轴上零件的联接,并可传递不大的载荷。

螺纹联接的有关尺寸要求如螺纹余留长度、螺纹伸出长度、螺纹孔深度等可查阅相关的国家标准。螺纹联接件有螺栓、双头螺柱、螺钉、紧定螺钉、螺母、垫圈、防松零件等,它们多为标准件,其结构、尺寸在国家标准中都有规定。

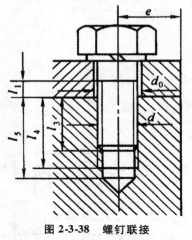

图 2-3-38　螺钉联接

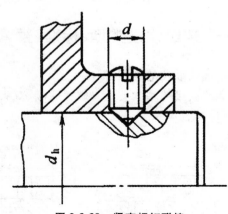

图 2-3-39　紧定螺钉联接

2.螺纹联接的预紧与防松

一般螺纹联接在装配时都要拧紧,称为"预紧"。预紧可提高螺纹联接的紧密性、紧固性和可靠性。一般螺纹联接具有自锁性,在静载荷作用下,工作温度变化不大时,这种自锁性可以防止螺母松脱。但如果联接是在冲击、振动、变载荷作用下或工作温度变化很大时,螺纹联接则可能松动。联接松脱往往会造成严重事故。因此设计螺纹联接时,应考虑防松的措施。常用的防松方法见图2-3-40。

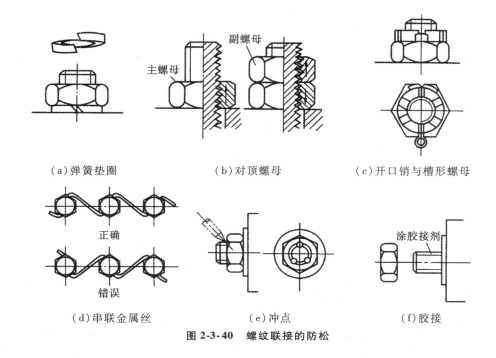

（a）弹簧垫圈　　　　　　（b）对顶螺母　　　　　　（c）开口销与槽形螺母

正确

错误

（d）串联金属丝　　　　　　（e）冲点　　　　　　（f）胶接

图 2-3-40　螺纹联接的防松

二、普通平键的结构、标准与选择

1. 普通平键的结构

普通平键的顶面与底面平行，两侧面也互相平行。工作时，依靠键侧面和键槽的挤压来传递运动和转矩，因此普通平键的侧面为工作面。

普通平键（图 2-3-41）的端部结构有圆头（A 型）、平头（B 型）和单圆头（C 型）三种形式。圆头普通平键的优点是键在键槽中的固定较好，但键槽端部的应力集中较大；平头普通平键的优点是键槽端部应力集中较小，但键在键槽中的轴向固定不好；单圆头普通平键常用在轴端的联接中。

2. 普通平键的标准与选择

因为键是标准件，所以平键联接设计时首先根据键联接的工作要求和使用特点选择键的类型，并根据轴径和轮毂长度从平键的标准（表 2-3-3）中选择键的尺寸，然后再进行强度校核。

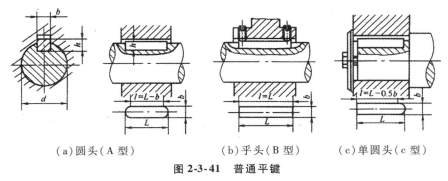

（a）圆头（A 型）　　　　　（b）平头（B 型）　　　　　（c）单圆头（c 型）

图 2-3-41　普通平键

由表 2-3-3 可见,键的宽度 b、高度 h 取决于轴径 d;键长 L 根据轮毂的长度 L_1 确定,一般取 $L = L_1 - (5 \sim 10)$ mm,且 $L_{max} \leqslant 2.5d$,并要符合表 2-3-3 中键长 L 的长度系列。

轴和轮毂的键槽尺寸,也由表 2-3-3 查取。

表 2-3-3　普通平键的尺寸

轴	键			轴	键		
公称直径 d	b	h	L	公称直径 d	b	h	L
>10~12	4	h	8~45	>50~58	16	10	45~180
>12~17	5	5	10~56	>58~65	18	11	50~200
>17~22	6	6	14~70	>65~75	20	12	56~220
>22~30	8	7	18~90	>75~85	22	14	63~250
>30~38	10	8	22~110	>85~95	25	14	70~280
>38~44	12	8	28~140	>95~110	28	16	80~320
>44~50	14	9	36~160				
L 系列	6,8,10,12,14,16,18,20,22,25,28,32,36,40,45,50,56,63,70,80,90,100,110,125,140,160,180,200,220,250,280,320,360,400,450,500						

普通平键联接工作时,键的侧面受到挤压,同时键受到剪切作用。在通常情况下,挤压破坏是主要失效形式。因此,按挤压进行强度校核。

由理论推导可得普通平键联接的挤压强度条件是

$$\sigma_p = \frac{4T}{dhl} \leqslant [\sigma_p]$$

式中: σ_p——工作表面的挤压应力,MPa。

T——传递的转矩,N·mm。

d——轴的直径,mm。

h——键的高度,mm。

l——键的工作长度,mm,按图 2-3-41 确定。

$[\sigma_p]$——较弱材料的许用挤压应力(MPa),其值见表 2-3-4。

表 2-3-4　普通平键联接材料的许用挤压应力/MPa

键或轴、毂材料	载荷性质		
	静载荷	轻微冲击	冲击
钢	120~150	100~120	60~90
铸铁	70~80	50~60	30~45

经校核,若平键联接的强度不够时,可以采取下列措施:①适当增加键和轮毂的长度,但一般键长不得超过 2.25d,否则挤压应力沿键长分布的不均匀性将增大;②采用双键,在轴上相隔 180°配置。由于制造误差可能引起键上载荷分布不均匀,所以在强度校核时只按 1.5

个键计算。

例 2-3-2 试选择一铸铁齿轮与钢轴的平键联接。已知传递的转矩 $T = 2 \times 10^5$ N·mm，载荷有轻微冲击，与齿轮配合处的轴径 $d = 45$ mm，轮毂长度 $L_1 = 80$ mm。

解 （1）尺寸选择

为了便于装配和固定，选用圆头平键（A 型）。根据轴的直径 $d = 45$ mm 由表 2-3-3 查得：键宽 $b = 14$ mm；键高 $h = 9$ mm；根据轮毂长度取键长 $L = 70$ mm。

（2）强度校核

联接中轮毂材料的强度最弱，从表 2-3-4 中查得 $[\sigma_p] = 50 \sim 60$ MPa。键的工作长度 $l = L - b = 70 - 14 = 56$ mm。

按式（3-3）校核键联接的强度

$$\sigma_p = \frac{4T}{dhl} = \frac{4 \times 2 \times 10^5}{45 \times 9 \times 56} = 35(\text{MPa}) < [\sigma_p]$$

所选的键强度足够。

该键的标记为：键 14×70 GB 1096 - 79

三、销联接

销联接通常用于固定零件之间的相对位置（定位销，见图 2-3-42a），也用于轴毂间或其他零件间的联接（联接销，见图 2-3-42b），还可充当过载剪断元件（安全销，见图 2-3-42c）。

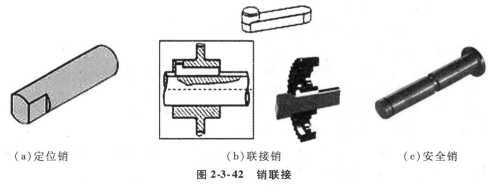

|（a）定位销|（b）联接销|（c）安全销|

图 2-3-42 销联接

可根据工作要求选择销联接的类型。定位销一般不受载荷或只受很小的载荷，其直径按结构确定，数目不少于 2 个。联接销能传递较小的载荷，其直径亦按结构及经验确定，必要时校核其挤压和剪切强度。安全销的直径应按销的剪切强度 τ_b 计算，当过载 20% ~ 30% 时即应被剪断。

销按形状分为圆柱销、圆锥销和异形销三类。圆柱销靠过盈与销孔配合，为保证定位精度和联接的紧固性，不宜经常拆装，主要用于定位，也用作联接销和安全销。圆锥销具有 1:50 的锥度，小端直径为标准值，自锁性能好，定位精度高，主要用于定位，也可作为联接销。圆柱销和圆锥销的销孔均需铰制。异形销种类很多，其中开口销工作可靠、拆卸方便，常与槽形螺母合用，锁定螺纹联接件。

思考题

1. 说明带传动的组成与工作原理。

2. 带传动有何特点？

3. 带传动有哪些类型？各有何应用？

4. 绘图说明 V 带的构造。

5. V 带怎样标记？试举例说明。

6. V 带轮有哪几种结构形式？制造 V 带轮的材料有哪些？

7. 带传动的失效形式有哪些？为什么要规定最小带轮直径？

8. 带传动为什么要张紧？常见的张紧装置有哪些？

9. 带传动的安装和维护应注意什么？

10. 齿轮传动有何特点？

11. 齿轮传动有哪些类型？

12. 齿轮传动的传动比怎样计算？一对齿轮传动的传动比有何限制？

13. 什么是软齿面齿轮、硬齿面齿轮？它们各用什么材料和热处理方法？

14. 齿轮传动的失效形式主要有哪些？各是什么原因？

15. 蜗杆传动有何特点？

16. 蜗杆传动最容易出现的失效形式有哪些？为什么？

17. 蜗杆、蜗轮一般用什么材料制造？

18. 蜗轮有哪几种结构形式？试说明各自的特点及适用场合。

19. 蜗杆传动为什么要进行润滑？

20. 闭式蜗杆。传动为什么要进行散热？常用的散热措施有哪些？

21. 按承受载荷的不同,轴分为哪几类？说明各类轴的受载特点。

22. 按轴线几何形状的不同,轴分为哪几类？各有何用途？为什么轴常常做成阶梯形？

23. 轴通常是用什么材料制成的,并经什么热处理？

24. 轴上零件的轴向固定方法有哪些？轴上零件的周向固定方法有哪些？

25. 联轴器有何功用？联轴器分为哪几类？各有何特点？

26. 联轴器的型号是怎样选择的？

27. 按结构的不同,滑动轴承分为哪几种？各有何特点和用途？

28. 常用轴瓦(轴承衬)的材料有哪些？

29. 轴承润滑的目的是什么？滑动轴承常用的润滑剂有哪些？滑动轴承常用的润滑装置有哪些？

30 按照国家标准,滚动轴承分为哪几种类型？各有何特点？

31 说明下列各滚动轴承代号的含义:6201,30320,51411,6410,52205,31212。

32 选择滚动轴承的类型时应考虑哪些因素？

33. 滚动轴承常用的密封方式有哪些？

34. 螺纹联接有哪几种基本类型？各用在什么场合？

35. 螺栓联接为什么要防松？常用的防松措施有哪些？

36 普通平键的端部结构有哪几种形式？各有何特点？

37 销联接有哪些类型？各有何功用？

习　题

1.在带式输送机中,电动机与减速器用弹性套柱销联轴器相联,载荷情况系数 $K=1.5$。已知电动机功率 $p=17\ kW$,转速 $n=970\ r/min$,电动机外伸轴直径 $d_1=48\ mm$,$L_1=110\ mm$。减速器输入轴外伸端直径 $d_2=45\ mm$,$L_2=80\ mm$。试选择该联轴器型号。

2.一减速器的输出轴与铸铁齿轮拟用平键联接。已知配合直径 $d=65\ mm$,齿轮轮毂长 $L_1=70\ mm$,传递的转矩 $T=9\times10^5\ N\cdot mm$,载荷有轻微冲击。试选择合适的平键。

模块三

压力容器

项目 *1*
压力容器概述

学习目的

◆ 掌握压力容器概念及其结构分类。

◆ 掌握压力容器机械设计的基本要求。

◆ 掌握压力容器的标准化设计。

任务一　容器的结构与分类

一、容器的结构

在化工厂和石油化工厂中,有各种各样的设备。这些设备按照它们在生产过程中的原理,可以分为反应设备、换热设备、分离设备和贮运设备。

1. 反应设备

主要是用来完成介质的物理、化学反应的设备。如反应器、发生器、反应釜、聚合釜、分解塔、合成塔、变换炉等。

2. 换热设备

主要是用来完成介质的热量交换的设备。如热交换器、加热器、冷却器、冷凝器、蒸发器、余热锅炉等。

3. 分离设备

主要是用来完成介质的流体压力平衡和气体净化分离等过程的设备。如分离器、过滤器、缓冲器、洗涤器、吸收塔、干燥塔等。

4. 贮运设备

主要是用来盛装生产和生活用的原料气体、液体、液化气体等。如各种贮罐、贮槽、高位槽、计量槽、槽车等。

这些化工设备虽然尺寸大小不一,形状结构不同,内部结构的形式更是多种多样,但它们都有一个外壳,这个外壳就叫作"容器"。容器是化工生产所用各种化工设备外部壳体的总称。容器设计也是所有化工设备设计的基础。

容器一般是由几种壳体(如圆柱壳、圆锥壳、椭球壳等)组合而成。再加上联接法兰、支座、接管、人孔、

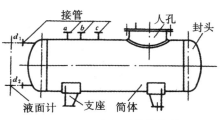

图 3-1-1　卧式容器的结构简

手孔、视镜等零部件。图 3-1-1 所示为一卧式容器的结构简图。常、低压化工设备通用的零部件大多已有标准,设计时可直接选用。

二、容器的分类

容器通常可按容器的形状、容器厚度、承压性质、工作温度、支承形式、结构材料及容器的技术管理等进行分类。

1. 按容器形状分类

(1)方形和矩形容器

由平板焊成,制造简单,但承压能力差,只用作常压或低压小型贮槽。

(2)球形容器

由数块弓形板拼焊而成,承压能力好,但由于安装内件不便和制造稍难,一般多用作贮罐。

(3)圆筒形容器

由圆柱形筒体和各种回转形成型封头(半球形、椭球形、碟形、圆锥形)或平板形封头所组成。作为容器主体的圆柱形筒体,制造容易,安装内件方便,而且承压能力较好。这类容器应用最广。

2. 按容器厚度分类

压力容器按厚度可以分为薄壁容器和厚壁容器。通常,厚度与其最大截面圆的内径之比 ≤ 0.1,即 $\delta / D_i \leq 0.1$ 或 $K = D_o / D_i \leq 1.2$(D_o 为容器的外径, D_i 为容器的内径, δ 为容器的厚度)的容器称为"薄壁容器",超过这一范围的称为"厚壁容器"。

3. 按承压性质和能力分类

按承压性质可将容器分为内压容器与外压容器两类。当容器内部介质压力大于外部压力时,称为"内压容器";反之,容器内部压力小于外部压力时,称为"外压容器",其中,内部压力小于一个绝对大气压(0.1MPa)的外压容器,又叫"真空容器"。

内压容器,按其所能承受的工作压力,又分为常压、低压、中压、高压和超高压容器 5 类,其压力界线见表 3-1-1。

表 3-1-1　内压容器的分类

容器分类	设计压力 p/MPa	容器分类	设计压力 p/MPa
常压容器	$p < 0.1$	高压容器	$10 \leq p < 100$
低压容器	$0.1 \leq p < 1.6$		
中压容器	$1.6 \leq p < 10$	超高压容器	$p \geq 100$

4. 按壁温分类

根据工作时容器的壁温,可分为常温容器、中温容器、高温容器和低温容器。

(1)常温容器

指壁温在 $-20 \sim 200$℃ 条件下工作的容器。

(2)高温容器

指壁温达到材料蠕变温度下工作的容器。对碳素钢或低合金钢容器,温度超过 420℃,其他合金钢超过 450℃,奥氏体不锈钢超过 550℃,均属高温容器。

（3）中温容器

指壁温在常温和高温之间的容器。

（4）低温容器

指壁温低于 −20℃ 条件下工作的容器。其中在 −40 ~ −20℃ 条件下工作的容器为浅冷容器;在低于 −40℃ 条件下工作的容器为深冷容器。

5. 按支承形式分类

容器按支承形式可分为卧式容器和立式容器。

6. 按结构材料分类

从制造容器所用材料来看,容器有金属制的和非金属制的两类。

金属容器中,目前应用最多的是低碳钢和普通低合金钢制的容器。在腐蚀严重或产品纯度要求高的场合,使用不锈钢、不锈复合钢板或铝、银、钛等制的容器。在深冷操作中,可用铜或铜合金。而承压不大的塔节或容器可用铸铁。

非金属材料既可作容器的衬里,又可作独立的构件。常用的有硬聚乙烯、玻璃钢、不透性石墨、化工搪瓷、化工陶瓷、砖、板、花岗岩、橡胶衬里等。

容器的结构与尺寸,制造与施工,在很大程度上取决于所选用的材料。不同材料的化工容器有不同的设计规定。本篇主要介绍钢制化工容器的设计。

7. 按管理分类

为了加强压力容器的安全技术管理和监督检查,根据容器的压力高低,介质的危害程度以及在生产过程中的重要作用,将压力容器(不包括核能容器,船舶上的专用容器和直接火焰加热的容器)分为 3 类。

（1）下列情况之一的,为第三类压力容器:

①高压容器。

②中压容器(仅限毒性程度为极度和高度危害介质)。

③中压储存容器(仅限易燃或毒性程度为中度危害介质,且 pV 乘积大于等于 10MPa·m³)。

④中压反应容器(仅限易燃或毒性程度为中度危害介质,且 pV 乘积大于等于 0.5 MPa·m³)。

⑤低压容器(仅限毒性程度为极度和高度危害介质,且 pV 乘积大于等于 0.2 MPa·m³)。

⑥高压、中压管壳式余热锅炉。

⑦中压搪玻璃压力容器。

⑧使用强度级别较高(指相应标准中抗拉强度规定值下限大于等于 540MPa)的材料制造的压力容器。

⑨移动式压力容器,包括铁路罐车(介质为液化气体、低温液体)、罐式汽车[液化气体运输(半挂)车、低温液体运输(半挂)车、永久气体运输(半挂)车]和罐式集装箱(介质为液化气体、低温液体)等。

⑩球形储罐(容积≥50m³)。

⑪低温液体储存容器(容积 >5m³)。

（2）下列情况之一的,为第二类压力容器[（1）规定的除外]:

①中压容器。

②低压容器(仅限毒性程度为极度和高度危害介质)。

③低压反应容器和低压储存容器(仅限易燃介质或毒性程度为中度危害介质)。

④低压管壳式余热锅炉。

⑤低压搪玻璃压力容器。

(3)低压容器为第一类压力容器[(1)、(2)规定的除外]。

任务二　容器机械设计的基本要求

容器的总体尺寸(例如反应釜釜体容积的大小,釜体长度与直径的比例,传热方式及传热面积的大小;又如蒸馏塔的直径与高度,接管的数目、方位及尺寸等等),一般是根据工艺生产要求,通过化工工艺计算和生产经验决定的。这些尺寸通常称为"设备的工艺尺寸"。

当设备的工艺尺寸初步确定之后,就需进行容器零部件的机械设计。容器零部件的机械设计须满足如下要求。

(1)强度

指容器抵抗外力破坏的能力。容器及其构件应有足够的强度,以保证安全生产。

(2)刚度

指构件抵抗外力使其发生变形的能力。容器及其构件必须有足够的刚度,以防止在使用、运输或安装过程中发生过度的变形。有时设备构件的设计主要决定于刚度而不是决定于强度。

(3)稳定性

是指容器或构件在外力作用下维持其原有形状的能力。承受外压的容器壳体或承受压力的构件,必须保证足够的稳定性,以防止被压瘪或出现折皱。

(4)耐久性

化工设备的耐久性是根据所要求的使用年限来决定的。化工设备的设计使用年限一般为10~15年。容器的耐久性主要取决于腐蚀情况,在某些情况下还取决于设备的疲劳、蠕变或振动等。为了保证设备的耐久性,必须选择适当的材料,使其能耐所处理介质的腐蚀,或采取必要的防腐措施以及正确的施工方法。

(5)密封性

化工设备的密封性是一个十分重要的问题。设备密封的可靠性是安全生产的重要保证之一。化工厂所处理的物料中,很多是易燃、易爆或者有毒的,设备内的物料如果泄漏出来,不但会造成生产上的损失,更重要的是会污染环境,使操作人员中毒,甚至引起爆炸;反过来,如果空气漏入负压设备,会影响工艺过程的进行或引起爆炸事故。因此,化工设备必须具有可靠的密封性,以保证安全和创造良好的劳动环境以及维持正常的操作条件。

(6)节省材料和便于制造

化工设备应在结构上保证尽可能降低材料消耗。尤其是贵重材料的消耗,同时,在考虑结构时应使其便于制造,保证质量。应尽量减少或避免复杂的加工工序,尽量减少加工量。在设计时应尽量采用标准设计和标准零部件。

(7)方便操作和便于运输

化工设备的结构还应考虑到操作方便,以及安装、维护、检修方便。在化工设备的尺寸和形状上还应考虑到运输的方便和可能性。

任务三　容器的标准化设计

一、标准化的意义

从产品的设计、制造、检验和维修等诸多方面来看,标准化是组织现代化生产的重要手段。实现标准化,有利于成批生产,缩短生产周期,提高产品质量,降低成本,从而提高产品的竞争能力;实现标准化,可以增加零部件的互换性,有利于设计、制造、安装和维修,提高劳动生产率。标准化为组织专业化生产提供了有利条件,有利于合理地利用国家资源,节省原材料,能够有效地保障人民的安全与健康;采用国际性的标准化,可以消除贸易障碍,提高竞争能力。中国有关部门已经制定了一系列容器零部件的标准,如封头、法兰、支座、人孔、手孔和视镜等。

二、容器零部件标准化的基本参数

压力容器的直径和操作压力由工艺条件确定。在进行容器及其零部件的机械设计时,则应尽量采用标准化系列。压力容器及其零部件标准化的基本参数是公称直径 DN 和公称压力 PN。

公称直径对由钢板卷制的筒体和成型封头来说,公称直径是指它们的内径;对管子来说,公称直径既不是它的内径,也不是外径,而是小于管子外径的一个数值。只要管子的公称直径一定,它的外径也就确定了。而管子的内径则根据厚度的不同有多种尺寸,它们大多接近于管子的公称直径。

压力容器与无缝钢管的公称直径分别列于表 3-1-2 和表 3-1-3。

表 3-1-2　压力容器的公称直径 DN

300	(350)	400	(450)	500	(550)	600
(650)	700	800	900	1000	(1100)	1200
(1300)	1400	(1500)	1600	(1700)	1800	(1900)
2000	(2100)	2200	(2300)	2400	2600	2800
3000	3200	3400	3600	3800	4000	

注:表中带括号的公称直径应尽量不采用。

表 3-1-3　无缝钢管的公称直径 DN 与外径 D_o　　　　　　　　mm

DN	10	15	20	25	32	40	50	65	80	100	125
D_o	14	18	25	32	38	45	57	76	89	108	133
δ	3	3	3	3.5	3.5	3.5	3.5	4	4	4	4
DN	150	175	200	225	250	300	350	400	450	500	
D_o	159	194	219	245	273	325	377	426	480	530	
δ	4.5	6	6	7	8	8	9	9	9	9	

设计时,应将工艺计算初步确定的设备内径,调整到符合表所规定的公称直径。当简体的直径较小,直接采取无缝钢管制作时,容器的公称直径应直接从表 3-1-4 选取,此时,容器的公称直径是指无缝钢管的外径。

表 3-1-4　无缝钢管制作简体时容器的公称直径　　　　　　　　　　　　　　　　mm

159	219	273	325	377	426

化工厂用来输送水、煤气以及用于采暖的管子往往是采用有缝钢管。它们的尺寸系列见表 3-1-5。

表 3-1-5　水、煤气输送钢管的公称直径 DN 与外径 D_0 　　　　　　　　　mm

		6	8	10	15	20	25	32	40	50	70	80	100	125	150
DN	mm	6	8	10	15	20	25	32	40	50	70	80	100	125	150
	in	$\frac{1}{8}$	$\frac{1}{4}$	$\frac{3}{8}$	$\frac{1}{2}$	$\frac{3}{4}$	1	$1\frac{1}{4}$	$1\frac{1}{2}$	2	$2\frac{1}{2}$	3	4	5	6
D_0	mm	10	13.5	17	21.25	26.75	33.5	42.25	48	60	75.5	88.5	114	140	165

对于法兰来说,它的公称直径是指与它相配的简体或管子的公称直径。例如,公称直径为 200mm 的管法兰,指的是联接公称直径为 200mm 管子用的管法兰。公称直径是 1000mm 的压力容器法兰,指的是公称直径为 1000mm 容器简体和封头用的法兰。

在制定零部件标准时,仅有公称直径这一个参数是不够的。因为,即使是公称直径相同的简体、封头或法兰,如果它们的工作压力不相同,它们其他尺寸就会不一样。所以还需要将压力容器和管子等零部件所承受的压力,也分成若干个规定的压力等级。这种规定的标准压力等级就是公称压力。表 3-1-6 给出了压力容器法兰与管法兰的公称压力。

表 3-1-6　压力容器法兰与管法兰的公称压力

压力容器法兰	kgf/cm² MPa	– –	2.5 0.25	6 0.6	10 1.0	16 1.6	25 2.5	40 4.0	64 6.4
管法兰	kgf/cm² MPa	1 0.1	2.5 0.25	6 0.6	10 1.0	16 1.6	25 2.5	40 4.0	64 6.3

设计时,如果是选用标准零部件,则必须将操作温度下的最高工作压力(或设计压力)调整到所规定的某一公称压力等级,然后根据 DN 和 PN 选定该零件的尺寸。如果零部件不选用标准件,而是自行设计,则设计压力就不必符合规定的公称压力。

任务四　化工容器常用金属材料的基本性能

化学工业是多品种的基础工业,为了适应化工生产的多种需要,化工设备的种类很多,设备的操作条件也比较复杂。按操作压力来说,有真空、常压、低压、中压、高压和超高压;按操作温度来说,有低温、常温、中温和高温;处理的介质大多数具有腐蚀性,或为易燃、易爆、剧毒等。有时对于某种具体设备来说,既有温度、压力要求,又有耐腐蚀要求,而且这些要求有时还是互相矛盾的,有时某些条件又经常变化。如此多样性的操作特点,给化工设备选用材料造成了复杂性,因此,合理选用化工设备材料是设计化工设备的重要环节。在选择材料时,必须根据材料的各种性能及其应用范围综合考虑具体的操作条件,抓住主要矛盾,遵循适用、安全和经济的原则。

选用材料的一般要求如下:

(1)材料品种应符合中国资源和供应情况。

(2)材质可靠,能保证使用寿命。

(3)要有足够的强度,一定的塑性和韧性,对腐蚀性介质能耐腐蚀。

(4)便于制造加工,焊接性能良好。

(5)经济上合算。

例如,对于压力容器用钢来说,除了要承受较高的介质内压(或外压)以外,还经常处于有腐蚀性介质的工作条件下,还要经受各种冷、热加工(如下料、卷板、焊接和热处理等)使之成型。因此,对压力容器用钢板有较高的要求:除随介质的不同要有耐腐蚀的要求以外,应有较高的强度,良好的塑性、韧性和冷弯性能,低的缺口敏感性,良好的加工和焊接性能等等。由于钢材在中、高温的长期作用下,金相组织和力学性能等将发生明显的变化,又由于化工用的中、高温设备往往都要承受一定的介质压力。因此,选择中、高温设备用钢时,还必须考虑到材料的组织稳定性和中、高温的力学性能。对于低温设备用钢,还要着重考虑设备在低温下的脆性破裂问题。

一、力学性能

构件在使用过程中受力超过某一限度时,就会发生塑性变形,甚至断裂失效。材料的力学性能是指材料在外力作用下表现出的变形、破坏等方面的特性。通常用材料在外力作用下表现出来的弹性、塑性、强度、硬度和韧性等特征指标来衡量材料的力学性能。

1. 强度

强度是固体材料在外力作用下抵抗产生塑性变形和断裂的特征。常用的强度指标有屈服极限 σ_s(或 $\sigma_{0.2}$)和强度极限 σ_b,在交变载荷作用下的持久极限 σ_D,这是容器设计计算中用以确定许用应力的主要依据。屈服极限 σ_s 与强度极限 σ_b 之比称为"屈强比",屈强比可反映材料屈服后强化能力的高低。屈强比愈低表示屈服后仍有较大的强度裕量,高强度钢的屈强比数值较高,可达 0.8 以上,而低强度钢的屈强比可低到 0.6 以下。另外,在化工容器中还用到"持久强度"的概念,持久强度 σ_D^t 是指钢材在设计温度下经 10 万小时断裂的持久强度的平均值。

2. 塑性

金属的塑性,是指金属在外力作用下产生塑性变形而不被破坏的能力。常用的塑性指标是延伸率 δ 和断面收缩率比。上述塑性指标在工程技术中具有重要的实际意义。首先良好的塑性可顺利地进行某些成型工艺,如弯卷、锻压、冷冲、焊接等。其次,良好的塑性使零件在使用中能由于塑性变形而避免突然断裂,故制造容器和零件的材料,都需要具有一定的塑性。

3. 韧性

韧性是材料对缺口或裂纹敏感程度的反映。韧性好的材料即使存在宏观裂纹或缺口而造成应力集中时也具有相当好的防止发生脆性断裂和裂纹快速失稳扩展的能力。

（1）冲击韧性

这是衡量材料韧性的指标之一,可用带 V 型缺口的冲击试样在冲击试验中所吸收的能量 σ_k 作为冲击韧性值. 其单位为焦耳每平方米（J/m^2）。冲击韧性高的材料,一般都有较高的塑性指标;但塑性较高的材料,却不一定都有高的冲击韧性。这是因为静载荷下能缓慢塑性变形的材料,在动载荷下不一定能迅速塑性变形。

（2）无塑性转变温度

试验结果表明,冲击韧性 σ_k 的数值随温度降低而减小,在某一温度区间内钒的数值突然明显下降,材料变脆,使 σ_k 骤然下降的温度为无塑性转变温度。了解材料的这一性质可确定材料的最低使用温度。

（3）断裂韧性

含裂纹构件抵抗裂纹失稳扩展的能力称为"断裂韧性",可用由裂纹失稳扩展而导致断裂时的应力强度因子临界值 K_{IC} 表示。该断裂韧性值可以衡量材料的韧性情况,即可以看出存在裂纹时材料所具有的防脆断能力。

4. 硬度

硬度是用来衡量固体材料软硬程度的力学性能指标。用一个较硬材料的物体向另一个材料的表面压入,则该材料抵抗压入的能力叫作材料的"硬度"。材料的硬度表征材料表面局部区域抵抗压缩变形和断裂的能力。

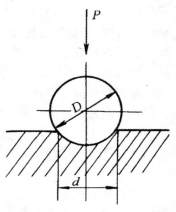

图 3-1-2　布氏硬度试验示意图

材料的硬度有多种不同的测试方法,常用的硬度指标可分为布氏硬度、洛氏硬度、维氏硬度等。布氏硬度是以直径为 D（10mm,5mm 或 2.5mm）的钢球,在压力 P（N）下压入金属表面而测得,如图 3-1-2 所示。

根据一定的压力,压出的压痕面积和直径,可以求出布氏硬度值。

$$布氏硬度 = \frac{2P}{\pi(D - \sqrt{D^2 - d^2})} \quad HBS$$

式中: P——压力,N。

　　　　D——钢球直径,mm。

　　　　d——压痕直径,mm。

布氏硬度的特点是比较准确,因此用途很广,但不能测硬度较高的金属,如 44.1HBS 以上和测太薄的试样,而且有压痕较大、易损坏表面等缺点。

硬度是材料的重要性能指标之一。一般说来,硬度高强度也高的材料,耐磨较好。大部分金属硬度和强度之间有一定的关系,因而可用硬度近似地估计抗拉强度值。根据经验,它们的关系为:

　　　　　　　　　低碳钢　　　$\sigma_b \approx 0.36HBS$

　　　　　　　　　高碳钢　　　$\sigma_b \approx 0.34HBS$

　　　　　　　　　灰铸铁　　　$\sigma_b \approx 0.1HBS$

5. 材料在高温下的力学性能

一般金属材料的力学性能随温度的升高会发生显著的变化。通常是随着温度的升高，金属的强度降低，塑性提高。图 3-1-3 表示了低碳钢的 σ_s、σ_b、E、δ、Ψ 随温度变化的情况。除此之外，金属材料在高温下还有一个重要特性，即"蠕变"。所谓"蠕变"，是指在高温时，在一定的应力下，应变随时间而增加的现象，或者金属在高温和应力作用下逐渐产生塑性变形的现象。

对某些金属如铅、锡等，在室温下也有蠕变现象。钢铁和许多有色金属，只有当温度超过一定值以后才会出现蠕变。例如，碳素钢在温度超过 420℃ 时，合金钢在温度超过 450℃ 时，低合金在温度超过 50 ~ 150℃ 时，才发生蠕变。

在生产实际中，由于金属材料的蠕变而造成的破坏事例并不少见。例如，高温高压的蒸汽管道，由于存在蠕变，它的管径随时间的延长不断增大，厚度减薄，最后可能导致破裂。

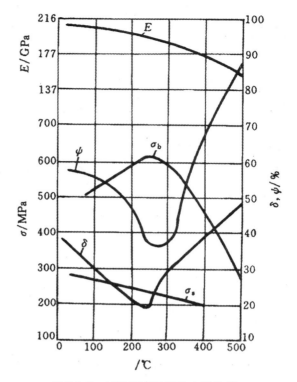

图 3-1-3　材料在高温下的力学性能

材料在高温条件下，抵抗发生缓慢塑性变形的能力，用蠕变极限：σ_n^t（MPa）表示（t 为工作温度，n 为蠕变应变速率）。它表示钢材在设计温度下经 10 万小时蠕变率为 1% 的蠕变极限。

二、物理性能

金属材料的物理性能有相对密度、熔点、热膨胀系数、导热系数和导电性等，使用时可参考相关手册。

三、化学性能

金属的化学性能是指材料在所处的介质中的化学稳定性，即材料是否会与介质发生化学和电化学作用而引起腐蚀。金属的化学性能主要是耐腐蚀性和抗氧化性。

1. 耐腐蚀性

金属和合金对周围介质，如大气、水气、各种电解液侵蚀的抵抗能力叫作"耐腐蚀性"。金属材料的耐腐蚀性指标常用腐蚀速度来表示，一般认为，介质对材料的腐蚀速度在 0.1mm/a 以下时，材料属于耐腐蚀的。常用金属材料在酸碱盐类介质中的耐腐蚀性见表 3-1-7。

表 3-1-7 几种材料在不同温度和浓度的酸、碱和盐类介质中的耐腐蚀性

材料	硝酸 %	硝酸 C	硫酸 %	硫酸 C	盐酸 %	盐酸 C	氢氧化钠 %	氢氧化钠 C	硫酸铵 %	硫酸铵 C	硫化氢 %	硫化氢 C	尿素 %	尿素 C	氨 %	氨 C
灰铸铁	×	×	70~100 (80~100)	20 (70)	×	×	(任)	(480)	×	×			×	×		
高硅铁 Si-15	≥40 <40	≤沸 <70	50~100	<120	(<35)	(30)	(34)	(100)	耐	耐	潮湿	100	耐	耐	(25)	(沸)
碳钢	×	×	70~100 (80~100)	20 (70)	×	×	≤35 ≥70 100	120 260 480	×	×	80	200	×	×		(70)
18-8型 不锈钢	<50 (60~80) 95	沸 (沸) 40	80~100 (<10)	<40 (<40)	×	×	≤90	10	饱	250	100				溶液与 气体	100
铝	(80~95) >95	(30) 60	×	×					10	20	100				气	300
铜	×	×	<60 (80~100)	20 (20)	(<27)	(55)	50	35	(10)	(40)	×	×			×	×
铅	×	×	<75 (96)	50 (20)	×	×			(浓)	(110)	干燥气	20			气	300
钛	各	沸	5	35	<10	<40	10	沸					耐	耐		

注：1. 此表中列出的材料耐腐蚀的一般数据，"各"表示各种浓度，"沸"表示沸点，"饱"表示饱和浓度。

2. 带有括弧"（　　）"者表示尚耐腐蚀，腐蚀速度为 0.1～1mm/a；不带括弧者表示耐腐蚀，腐蚀速度为 0.1mm/a 以下；有符号"×"者不耐腐蚀或不宜用。空白为无数据。

2. 抗氧化性

现代工业生产中的许多设备，如各种工业锅炉、热加工机械、汽轮机及各种高温化工设备等，它们在高温工作条件下，不仅有自由氧的氧化腐蚀过程，还有其他气体介质如水蒸气、CO_2、SO_2 等的氧化腐蚀作用。因此，锅炉给水中的含氧量和其他介质中的硫及其他杂质的含量对钢的氧化是有一定影响的。

四、工艺性能

金属和合金的工艺性能是指铸造性、可锻性、焊接性、切削加工性、热处理性能和冷弯性能等。这些性能直接影响化工设备和零部件的制造工艺方法，也是选择材料时必须考虑的因素。

五、其他性能

1. 组织稳定性

钢经长期时效（在工作温度下长期保温或在应力状态下长期保温）后，其室温冲击值往往因组织不稳定（如渗碳体分解造成石墨化；珠光体内的片状渗碳体转变成尺寸较大球状渗

碳体)而有所降低。某些珠光体耐热钢在 400～600℃长期保温发生脆化后,只是冲击值显著降低,而其他力学性能指标,如塑性则无明显变化。出现这种脆性的原因,一般认为是由于溶质原子在固溶体晶粒间界面上发生偏析,降低了晶粒间的结合强度。

奥氏体耐热钢和合金出现这种时效脆性的范围是 600～800℃。出现脆性后,与珠光体耐热钢不同,不只是引起冲击韧性降低,塑性指标也会发生显著变化,往往还会引起强度指标,特别是持久强度的降低。出现这种脆性的原因,通常是由于脆性的第二相(碳化物、氮化物等)沿晶界析出的结果。

2. 抗松弛性

试样和零件在高温和应力状态下,如变形维持不变,随着时间的延长自发地减低应力的现象称为"松弛"。

锅炉、汽轮机和高温化工设备中很多零件是在松弛条件下工作的,如螺栓等紧固件,紧固件拧紧加上应力后,在高温下经过一段时间发生松弛,总变形中的一部分弹性变形转变为塑性变形,紧固件中的应力便降低了一部分,此时紧固中所剩下的应力叫作"残余应力"。如果残余应力愈高,则其材料的抗松弛性能愈好。

3. 应变时效敏感性

应变时效是金属及其合金在冷加工变形后,由于在室温或较高温度下的内部脱溶沉淀(对低碳钢来说主要是氮化物的析出),会使各种性能(主要是冲击韧性)随时间延长而发生变化(降低)。

习　题

1. 化工设备按照在生产过程中的作用原理可分为哪几类? 它们的主要功能是什么?
2. 为什么对压力容器分类时不仅要根据压力高低,还要视压力乘容积 PV 的大小?
3. 从容器的安全、制造、使用等方面说明对化工容器机械设计有哪些基本要求?
4. 化工容器零部件标准化的意义是什么? 标准化的基本参数有哪些?

项目2
内压薄壁容器设计基础

学习目的

◆ 了解回转壳体的几何特性。

◆ 了解回转壳体薄膜应力。

◆ 掌握典型回转壳体的应力计算。

压力容器按厚度可分为薄壁容器和厚壁容器。在化学和石油化学工业中,应用最多的是薄壁容器,本书仅讨论薄壁容器的设计计算问题。

任务一　回转壳体的几何特性

一、基本概念

回转壳体是指壳体的中间面是由直线或平面曲线绕同平面内的固定轴线旋转一周而形成的壳体。平面曲线形状不同,所得到的回转壳体形状便不同。如与回转轴平行的直线绕轴旋转一周形成圆柱壳;半圆形曲线绕直径旋转一周形成球壳;与回转轴相交的直线绕该轴旋转一周形成圆锥壳等,见图3-2-1。

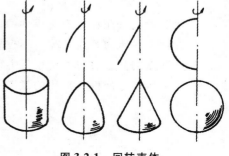

图 3-2-1　回转壳体

轴对称　所谓轴对称问题,是指壳体的几何形状、约束条件和所受外力都对称于回转轴的问题。化工容器就其整体而言,通常属于轴对称问题。

本章讨论的壳体是满足轴对称条件的薄壁壳体。

中间面　图3-2-2所示为一般回转壳体的中间面。所谓"中间面"即是与壳体内外表面等距离的曲面。内外表面间的法向距离即为壳体厚度。对于薄壁壳体,可以用中间面来表示它的几何特性。

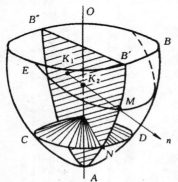

图 3-2-2　回转壳体的几何特征

母线　图3-2-2所示回转壳体的中间面,是由平面曲线 AB 绕回转轴 OA 旋转一周而成,形成中间面的平面曲线 AB 称为"母线"。

经线　如果通过回转轴作一纵截面与壳体曲面相交所得的交线(AB' 、 AB'')称之为"经线"。显然,经线与母线的形状是完全相同的。

法线　通过经线上的一点 M 垂直于中间面的直线,称为中间面在该点的"法线"(n),法线的延长线必与回转轴相交。

纬线　如果以过 N 点的法线为母线作圆锥面与壳体中间面正交,得到的交线叫作过 N 点的"纬线";过 N 点作垂直于回转轴的平面与中间面相交形成的圆称为过 N 点的"平行圆",显然,过 N 点的平行圆也即是过 N 点的纬线,如图 3-2-2 中的 CND 圆。

第一曲率半径　中间面上的一点 M 处经线的曲率半径称为该点的"第一曲率半径",用 R_1 表示。$R_1 = MK_1$,K_1 为第一曲率半径的中心,显然,K_1 必过 M 点的法线。

第二曲率半径　通过经线上一点 M 的法线作垂直于经线的平面,其与中间面相交形成曲线 ME,此曲线在 M 点处的曲率半径称为该点的"第二曲率半径",用 R_2 表示。第二曲率半径的中心 K_2 也必在过 M 点的法线上且必落在回转轴上,其长度等于法线段 MK_2,即 $R_2 = MK_2$

二、基本假设

在这里,所讨论的内容都是假定壳体是完全弹性的,材料具有连续性、均匀性和各向同性。此外,对于薄壁壳体,通常采用以下两点假设而使问题简化。

1. 直法线假设

壳体在变形前垂直于中间面的直线段。在变形后仍保持直线,并垂直于变形后的中间面,且直线段长度不变。由此假设,沿厚度各点的法向位移均相同,变形前后壳体厚度不变。

2. 互不挤压假设

壳体各层纤维变形后均互不挤压。由此假设,壳壁的法向应力与壳壁其他应力分量相比是可以忽略的小量。

基于以上假设,可将三维的壳体转化为二维问题进行研究。

对于薄壁壳体,采用上述假设所得的结果是足够精确的。

任务二　回转壳体薄膜应力分析

一、薄膜应力理论的应力计算公式

图 3-2-3 所示为一个一般回转壳体。设该回转壳体受有轴对称的内压力 p,现在研究在内压力 p 作用下,在回转薄壳壳壁上的应力情况。很明显,回转薄壳承受内压后,其经线和纬线方向都要发生伸长变形,因而在经线方向将产生经向应力 σ_m,在纬线方向产生环向应力(亦称周向应力)σ_θ。经向应力作用在锥截面上,环向应力作用在经线平面与壳体相截形成的纵向截面上。

由于轴对称关系,在同一纬线上各点的经向应力 σ_m 均相等,各点的环向应力 σ_θ 也相等。但在不同的纬线上,各点的 σ_m 不等,σ_θ 也不等。

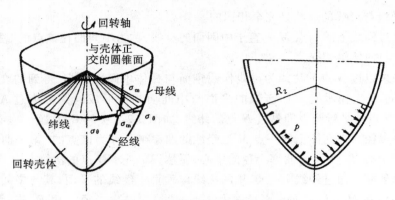

图 3-2-3　回转壳体上的主要应力

1. 经向薄膜应力计算公式

为了求得任一纬线上的经向应力,以该纬线为锥底作一圆锥面,其顶点在壳体轴线上,如图 3-2-4 所示。圆锥面将壳体分成两部分,取其下部分作为分离体(见图 3-2-4),进行受力分析,建立静力平衡方程。

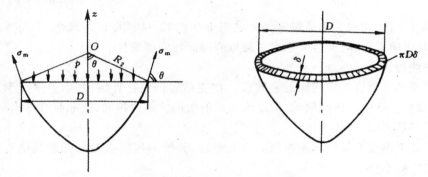

图 3-2-4　回转壳体的经向应力分析

作用在该部分上的外力(内压)在 z 轴方向上的合力为 P_z

$$P_z = \frac{\pi}{4}D^2 p$$

作用在该截面上应力的合力在 z 轴上的投影为 N_z

$$N_z = \sigma_m \pi D\delta \cdot \sin\theta$$

由 z 轴方向的平衡条件

$$N_z - P_z = 0$$

$$\sigma_m \pi D\delta \cdot \sin\theta - \frac{\pi}{4}D^2 p = 0 \qquad\qquad (3\text{-}2\text{-}1)$$

由图 3-2-4 可以看出

$$R_2 = \frac{D}{2R\sin\theta}$$

$$D = 2R_2 \sin\theta$$

代入(3-2-1)式,得到

$$\sigma_m = \frac{pR_2}{2\delta} \qquad\qquad (3\text{-}2\text{-}2)$$

式中: D——中间面平行圆直径, mm。

　　　　δ——壳体厚度, mm。

　　　　R_2——壳体中曲面在所求应力点的第二曲率半径, mm。

　　　　σ_m——经向应力, MPa。

(3-2-2)式即计算回转壳体在任意纬线上经向应力的一般公式。

2. 环向薄膜应力计算公式

求环向应力时, 可以从壳体中截取一个单元体, 考察其平衡, 即可求得环向应力。由于单元体足够小, 可以近似地认为其上的应力是均匀分布的。微小单元体的取法如图 3-2-5 及图 3-2-6 所示, 它由三对曲面截取而得: ①壳体的内外表面; ②两个相邻的, 通过壳体轴线的经线平面; ③两个相邻的, 与壳体正交的圆锥面。

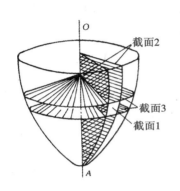 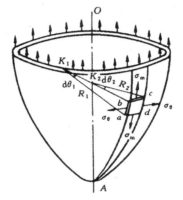

图 3-2-5　确定回转壳体环向应力时单元体的取法　　　图 3-2-6　微小单元体的应力及几何参数

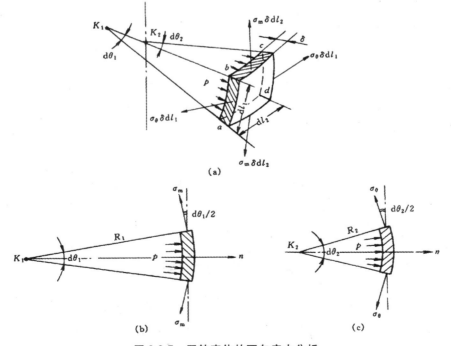

图 3-2-7　回转壳体的环向应力分析

图 3-2-7 是所截得的微单元体的受力图,其中(a)为空间视图。在微单元体的上下面上作用有经向应力 σ_m;内表面有内压 p 的作用,外表面不受力;另外两个侧面上作用有环向应力 σ_θ。

由于 σ_m 可由(3-2-2)式求得,内压 p 为已知,所以考察微单元体的平衡,即可求得环向应力 σ_θ。

内压力 p 在微单元体 $abcd$ 面积上所产生的外力的合力在法线 n 上的投影为 P_n。

$$P_n = pdl_1\,dl_2$$

由 bc 与 ad 截面上经向应力 σ_m 的合力在法线 n 上的投影为 N_{mn},如图 3-2-7(b)所示

$$N_{mn} = 2\sigma_m \delta dl_2 \sin\frac{d\theta_1}{2}$$

在 ab 与 cd 截面上环向应力 σ_θ 的合力在法线 n 上的投影 $\sigma_{\theta n}$,如图 3-2-7(c)所示

$$N_{\theta n} = 2\sigma_\theta \delta dl_1 \sin\frac{d\theta_2}{2}$$

根据法线 n 方向上力的平衡条件,得到

$$P_n - N_{mn} - N_{\theta n} = 0$$

$$pdl_2\,dl_2 - 2\sigma_m \delta dl_2 \sin\frac{d\theta_1}{2} - 2\sigma_\theta \delta dl_1 \sin\frac{d\theta_2}{2} = 0 \qquad (3\text{-}2\text{-}3)$$

因为微单元体的夹角 $d\theta_1$ 与 $d\theta_2$ 很小,因此取

$$\sin\frac{d\theta_2}{2} \approx \frac{d\theta_2}{2} = \frac{dl_2}{2R_2}$$

将上两式代入(3-2-3)式,并化简,整理得

$$\frac{\sigma_m}{R_1} + \frac{\sigma_\theta}{R_2} = \frac{p}{\delta} \qquad (3\text{-}2\text{-}4)$$

式中:σ_θ——环向应力,MPa。

　　R_1——回转壳体曲面在所求应力点的第一曲率半径,mm。

式(3-2-4)是计算回转壳体在内压力 p 作用下环向应力的一般公式。

对于第一曲率半径,即经线平面的曲率半径,如果经线之曲线方程 $y = y(x)$,则 R_1 可由下式求得:

$$R_1 = \left| \frac{(1 + y'^2)^{3/2}}{y''} \right|$$

以上对承受内压的回转壳体进行了应力分析,导出了回转壳体经向应力和环向应力的一般公式。这些分析和计算,都是以应力沿壳体厚度方向均匀分布为前提的。这种应力与承受内压的薄膜非常相似,因此又称"薄膜理论"。

二、轴对称回转壳体薄膜理论的应用范围

薄膜应力是只有拉(压)正应力,没有弯曲正应力的一种二向应力状态,因而薄膜理论又称为"无力矩理论"。只有在没有(或不大的)弯曲变形情况下的轴对称回转壳体,薄膜理论的结果才是正确的。在工程上也是比较简单适用的,它适用的范围除壳体较薄这一条件外,

还应满足下列条件：

(1)回转壳体曲面在几何上是轴对称的,壳壁厚度无突变;曲率半径是连续变化的,材料是均匀连续且各向同性的。

(2)载荷在壳体曲面上的分布是轴对称和连续的,没有突变情况;因此,壳体上任何有集中力作用处或壳体边缘处存在着边缘力和边缘力矩时,都将不可避免地有弯曲变形发生,薄膜理论在这些地方不能应用。

(3)壳体边界应该是自由的。否则壳体边界上的变形将受到约束,在载荷作用下势必引起弯曲变形和弯曲应力,不再保持无力矩状态。

(4)壳体在边界上无横向剪力和弯矩。

当上述这些条件之一不能满足时,显然就不能应用无力矩理论去分析发生弯曲时的应力状态。但是在远离壳体的连接边缘、载荷变化的分界面、容器的支座以及开孔接管等处的地方,无力矩理论仍然有效。

任务三　典型回转壳体的应力分析

一、受内压的圆筒形壳体

图 3-2-8 所示为一承受内压 p 作用的圆筒形薄壁容器。已知圆筒的平均直径为 D,厚度为 δ,试求圆筒上任一点 A 处的经向应力和环向应力。

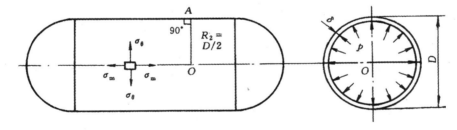

图 3-2-8　薄膜应力理论在圆柱壳上的应用

对于圆柱壳体,它的母线是与回转轴相距为 $D/2$ 的平行直线,壳体中面上各点的第一曲率半径 $R_1 = \infty$,第二曲率半径 $R_2 = D/2$,根据薄膜应力理论,其经向应力与环向应力分别为

$$\sigma_m = \frac{pR_2}{2\delta} = \frac{pD}{4\delta}$$

$$\sigma_\theta = \frac{pR_2}{\delta} = \frac{pD}{2\delta}$$

由上两式可以看出:圆柱壳上的环向应力比经向应力大 1 倍;在一定的内压作用下,圆柱壳的中径一定时,厚度 δ 值越大,所产生的应力越小;另外,决定一个圆柱壳应力大小的是壳体厚度与中径之比,而不是壳体厚度的绝对值。

二、受内压的球形壳体

化工设备中的球罐以及其他压力容器中的球形封头均属球壳,球形封头可视为半球壳,
其中的应力除与其他部件(如圆筒)连接处外,
与球壳完全一样。

图 3-2-9 所示为一球形壳体,已知其平均
直径为 D,厚度为 d,内压为 p,求球壳中的应
力。球壳的母线是半径为 $D/2$ 的半圆周,球壳
上任一点的第一曲率半径 R_1 与第二曲率半径
R_2 均相同,且等于球壳的平均半径,即 $R_1 = R_2$
$= D/2$。由薄膜应力理论可知,其经向应力与
环向应力分别为

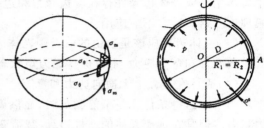

图 3-2-9　薄膜应力理论在球壳上的应用

$$\sigma_m = \frac{pD}{4\delta} \tag{3-2-5}$$

$$\sigma_\theta = \frac{pD}{4\delta} \tag{3-2-6}$$

这说明球壳上各处应力相同,经向应力与环向应力也相等。同时可看出球壳上的薄膜
应力只有同直径同厚度圆柱壳环向应力的一半。

三、受内压的椭球壳体

工程上,椭球壳主要是用作容器的椭圆形封头,它是由四分之一椭圆曲线作为母线绕回
转轴旋转一周形成的。椭球壳上的应力,同样可以应用薄膜应力理论公式求得,但首先要确
定第一曲率半径 R_1 和第二曲率半径 R_2。

1. 第一曲率半径 R_1

作为母线的椭圆曲线,其曲线方程为

$$\frac{x^2}{a^2} + \frac{y^2}{b^2} = 1$$

该曲线上任一点 $A(x,y)$ 的曲率半径就是椭球在 A 点的第一曲率半径。

$$R_1 = \left| \frac{(1 + y'^2)^{3/2}}{y''} \right|$$

$$y' = -\frac{b^2}{a^2}\frac{x}{y}, \quad y'' = -\frac{b^4}{a^2}\frac{1}{y^3}$$

于是得

$$R_1 = \frac{(a^4 y^2 + b^4 x^2)^{3/2}}{a^4 b^4}$$

以 $y^2 = b^2 - \dfrac{b^2}{a^2} x^2$ 代入上式,得

$$R_1 = \frac{1}{a^4 b} \left[a^4 - x^2 (x^2 - b^2) \right]^{3/2} \tag{3-2-7}$$

2. 第二曲率半径 R_2

如图 3-2-10 所示，自任意点 $A(x, y)$ 作经线的垂线，交回转轴于 O 点，则 OA 即为第二曲率半径 R_2。

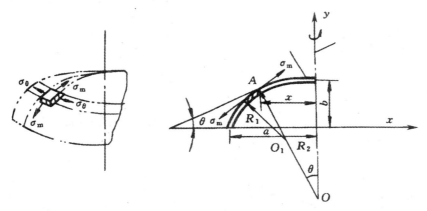

图 3-2-10   半椭球母线

根据几何关系，有

$$R_2 = \frac{-x}{\sin\theta}$$

$$\sin\theta = \frac{\mathrm{tg}\theta}{\sqrt{1 + \mathrm{tg}^2\theta}}, \mathrm{tg}\theta = y' = -\frac{b^2}{a^2}\frac{x}{y}$$

$$R_2 = \frac{(a^4 y^2 + b^4 x^2)^{1/2}}{b^2} \tag{3-2-8}$$

3. 应力计算公式

将计算所得第一曲率半径 R_1 与第二曲率半径 R_2 代入薄膜应力理论计算公式（3-2-2）、（3-2-4）得经向应力与环向应力分别为

$$\sigma_m = \frac{p}{2\delta b} \sqrt{a^4 - x^2(a^2 - b^2)}$$

$$\sigma_\theta = \frac{p}{2\delta b} \sqrt{a^4 - x^2(a^2 - b^2)} \left[2 - \frac{a^4}{a^4 - x^2(a^2 - b^2)} \right] \tag{3-2-10}$$

式中：a、b——分别为椭球壳的长、短半轴，mm。

x——椭球壳上任意点离椭球中心轴的距离，mr。

其他符号意义与单位同前。

4. 椭球形封头上的应力分布

由公式（3-2-9）、（3-2-10）可以得到

在 $x = 0$ 处， $$\sigma_m = \sigma_\theta = \frac{pa}{2\delta}\left(\frac{a}{b}\right)$$

在 $x = a$ 处， $$\sigma_m = \frac{pa}{2\delta}$$

$$\sigma_\theta = \frac{pa}{2\delta}\left(2 - \frac{a^2}{b^2}\right)$$

分析上述各式,可得下列结论:

(1)在椭圆形封头的中心(即 $x=0$ 处)经向应力 σ_m 和环向应力 σ_θ 相等。

(2)经向应力 σ_m 恒为正值,即拉应力。且最大值在 $x=0$ 处,最小值在 $x=a$ 处,如图 3-2-11 所示。

(3)环向应力 σ_θ,在 $x=0$ 处,$\sigma_\theta > 0$;在 $x=a$ 处,有三种情况,即

$$a/b < \sqrt{2}\text{时},\sigma_\theta > 0$$

$$a/b < \sqrt{2}\text{时},\sigma_\theta = 0$$

$$a/b < \sqrt{2}\text{时},\sigma_\theta < 0$$

$\sigma_\theta < 0$,表明 σ_θ 为压应力;a/b 值越大,即封头成型越浅,$x=a$ 处的压应力越大。椭圆封头环向应力分布及其数值变化情况见图 3-2-12。

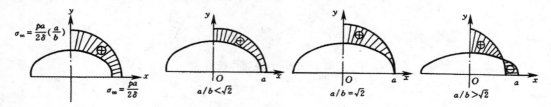

图 3-2-11 椭圆封头经向应力分布   图 3-2-12 椭圆封头的环向应力分布

(4)当 $a/b=2$ 时,为标准型式的椭圆形封头。

在 $x=0$ 处, $$\sigma_m = \sigma_\theta = \frac{pa}{\delta}$$

在 $x=a$ 处, $$\sigma_m = \frac{pa}{2\delta}$$

$$\sigma_\theta = -\frac{pa}{\delta}$$

标准型式的椭圆形封头的应力分布见图 3-2-13。

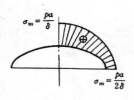
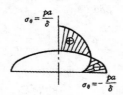
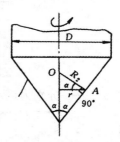

图 3-2-13 $a/b=2$ 时椭圆封头应力分布   图 3-2-14 锥形壳

化工设备上常用半个椭圆球壳作为容器的封头。从降低设备高度便于冲压制造考虑,封头的深度浅一些好。但封头 a/b 值的增大会导致应力提高。当 a/b 值增大到等于 2 时,半椭球封头中的最大薄膜应力的数值将与同直径同厚度的圆柱壳体中的环向应力相等,所以从受力合理的观点来看,椭圆封头的 a/b 值不应超过 2。

四、受内压的锥形壳体

单纯的锥形容器在工程上是少见的。锥形壳一般用作容器的封头或变径段，以逐渐改变气体或液体的速度，或者便于固体或粘性物料的卸出。

图 3-2-14 所示为一锥形壳，其受均匀内压 P 作用。已知其厚度为 δ，半锥角为 α，从图 3-2-14 中可见，任一点 A 处的第一曲率半径 R_1 和第二曲率半径 R_2 分别为

$$R_1 = \infty$$

$$R_2 = \frac{r}{\cos\alpha}$$

其中，r 为所求应力点 A 到回转轴的垂直距离。

将上述 R_1、R_2 分别代入薄膜应力公式（3-2-2）式和（3-2-4）式，得到锥形壳体的经向应力与环向应力为

$$\sigma_m = \frac{pr}{2\delta}\frac{1}{\cos\alpha} \tag{3-2-11}$$

$$\sigma_\theta = \frac{pr}{\delta}\frac{1}{\cos\alpha} \tag{3-2-12}$$

从式（3-2-11）、式（3-2-12）可见，锥形壳中的应力随着 r 的增加而增加，在锥底处应力最大，而在锥顶处应力为零；同时，锥壳中的应力，随半锥角 α 的增大而增大。在锥底处，r 等于与之相连的圆柱壳直径的一半，即 $r = D/2$，将其代入式（3-2-11）、式（3-2-12），得到锥底各点的应力为

$$\sigma_m = \frac{pD}{4\delta}\frac{1}{\cos\alpha} \tag{3-2-13}$$

$$\sigma_m = \frac{pD}{2\delta}\frac{1}{\cos\alpha} \tag{3-2-14}$$

五、承受液体静压作用的圆筒壳体

1. 沿底部边缘支承的圆筒

圆筒壁上各点所受的液体压力（静压），随液体深度而变，离液面越远，液体静压越大（图 3-2-15）。p_0 为液体表面上的气压，筒壁上任一点的压力为

$$p = p_0 + \rho g x$$

式中：ρ——液体的密度，kg/m^3。

g——重力加速度，m/s^2。

x——筒体所求应力点距液面的深度，mm。

根据式（3-2-4）

$$\frac{\sigma_m}{\infty} + \frac{\sigma_\theta}{R} = \frac{p_0 + \rho g x}{\delta}$$

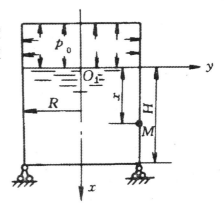

图 3-2-15 底边支承的圆筒

得环向应力为

$$\sigma_\theta = \frac{(p_0 + \rho g x)R}{\delta} = \frac{(p_0 + \rho g x)D}{2\delta} \qquad (3\text{-}2\text{-}15)$$

对底部支承来说,液体重量由支承直接传给基础,圆筒壳不受轴向力,故筒壁中因液压引起的经向应力为零,只有气压 p_0 引起的经向应力,即

$$\sigma_m = \frac{p_0 R}{2\delta} = \frac{p_0 D}{4\delta} \qquad (3\text{-}2\text{-}16)$$

若容器上方是开口的,或无气体压力时,即 $p_0 = 0$,则 $\sigma_m = 0$。

2. 沿顶部边缘支承的圆筒

根据式(3-2-4)求 σ_θ,液体压力为 $p = \rho g x$

$$\frac{\sigma_m}{\infty} + \frac{\sigma_\theta}{R} = \frac{\rho g x}{\delta}$$

$$\sigma_\theta = \frac{\rho g x R}{\delta} = \frac{\rho g x D}{2\delta} \qquad (3\text{-}17)$$

最大环向应力在 $x = H$ 处(底部)

$$\sigma_{\theta\max} = \frac{\rho g H R}{\delta} = \frac{\rho g H D}{2\delta}$$

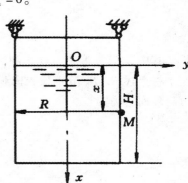

作用于圆筒任何横截面上的轴向力均为液体总重量引起,作用于底部液体重量经筒体传给悬挂支座(图 3-2-16),其大小为 $\pi R^2 H \rho g$,列轴向平衡方程,可得经向应力 σ_m。

$$2\pi R\delta\sigma_m = \pi R^2 Hg\rho$$

$$\sigma_m = \frac{\rho g H R}{2\delta} = \frac{\rho g H D}{4\delta} \qquad (3\text{-}2\text{-}18)$$

图 3-2-16 顶边支承的圆筒

例 3-2-1 有一外径为 $\phi 219$ 的氧气瓶,最小厚度为 $\delta = 6.5\text{mm}$,材质为 $40\text{Mn}^2\text{A}$,工作压力为 15MPa,试求氧气瓶筒身壁内的应力是多少?

解 气瓶筒身平均直径为

$$D = D_o - \delta = 219 - 6.5 = 212.5\text{mm}$$

经向应力 $\quad \sigma_m = \frac{pD}{4\delta} = \frac{15 \times 212.5}{4 \times 6.5} = 122.6\text{MPa}$

环向应力 $\quad \sigma_\theta = \frac{pD}{2\delta} = \frac{15 \times 212.5}{2 \times 6.5} = 245.2\text{MPa}$

例 3-2-2 有一圆筒形容器,两端为椭圆形封头(图 3-2-17),已知圆筒平均直径 $D = 2000\text{mm}$,厚度 $\delta = 20\text{mm}$,设计压力为 $p = 2\text{MPa}$,试确定:

(1)筒身上的经向应力 σ_m 和环向应力 σ_θ 各是多少?

(2)如果椭圆封头的 a/b 分别为 2、$\sqrt{2}$ 和 3 时,封头厚度为 20mm,分别确定封头上最大经向应力与环向应力值及最大应力所在的位置。

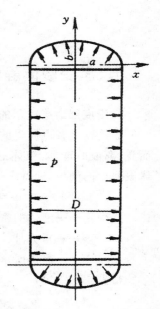

图 3-2-17 例 3-2-1 附图

解　(1)求筒身应力

经向应力
$$\sigma_m = \frac{pD}{4\delta} = \frac{2 \times 2\,000}{4 \times 20} = 50\mathrm{MPa}$$

环向应力
$$\sigma_\theta = \frac{pD}{2\delta} = \frac{2 \times 2\,000}{2 \times 20} = 100\mathrm{MPa}$$

(2)求封头上最大应力:

$$a/b = 2 \text{ 时}, a = 1000\mathrm{mm}, b = 500\mathrm{mm}。$$

在 $x = 0$ 处
$$\sigma_m = \sigma_\theta = \frac{pa}{2\delta}\left(\frac{a}{b}\right) = \frac{2 \times 1\,000}{2 \times 20} \times 2 = 100\mathrm{MPa}$$

在 $x = a$ 处
$$\sigma_m = \frac{pa}{2\delta} = \frac{2 \times 1\,000}{2 \times 20} = 50\mathrm{MPa}$$

$$\sigma_\theta = \frac{pa}{2\delta}\left(2 - \frac{a^2}{b^2}\right) = \frac{2 \times 1\,000}{2 \times 20} \times (2 - 4) = -100\mathrm{MPa}$$

应力分布如图 3-2-18(a)所示,其最大应力有两处,一处在椭圆封头的顶点,即 $x = 0$ 处;一处在椭圆的底边,即 $x = a$ 处。

$$a/b = \sqrt{2}\text{时}, a = 1000\mathrm{mm}, b = 707\mathrm{mm}。$$

在 $x = 0$ 处
$$\sigma_m = \sigma_\theta = \frac{pa}{2\delta}\left(\frac{a}{b}\right) = \frac{2 \times 1000}{2 \times 20} \times \sqrt{2} = 70.7\mathrm{MPa}$$

在 $x = a$ 处
$$\sigma_m = \frac{pa}{2\delta} = \frac{2 \times 1000}{2 \times 20} = 50\mathrm{MPa}$$

$$\sigma_\theta = \frac{pa}{2\delta}\left(2 - \frac{a^2}{b^2}\right) = 0$$

最大应力在 $x = 0$ 处,应力分布如图 3-2-18(b)所示。

$$a/b = 3 \text{ 时}, a = 1000\mathrm{mm}, b = 333\mathrm{mm}。$$

最大应力在 $x = a$ 处,应力分布如图 3-2-18(c)所示。

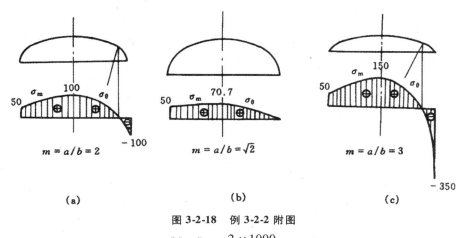

图 3-2-18　例 3-2-2 附图

在 $x = 0$ 处
$$\sigma_m = \sigma_\theta = \frac{pa}{2\delta}\left(\frac{a}{b}\right) = \frac{2 \times 1000}{2 \times 20} \times 3 = 150\mathrm{MPa}$$

在 $x = a$ 处
$$\sigma_m = \frac{pa}{2\delta} = \frac{2 \times 1000}{2 \times 20} = 50\mathrm{MPa}$$

$$\sigma_\theta = \frac{pa}{2\delta}\left(2 - \frac{a^2}{b^2}\right) = \frac{2 \times 1000}{2 \times 20} \times (2 - 3^2) = -350\text{MPa}$$

任务四　内压圆筒边缘应力的概念

一、边缘应力的概念

关于轴对称回转壳体薄膜理论——无力矩理论的适用范围前面已经阐述,这里将简要介绍不适用薄膜理论应用范围的边缘应力问题。

在应用薄膜理论分析内压圆筒的变形与应力时,忽略了下述两种变形与应力。

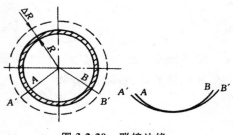

图 3-2-20　联接边缘

(1)圆筒受内压直径增大时,筒壁金属的环向"纤维"不但被拉长了,而且它的曲率半径由原来的 R 变成 $R + \triangle R$,如图 3-2-19 所示。根据力学知识可知,有曲率变化就有弯曲应力。所以在内压圆筒壁的横向截面上,除作用有环向拉应力 σ_θ 外,还存在着弯曲应力 $\sigma_{\theta b}$,但由于这一应力数值相对很小,可以忽略不计。

(2)联接边缘区的变形与应力。所谓"联接边缘"是指壳体一部分与另一部分相联接的边缘,通常是指联接处的平行圆而言,例如圆筒与封头,圆筒与法兰,不同厚度或不同材料的筒节,裙式支座与直立壳体相联接处的平行圆等。此外,当壳体经线曲率有突变或载荷沿轴向有突变处的平行圆,亦应视作联接边缘,参见图 3-2-20。

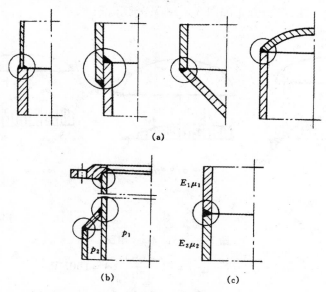

(a)几何形状不连续;(b)几何形状与载荷不连续;(c)材料不连续

图 3-2-20　联接边缘

　　圆筒形容器受内压后,由于封头刚性大,不易变形,而筒体刚性小,容易变形,联接处二者变形大小不同,即圆筒半径的增长值大于封头半径的增长值,如图 3-2-21(a)左侧虚线所示。如果让其自由变形,必因两部分的位移不同而出现边界分离现象,显然与实际情况不符。实际上由于边缘联接并非自由,必然发生如图 3-2-21(a)右侧虚线所示的边缘弯曲现象,伴随这种弯曲变形,也要产生弯曲应力,因此,联接边缘附近的横截面内,除作用有轴(经)向拉伸应力 σ_m 外,还存在着轴(经)向弯曲应力 σ_{mb},这就改变了无力矩应力状态,用无力矩理论无法求解。

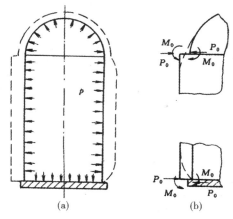

　　分析这种边缘弯曲的应力状态,可以将边缘弯曲现象看作是附加边缘力和弯矩作用的结果,如图 3-2-21(b)所示。在壳体两部分受薄膜力之后出现了边界分离,若再加上边缘力和弯矩使之协调,才能满足边缘联接的连续性。因此联接边缘处的应力特别大,如果能确定这种有力矩的应力状态,就可以简单地将薄膜应力与边缘弯曲应力叠加。

图 3-2-21　联接边缘的变形——边缘弯曲

　　上述边缘弯曲应力的大小,与联接边缘的形状、尺寸以及材质等因素有关,有时可以达到很大值。图 3-2-21(b)中所示的边缘力 p_0 和边缘力矩 M_0,是一种轴对称的自平衡力系,其计算单位分别为 N/m 和 N·m/m,关于边缘应力的求解方法,可参见相关的参考文献。

二、边缘应力的特点

1. 局部性

　　不同性质的联接边缘产生不同的边缘应力,但它们都有一个明显的衰减波特性。以圆筒壳体为例,其沿轴向的衰减经过一个周期之后,即离开边缘距离 $2.5\sqrt{R\delta}$(R 与 δ 分别为圆筒的半径与厚度)之处边缘应力已经基本衰减完了。

2. 自限性

　　发生边缘弯曲的原因是由于薄膜变形不连续。自然,这是指弹性变形。当边缘两侧的弹性变形相互受到约束,必然产生边缘力和边缘弯矩,从而产生边缘应力。但是当边缘处的局部材料发生屈服进入塑性变形阶段时,上述这种弹性约束开始缓解,因而原来不同的薄膜变形便趋于协调,于是边缘应力就自动限制。这就是边缘应力的自限性。

　　边缘应力与薄膜应力不同,薄膜应力是由介质压力直接引起的,随着介质压力增大而增大,是非自限性的。而边缘应力则是由联接边缘两部分变形协调所引起的附加应力,它具有局部性和自限性。通常把薄膜应力称为一次应力,把边缘应力称为二次应力。根据强度设计准则,具有自限性的应力,一般使容器直接发生破坏的危险性较小。

三、对边缘应力的处理

　　由于边缘应力具有局部性,在设计中可以在结构上只作局部处理。例如改变联接边缘的结构,如图 3-2-22 所示;边缘应力区局部加强;保证边缘区内焊缝的质量;降低边缘区的残余应力(进行消除应力热处理);避免边缘区附加局部应力或应力集中,如不在联接边缘区开孔等。

只要是塑性材料,即使边缘局部某些点的应力达到或者说超过材料的屈服极限,邻近尚未屈服的弹性区也能够抑制塑性变形的发展,使塑性区不再扩展,故大多数塑性较好的材料制成的容器,例如低碳钢、奥氏体不锈钢、铜、铝等压力容器,当承受静载荷时,除结构上作某些处理外,一般并不对边缘应力作特殊考虑。

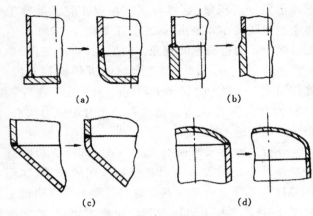

图 3-2-22 改变边缘联接结构

但是,某些情况则不然,例如塑性较差的高强度钢制的重要压力容器,低温下铁素体钢制的重要压力容器,受疲劳载荷作用的压力容器等。这些压力容器如果不注意控制边缘应力,则在边缘高应力区有可能导致脆性破坏或疲劳破坏。因此必须正确计算边缘应力。

由于边缘应力具有自限性,属二次应力,它的危害性就没有薄膜应力大。当分清应力性质以后,在设计中考虑边缘应力可以不同于薄膜应力。例如,对薄膜应力一般取许用应力 $[\sigma]=(0.6\sim0.7)\sigma_s$,而对边缘应力可取较大的许用应力,如某些设计规范规定一次应力与二次应力之和可控制在 $2\sigma_s$ 以下。

以上只是对设计中考虑边缘应力的一般说明。实际上,无论设计中是否计算边缘应力,在边缘结构上作妥善处理显然都是必要的。

习　题

1. 对回转壳体的两条线（经线、纬线）、三个半径（第一曲率半径、第二曲率半径、平行圆半径）和三个截面（纵截面、锥截面、横截面）进行总结。

2. 试小结球壳、圆柱壳、椭球壳及锥形壳在介质内压作用下，壳体上应力分布的特点。指出最大应力的作用点、作用截面及计算公式。

3. 试用图 3-2-23（a）、（b）中所注尺寸符号写出各回转壳体中 A 和 A' 点的第一曲率半径和第二曲率半径以及平行圆半径。

4. 使用无力矩理论有什么限制？为什么说壳体边界上的外力只能沿壳体经线的切线方向？

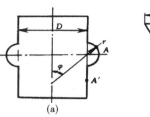
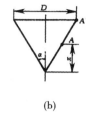

图 3-2-23　题 3 图

5. 某厂生产的锅炉汽包，其设计压力为 2.5MPa，汽包圆筒的平均直径为 810mm，厚度为 16mm，试求汽包圆筒壁内的薄膜应力 σ_m 和 σ_θ。

6. 有一立式圆筒形贮油罐，如图 3-2-24 所示，罐体中径 $D = 5000mm$，厚度 $\delta = 10mm$，油的液面离罐底高 $H = 18m$，油的相对密度为 0.7，试求：

（1）当 $p_0 = 0$ 时，油罐筒体上 M 点的应力及最大应力。

（2）当 $p_0 = 0.1MPa$（表压）时，油罐筒体上 M 点的应力及最大应力。

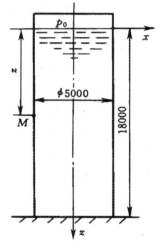

图 3-2-24　题 6 图

项目 *3*
内压薄壁圆筒和球壳设计

学习目的

◆掌握内压薄壁圆筒和球壳强度计算。

◆了解水压试验。

在压力容器的设计中,一般都是根据工艺要求先确定其内直径。强度设计的任务就是根据给定的内直径、设计压力、设计温度以及介质腐蚀性等条件,设计出合适的厚度,以保证设备能在规定的使用寿命内安全可靠地运行。

压力容器强度计算的内容主要是新容器的强度设计及在用容器的强度校核。

设计一台新的压力容器包括以下内容:确定设计参数(p,δ,D 等);选择使用的材料;确定容器的结构型式;计算筒体与封头厚度;选取标准件;绘制设备图纸。本章主要讨论内压薄壁圆筒和球形容器的强度计算以及在强度计算中所涉及的参数确定、材料选用和结构设计方面的问题。

对于已投入使用的压力容器要实施定期检验制度,压力容器在其使用一定年限以后,筒体、封头、接管等均会因腐蚀而导致器壁减薄,所以在每次检验时,应根据实测的厚度进行强度校核,其目的是:

(1)判定在下一个检验周期内或在剩余寿命期间内,容器是否还能在原设计条件下安全使用。

(2)当容器已被判定不能在原设计条件下使用时,应通过强度计算,提出容器监控使用的条件。

(3)当容器针对某一使用条件需要判废时,应提出判废依据。

任务一　内压薄壁圆筒和球壳强度计算

一、薄壁圆筒强度计算公式

1.理论计算厚度(计算厚度)

设一薄壁圆筒的平均直径为 D,厚度为 δ,在承受介质的内压为 p 时,其经向薄膜应力 σ_m 与环向薄膜应力 σ_θ 分别为

$$\sigma_m = \frac{pD}{4\delta}$$

$$\sigma_\theta = \frac{pD}{2\delta}$$

根据第三强度理论,可得到筒壁一点处的相当应力 σ_{r3} 为

$$\sigma_{r3} = \sigma_1 - \sigma_3 = \frac{pD}{2\delta} \qquad (3\text{-}3\text{-}1\text{a})$$

按照薄膜应力强度条件

$$\sigma_{r3} = \frac{pD}{2\delta} \leqslant [\sigma] \qquad (3\text{-}3\text{-}1\text{b})$$

式中:$[\sigma]^t$——钢板在设计温度下的许用应力。

容器的筒体大多是由钢板卷焊而成。由于焊缝可能存在某些缺陷,或者在焊接加热过程中,对焊缝周围金属可能产生的不利影响,往往可能导致焊缝及其附近金属的强度低于钢板的强度。因此,(3-3-1b)式中钢板的许用应力应该用强度较低的焊缝金属许用应力代替,方法是将钢板的许用应力 $[\sigma]^t$ 乘以一个焊接接头系数 $\phi(\phi \leqslant 1)$,于是式(3-3-1b)可写成

$$\frac{pD}{2\delta} \leqslant [\sigma]^t \phi \qquad (3\text{-}3\text{-}1\text{c})$$

一般由工艺条件确定的是圆筒内直径,在上述计算公式中,用内径 D_i 替代平均直径 D,即 $D = D_i + \delta$,代入式(3-3-1c)得

$$\frac{p(D_i + \delta)}{2\delta} \leqslant [\delta]^t \phi$$

解出上式,取等号,得到

$$\delta = \frac{pcD_i}{2[\sigma]^t \phi - pc} \qquad (3\text{-}3\text{-}1\text{d})$$

式中:δ——圆筒的计算厚度,它为安全承受压强为 p 的圆筒所需的最小理论计算厚度,mm。

p_c——圆筒的计算压力,MPa。

D_i——圆筒的内径,mm。

$[\sigma]^t$——钢板在设计温度 t 下的许用应力,MPa。

ϕ——焊接接头系数,$\phi \leqslant 1$。

2. 设计厚度与名义厚度

按式(3-3-1d)得出的计算厚度 δ 不能作为选用钢板的依据,这里还有两个实际因素需要考虑。

(1)钢板负偏差

钢板出厂时所标明的厚度是钢板的名义厚度,钢板的实际厚度可能大于名义厚度(正偏差),也可能小于名义厚度(负偏差)。钢板的标准中规定了允许的正、负偏差值。因此如果按算出的计算厚度 δ 购置钢板,有可能购得实际厚度小于 δ 的钢板。为杜绝这种情况,在确定筒体厚度时,应在 δ 的基础上将钢板的负偏差 C_1 加上去。

(2)腐蚀裕量

制成的容器要与介质接触,介质对钢板总是有腐蚀的。假设介质对钢板的年腐蚀率为 $\lambda(\text{mm/a})$,容器的预计使用寿命为 n 年,则在容器使用期间,器壁会因遭受腐蚀而减薄的总量 $C_2 = \lambda n$。为保证容器的安全使用,腐蚀裕量 C_2 也应包括在容器的厚度之中。

为了将上述两个实际因素考虑进去,在 GB150 – 2011《压力容器》中规定,将计算厚度与

腐蚀裕量之和称为设计厚度,用 δ_d 表示,即

$$\delta_d = \delta + C_2 = \frac{pCD_i}{2[\sigma]^t\phi - pC} + C_2 \tag{3-3-2}$$

将设计厚度加上钢板负偏差后向上圆整至钢板的标准规格厚度称为圆筒的名义厚度,用 δ_n 表示,即

$$\delta_n = \delta_d + C_1 + \Delta = \delta + C_1 + C_2 + \Delta \tag{3-3-3}$$

式中: δ_d——圆筒的设计厚度,mm。

　　　 δ——圆筒的计算厚度,mm。

　　　 C_1——钢板的负偏差,mm。

　　　 C_2——腐蚀裕量,mm。

式(3-3-3)中 $\triangle$ 称为圆整值,因为设计厚度与负偏差之和在大多数情况下并不正好等于钢板的规格厚度,所以需要将 $\delta_d + C_1$ 向上圆整至钢板的规格厚度,这一厚度规定为图样上标注的厚度,也就是圆筒的名义厚度。

3. 有效厚度

在构成名义厚度 δ_n 的 4 个尺寸中,计算厚度 δ 和圆整值 $\triangle$ 是容器在整个使用期内均可依赖其抵抗介质压力破坏的厚度, C_1 是钢板负偏差,很可能在购买钢板时就不存在, C_2 是随着容器的使用逐渐减小的量,所以从真正可以作为依靠来承受介质压力的厚度而言,只有 δ 和 $\triangle$,把 δ 与 $\triangle$ 之和称为圆筒的有效厚度,用 δ_e 表示,即:

$$\delta_e = \delta + \Delta$$
$$\delta_e = \delta_n - C_1 - C_2$$

按式(3-3-1d)算出的内压圆筒厚度仅仅是从强度考虑得出的。当设计压力不太低时,由公式算出的筒体厚度基本上是符合使用要求的。这时强度要求是决定容器厚度的主要考虑因素。但当设计压力很低时,按强度公式计算出的厚度就太小,以至不能满足制造、运输和安装时的刚度要求。这时刚度要求成为决定容器厚度的主要矛盾,必须按刚度要求决定容器的最小厚度,满足刚度要求的容器最小厚度如 δ_{min}(不包括腐蚀裕量)可按下列方法确定。

(1)对碳素钢、低合金钢制容器,不小于 3mm。

(2)对高合金钢制容器不小于 2mm。

二、薄壁球壳强度计算公式

对于薄壁球壳,由于其主应力为

$$\sigma_1 = \sigma_2 = \frac{pD}{4\delta}$$

与薄壁圆筒的推导相似,可以得到球形容器的厚度设计计算公式如下

计算厚度
$$\delta = \frac{pcD_i}{4[\sigma]^t\phi - pc} \tag{3-3-4}$$

设计厚度
$$\delta_d = \frac{pcD_i}{4[\sigma]^t\phi - pc} + C_2 \tag{3-3-5}$$

式中: D_i 为球形容器的内径,其他符号同前。

三、设计参数的确定

1. 设计压力 *p*

除注明者外,压力一律指表压。设计压力是指在相应设计温度下用以确定容器壳体厚度及其元件尺寸的压力,亦即标注在铭牌上的容器设计压力,其值不得小于最大工作压力。

当容器各部位或受压元件所承受的液体静压力达到 5% 设计压力时,则应取设计压力和液体静压力之和进行该部位或元件的设计计算。容器上装有安全阀时,取 1.05 ~ 1.1 倍的最高工作压力作为设计压力;使用爆破膜作为安全装置时,取 1.15 ~ 1.3 倍的最高工作压力作为设计压力;其余应按 GB150 - 2011 相应规定确定容器的设计压力。对于盛装液化气体的容器,在规定的安装系数范围内,设计压力应根据操作条件下允许达到的最高金属温度确定。

外压容器的设计压力,应取不小于在正常操作情况下可能出现的最大内外压力差。

真空容器按承受外压设计,当装有安全控制装置(如真空泄放阀)时,设计压力取 1.25 倍的最大内外压力差或 0.1MPa,两者中的较小值;当没有安全控制装置时,取 0.1MPa。由两室或两个以上压力室组成的容器,如夹套容器,确定设计压力时,应考虑各室之间的最大压力差。

此外,某些容器有时还必须考虑重力,风力,地震力等载荷及温度的影响。这些载荷不能直接折算为设计压力而代人以上计算公式,必须分别计算。这些特殊载荷的计算可参考相应的规范。

2. 计算压力

计算压力指在相应设计温度下,用以确定元件厚度的压力,其中包括液柱静压力。当元件所承受的液柱静压力小于 5% 设计压力时,可忽略不计。

3. 设计温度

设计温度指容器在正常操作情况下,在相应设计压力下,容器壁温或受压元件的金属温度(指容器受压元件沿截面厚度的平均温度),其值不得低于元件金属在工作状态可能达到的最高温度。对于 0℃ 以下的金属温度,则设计温度不得高于元件金属可能达到的最低温度。在任何情况下,元件金属的表面温度不得超过钢材的允许使用温度。

容器设计温度(即标注在容器铭牌上的设计温度)是指壳体的设计温度。设计温度虽不直接反映在计算公式里,但它是选择材料及确定许用应力时的一个基本设计参数。

容器的壁温可由实测或由化工操作的传热过程计算确定。当无法预计壁温时,可参照表 3-3-1 所列情况确定。

4. 许用应力

许用应力是容器设计的主要参数之一,它的选择是强度计算的关键。许用应力是以材料的极限应力 σ^0 为基础,并选择合理的安全系数得到的,即

$$[\sigma] = \frac{\sigma^0}{n}$$

表 3-3-1 设计温度

情况	设计温度 $t/℃$
不被加热（或冷却）的器壁，且壁外有保温	$t_介$
用水蒸气、热水或其他液体加热或冷冻的器壁	$t_{介热}$
用可燃气体或电加热的器壁，有衬砌层或一侧裸露在大气中	$t_介+20℃$，且不低于 $250℃$
直接用可燃气体或电加热的器壁	$t_介+50℃$，且不低于 $250℃$
当载热体的温度 $\geqslant 600℃$ 时	$t_介+100℃$，且不低于 $250℃$
当受压元件与两种不同温度的介质相接触时，如换热器	一般应按两者中较高温度进行设计；对低于 $0℃$ 者，按两者中的较低温度设计

　　注:1. $t_介$——容器内介质的最高温度（或 $0℃$ 以下的最低温度）。
　　　　2. $t_{介热}$——加热介质的最高温度（或 $0℃$ 以下冷冻介质的最低温度）。

　　极限应力 σ^0 的选择决定于容器材料的判废标准，根据弹性失效的设计准则，对塑性材料制造的容器一般取决于是否产生过大的变形，以材料达到屈服极限 σ_s 作为判废标准，而不以破裂作为判废的标准。所以采用屈服点 σ_s 作为计算应力时的极限应力。但是在实际应用中还常常用强度极限 σ_b 作为极限应力来计算许用应力。这是由于有些材料如铜等有色金属，虽属塑性材料，但没有明显的屈服点；另外采用强度极限作为极限应力已有较长的历史，积累了比较丰富的经验。因此，为了保证容器在操作过程中不致出现任何形式的破坏——过度塑性变形或断裂，对于常温容器，工程设计中采用的许用应力应取下列两式中的较小值

$$[\sigma]=\frac{\sigma_b}{n_b}$$

$$[\sigma]=\frac{\sigma_s}{n_s}$$

　　随着温度的升高，金属材料的力学性能指标将发生变化。对铜、铝有色金属而言，温度升高时，强度极限急剧下降，对铁基合金如碳钢而言，温度升高时，强度极限开始时增大，当温度在 $150\sim300℃$ 时达到最大，而以后就很快地随着温度的升高而下降。而屈服极限则随着温度的升高一直是下降的。因此，对于中温容器，应根据设计温度下材料的强度极限或屈服极限来确定许用应力，取下列两式中的较小值

$$\left.\begin{array}{l}[\sigma]^t=\dfrac{\sigma_b^t}{n_b}\\[3mm][\sigma]^t=\dfrac{\sigma_s^t}{n_s}\end{array}\right\}\tag{3-3-6}$$

　　在高温下，材料除了强度极限和屈服极限继续下降之外，还将有蠕变现象发生。因此，高温下容器的失效往往不是由强度而是由蠕变所引起。因此，当碳钢和低合金钢设计温度超过 $420℃$，其他合金钢（如铬钼钢等）超过 $450℃$，奥氏体不锈钢超过 $550℃$ 的情况下，还必须同时考虑高温持久强度或蠕变强度的许用应力。此时许用应力取下列诸式中较小值。

$$[\sigma]^t=\frac{\sigma_b^t}{n_b},[\sigma]^t=\frac{\sigma_s^t}{n_s},[\sigma]^t=\frac{\sigma_D^t}{n_D},[\sigma]^t=\frac{\sigma_n^t}{n_n}$$

式中 : σ_b^t、σ_s^t——设计温度下材料的强度极限和屈服极限,MPa。

σ_D^t、σ_n^t——设计温度下材料的持久强度和蠕变极限,MPa。

n_b、n_s、n_D、n_n——分别为强度极限、屈服极限、持久强度和蠕变极限的安全系数,设计时许用应力取值见表 3-3-2。

表 3-3-3 中安全系数的取值,不仅考虑了材料的质量和设计方法的准确性、可靠性及受力分析的精确程度等因素,同时也考虑了容器制造的技术水平以及容器的工作条件(如压力、温度及它们的波动程度)和容器在生产中的重要性及危险性等特殊因素。

由表 3-3-3 中规定的安全系数,和从有关手册中查得的材料的力学性能,就可计算出许用应力 $[\sigma]$。各种常用钢材制成的钢板在不同温度和热处理状态下的最低许用应力已由有关部门制成表格供设计计算时直接查用。

制造中,低压压力容器的常用钢板可按表 3-3-4 选用。选用时,注意各种钢板的使用范围。常用钢板的许用应力见表 3-3-2 和表 3-3-5。

表 3-3-2　碳素钢、普通低合金钢钢板许用应力

钢号	板厚 mm	常温强度指标		在下列温度(℃)下的许用应力[1]/MPa											注
		σ_b MPa	σ_s MPa	≤20	100	150	200	250	300	350	400	425	450	475	
Q235-A·F(热轧)	3~16	375	235	113	113	113	105	94							[2]
Q235-A(热轧)	3~16	375	235	113	113	113	105	94	56	77					[2]
Q235-A(热轧)	>16~40	375	225	113	113	107	99	91	83	75					[2]
Q235-B(热轧)	3~16	375	235	113	113	113	105	94	86	77					[2]
Q235-B(热轧)	>16~40	375	225	113	113	107	99	91	83	75					[2]
Q235-C(热轧)	3~16	375	235	125	125	125	116	104	95	86	79				[2]
Q235-C(热轧)	>16~40	375	225	125	125	119	110	101	92	83	77				[2]
20R(热扎或正火)	6~16	400	245	133	133	132	123	110	101	92	86	83	61	41	
	17~36	400	235	133	132	126	116	104	95	86	79	78	61	41	
	38~60	400	225	133	126	119	112	103	92	83	77	75	61	41	
	>60~100	390	205	128	115	110	103	92	84	77	71	68	61	41	
16MnR (热扎或正火)	6~16	510	345	170	170	170	170	156	144	134	125	93	66	43	
	17~36	490	325	163	163	163	159	147	134	125	119	93	66	43	
	38~60	470	305	157	157	157	150	138	125	116	109	93	66	43	
	>60~100	460	285	153	153	150	141	128	116	109	103	93	66	43	
15MnVR (热扎或正火)	6~8	550	390	183	183	183	183	183	172	159	147				
	6~16	530	390	177	177	177	177	177	172	159	147				
	17~36	510	370	170	170	170	170	170	163	150	138				
	38~60	490	350	163	163	163	163	163	153	141	131				

[1]中间温度的许用应力,可按本表的应力值用内插法求得。

[2]所列许用应力,已乘质量系数 0.9。

表 3-3-3　钢材安全系数

强度性能 安全系数 材料	常温下最低抗拉强度 σ_b n_b	常温或设计温度下的屈服点 σ_s 或 σ_s^t n_s	设计温度下经10万小时断裂的持久强度 σ_D^t		设计温度下经10万小时蠕变率为1%的蠕变极限 σ_n^t n_n
			平均值 n_D	最小值	
碳素钢、低合金钢、铁素体高合金钢	≥3.0	≥1.6	≥1.5	≥1.25	≥1.0
奥氏体高合金钢	—	≥1.5①	≥1.5	≥1.25	≥1.0

①当部件的设计温度不到蠕变温度范围,且允许有微量的永久变形时,可适当提高许用应力,但不超过 $0.9\sigma_s^t$。此规定不适用于法兰或其他有微量永久变形而产生泄漏或故障的场合。

表 3-3-4　钢板选用表

钢号	设计压力/MPa	设计温度/℃	钢板标准	备注
Q235-A·F	≤0.6	0~250	GB3274	使用厚度不大于12mm;不得用于盛装易燃、毒性为极度危害或高度危害介质的压力容器
Q235-A	≤1	0~350	GB 3274	使用厚度不大于16mm;不得用于盛装液化石油气体、毒性为极度危害介质的压力容器
Q235-B	≤1.6	0~350	GB 3274	使用厚度不大于20mm;不得用于盛装毒性为高度或极度危害介质的压力容器
Q235-C	≤2.5	0~400	GB 3274	使用厚度不大于30mm
20R		−20~475	GB 6654-86	
16MnR		−40~475	GB 6654-86	厚度大于30mm时应在正火状态使用
15MnVR		−20~475	GB 6654-86	厚度大于25mm时应在正火状态使用
0Cr18Ni10Ti		−196~700	GB 4237-84	
0Cr17Ni12Mo2		−196~700	GB 4237-84	
00Cr17Ni14Mo2		−196~700	GB 4237-84	

表3-3-5　高合金钢钢板许用应力

在下列温度(℃)下的许用应力/MPa

钢　号	板厚/mm	≤20	100	150	200	250	300	350	400	425	450	475	500	525	550	575	600	625	650	675	700	注
0Cr13	2~60	137	126	123	120	119	117	112	109	105	100	89	72	53	38	26	16						
0Cr18Ni9	2~60	137	137	137	130	122	114	111	107	105	103	101	100	98	91	79	64	52	42	32	27	①
0Cr18Ni9	2~60	137	114	103	96	90	85	82	79	78	76	75	74	73	71	67	62	52	42	32	27	
0Cr18Ni10Ti	2~60	137	137	137	130	122	114	111	108	106	105	104	103	101	83	58	44	33	25	18	13	①
0Cr18Ni10Ti	2~60	137	114	103	96	90	85	82	80	79	78	77	76	75	74	58	44	33	25	18	13	
0Cr17Ni12Mo2	2~60	137	137	137	134	125	118	113	111	110	109	108	107	106	105	96	81	65	50	38	30	①
0Cr17Ni12Mo2	2~60	137	117	107	99	93	87	84	82	81	81	80	79	78	78	76	73	65	50	38	30	
0Cr19Ni13Mo3	2~60	137	137	137	134	125	118	113	111	110	109	108	107	106	105	96	81	65	50	38	30	①
0Cr19Ni13Mo3	2~60	137	117	107	99	93	87	84	82	81	81	80	79	78	78	76	73	65	50	38	30	
00Cr19Ni10	2~60	118	118	118	110	103	98	94	91	89												
00Cr19Ni10	2~60	118	97	87	81	76	73	69	67	66												
00Cr17Ni14Mo2	2~60	118	118	117	108	100	95	90	86	85	84											①
00Cr17Ni14Mo2	2~60	118	97	87	80	74	70	67	64	63	62											
00Cr19Ni13Mo3	2~60	118	118	118	118	118	118	113	111	110	109											①
00Cr19Ni13Mo3	2~60	118	117	107	99	93	87	84	82	81	81											

①该许用应力仅适用于允许产生微量永久变形的元件，对于法兰或其他有微量永久变形就会引起泄漏或故障的场合不能采用。

5. 焊接接头系数

焊缝区是容器上强度比较薄弱的地方。焊缝区强度降低的原因在于焊接时可能出现缺陷而未被发现；焊接热影响区往往形成粗大晶粒区而使材料强度和塑性降低；由于结构的刚性约束造成焊缝内应力过大等。焊缝区的强度主要决定于熔焊金属、焊缝结构和施焊质量。设计所取的焊接接头系数大小主要根据焊接接头的型式和焊缝质量的受检验程度而确定，可按表 3-3-6 选取。

表 3-3-6　焊接接头系数

焊缝结构	草图	焊接接头系数 ϕ		
		全部无损探伤	局部无损探伤	不作无损探伤
双面焊或相当于双面焊的全焊透的对接焊缝		1.0	0.85	—
单面焊的对接焊缝，在焊接过程中沿焊缝根部全长有紧贴基本金属的垫板		0.90	0.80	—
无法进行探伤的单面焊的环向对接焊缝，无垫板		—	—	0.6[①]

①此系数仅适用于厚度不超过 16mm，直径不超过 600mm 的壳体环向焊缝。

注：自动焊，半自动焊和手工电弧焊的焊接接头系数均相同。

上述的焊接接头系数是对应于焊缝检验要求及合格级别而定的，若设计采用较高或较低的合格级别，则焊接接头系数可以相应提高或降低。焊缝的射线和超声波探伤检验要求见表 3-3-7，超声波探伤的合格标准见表 3-3-8。

表 3-3-7　射线和超声波探伤要求

探伤方法		射线	超声波
容器类别	探伤数量	占相应对接焊缝（环、纵）总长/%	
一	*	≥20	≥20
	* *	100	100
二	*	≥20	≥20
	* *	100	100
三		100	100

压力容器的焊接必须由持劳动部门颁发的相应类别焊工合格证的焊工担任。压力容器无损探伤必须由持有劳动部门颁发的相应方法无损探伤人员资格证书的人员担任。

采用上述两种方法进行焊缝探伤后，按各自标准均应合格，方可认为探伤合格。当用另一种探伤方法复验后，如发现有超标缺陷时，应增加 10%（相应焊缝总长）的复验长度；如仍发现超标缺陷，则应 100% 进行复验。为了消除焊接内应力并恢复组织，钢制压力容器及其受压元件应按 GBl50－2011《压力容器安全监察规程》(2009 版)的有关规定进行焊后热处理,需要进行焊后热处理的焊缝厚度范围见表 3-3-9。

6. 厚度附加量

容器厚度附加量包括钢板或钢管厚度的负偏差 C_1 和介质的腐蚀裕量 C_2,即

$$C = C_1 + C_2$$

(1)钢板或钢管厚度的负偏差 C_1,按相应的钢板或钢管标准选取,一般情况下 C_1 可按表 3-3-10 和表 3-3-11 选取。负偏差应按名义厚度 δ_n 选取。

表 3-3-8　射线和超声波探伤合格标准

探伤方法 合格标准 容器类别		射线 JB4730—94	超声波 JB4730—94
一		三级	二级
二	*	三级	二级
	* *	二级	一级
三		二级	一级

注:1. "*"为第一、二类容器中除②;"**"外的其他容器可作局部探伤检查。

2. "**"为 GB150.3－2011 及 GB151－2012 等标准中规定进行全部射线或超声波检测的压力容器;设计压力 >5.0MPa 的压力容器;设计压力 ≥0.6MPa 的管壳式余热锅炉;设计选用焊接接头系数为 1.0 的压力容器,疲劳分析设计的压力容器;采用电渣焊的压力容器;使用后无法进行内外部检验或耐压试验的压力容器。

3. 公称直径 ≥250mm 的接管对接焊缝应进行探伤检查。

4. 选择超声波探伤时,还应对超声波探伤部位作射线探伤复验。复验长度为表 3-3-7 百分数的 20%,且不小于 300mm。选择射线探伤时,对厚度大于 38mm 的容器还应作超声波探伤复验。复验长度为表 3-3-7 百分数的 20%,且不小于 300mm。

表 3-3-9　需要进行热处理的焊缝厚度范围

材料	对接焊缝处的厚度/mm	材料	对接焊缝处的厚度/mm
碳素钢	>32(如果焊前预热 100″C 以上,>38)	12CrMo	>16
16MnR,16Mn	>30(如果焊前预热 100℃ 以上,>34)	15CrMo	任何厚度
15MnVR,15MnV	>28(如果焊前预热 100℃ 以上,>30)	18MnMoNbR,其他	按设计图要求

表 3-3-10　钢板厚度负偏差　　　　　　　　　　　　　　　　　　　　　mm

钢板厚度 负偏差 C_1	2.0 0.18	2.2 0.19	2.5 0.20	2.8~3.0 0.22	3.2~3.5 0.25	3.8~4.0 0.30	4.5~5.5 0.50
钢板厚度 负偏差 C_1	6.0~7.0 0.6	8.0~25 0.8	26~30 0.9	32~34 1.0	36~40 1.1	42~50 1.2	55~60 1.3

注:GB 713－2008 中规定,钢板厚度大于 60~100mm 时,负偏差为 1.5mm。

表 3-3-11　钢管厚度负偏差

钢管种类	厚度/mm	负偏差/%
碳素钢,低合金钢	≤20 >20	15 12.5
不锈钢	≤10 >10~20	15 20

当实际钢板厚度负偏差不大于 0.25mm,且不超过名义厚度的 6% 时,可取 $C_1 = 0$。

(2)腐蚀裕量 C_2 由介质对材料的均匀腐蚀速率与容器的设计寿命决定。

$$C_2 = \lambda n$$

式中:λ——腐蚀速率(mm/a),查材料腐蚀手册或由实验确定。

n——容器的设计寿命,通常为 10~15 年。

当材料的腐蚀速率为 0.05~0.1mm/a 时,单面腐蚀取 $C_2 = 1mm$;双面腐蚀取 $C_2 = 2~4mm$。

当材料的腐蚀速率小于或等于 0.05mm/a 时,单面腐蚀取 $C_2 = 1mm$,双面腐蚀取 $C_2 = 2mm$,一般对碳素钢和低合金钢,C_2 不小于 1mm。

对于不锈钢,当介质的腐蚀性极微时,可取 $C_2 = 0$。

腐蚀裕量只对防止发生均匀腐蚀破坏有意义;对于应力腐蚀、氢腐蚀和晶间腐蚀等非均匀腐蚀,用增加腐蚀裕量的办法来防止腐蚀破坏效果不好,这时应着重于选择耐腐蚀材料和进行适当的防腐蚀处理。

任务二　容器的压力试验

容器在制成以后或检修后投入生产之前,要进行压力试验,其目的在于检验容器的宏观强度和有无渗漏现象,以确保设备的安全与正常运行。

对于需要进行焊后热处理的容器,应在全部焊接工作完成并经热处理之后,才能进行压力试验和气密试验;对于分段交货的压力容器,可分段热处理,在安装工地组装焊接,并对焊接的环焊缝进行局部热处理之后,再进行压力试验。

一、试验压力

液压试验压力,按下式确定

$$p_T = 1.25 p \frac{[\sigma]}{[\sigma]^t} \tag{3-3-8}$$

式中:p_T——试验压力,MPa,立式容器卧置作液压试验时,试验压力应为立置时的试验压力 p_T 加液体静压力。

p——设计压力,MPa。

$[\sigma]$——试验温度下材料的许用应力,MPa。

$[\sigma]^t$——设计温度下材料的许用应力,MPa。

$[\sigma]/[\sigma]^t$——其比值最高不超过 1.8,如超过 1.8,按 1.8 计算。当容器各元件所用材料不同时,应取各元件之$[\sigma]/[\sigma]'$比值中最小者。当设计温度小于200℃时,$[\sigma]'$与$[\sigma]$接近,此项可以忽略不计。

气压试验压力,按下式确定

$$p_T = 1.15p \frac{[\sigma]}{[\sigma]'}$$

（3-3-9）

式中符号意义同前。

二、压力试验的要求与试验方法

1.液压试验

将容器充满液体(在容器最高点设排气口),待容器壁温与液体温度相同时缓慢升压到规定试验压力后,保压时间一般不小于30min,然后将压力降到规定试验压力的80%,并保持足够长时间以对所有焊缝和连接部位进行检查,如有漏泄,修补后重新试验。液压试验时,应注意下列事项。

(1)一般采用洁净水进行试验。对于不锈钢制造的容器用水进行试验时,应限制水中氯离子含量不超过25mg/kg,以防氯离子腐蚀。

(2)采用石油蒸馏产品进行液压试验时,试验温度应低于石油产品的闪点或沸点。

(3)试验温度应低于液体沸点温度,对新钢种的试验温度应高于材料无塑性转变温度。

(4)碳素钢、16MnR和正火的15MnVR钢制容器液压试验时,液体温度不得低于5℃,其他低合金钢制容器(不包括低温容器)液压试验时,液体温度不得低于15℃。如果由于板厚等因素造成材料无塑性转变温度升高,还要相应地提高试验液体温度。

(5)液压试验完毕后,应将液体排尽并用压缩空气将内部吹干。

2.气压试验

对不适合作液压试验的容器,例如容器内不允许有微量残留液体,或由于结构原因不能充满液体的容器,可采用气压试验。所用气体应为干燥、洁净的空气,氮气或其他惰性气体,试验气体温度一般不应低于15℃。试验程序是:缓慢升压到规定试验压力的10%,且不超过0.05MPa,保持5min,然后对所有的焊缝和连接部位进行多次检查;合格后继续升压到规定试验压力的50%,其后按每级为规定试验压力的10%的级差逐渐升压到试验压力,保持10min后,然后再降到试验压力的87%,保持足够时间并同时进行检查,如有泄漏,修补后再按上述规定重新试验。

3.气密试验

容器须经液压试验合格后,方可进行气密试验。其方法是:首先缓慢升压至试验压力保持10min,然后降至设计压力,同时进行检查,气体温度不应低于5℃。

容器作定期检验时,若容器内有残留易燃气体存在会导致爆炸时,则不得使用空气作为试验介质。

三、压力试验前的应力校核

在压力试验前,应对试验压力下产生的圆筒应力进行校核,即容器壁内所产生的最大应力不超过所用材料在试验温度上屈服极限的90%（液压试验）或80%（气压试验）。

即液压试验时：
$$\sigma_T = \frac{p_T(D_i + \delta_e)}{2\delta_e} \leq 0.9\phi\sigma_s(\sigma_{0.2}) \qquad (3\text{-}3\text{-}10)$$

气压试验时：
$$p_T = \frac{p_T(D_i + \delta_e)}{2\delta_e} \leq 0.8\phi\sigma_s(\sigma_{0.2}) \qquad (3\text{-}3\text{-}11)$$

式中：σ_T——圆筒壁在试验压力下的计算应力，MPa。
其他符号同前。

例 3-3-1   看一圆筒形锅炉汽包，内径 $D_i = 1200\text{mm}$，操作压力为 4MPa（表压），此时蒸汽压力为 250℃，汽包上装有安全阀，材料为 20R，筒体采用带垫板的对接焊，全部探伤，试设算该汽包的厚度。

解   1. 确定参数
$$p_C = 1.1p_{工作} = 1.1 \times 4 = 4.4\text{MPa}$$
$$D_i = 1200\text{mm}$$
$$[\sigma]^t = 104\text{MPa}（表 3\text{-}3\text{-}4，预计汽包厚度在 17 \sim 36\text{mm 之间}）$$
$$\phi = 0.9$$

2. 计算厚度

由式（3-3-1d）
$$\delta = \frac{p_C D_i}{2[\sigma]^t\phi - p_C} = \frac{4.4 \times 1200}{2 \times 104 \times 0.9 - 4.4} = 28.9\text{mm}$$

3. 确定厚度附加量

根据上述计算厚度 $\delta = 28.9\text{mm}$，预计钢板名义厚度 δ_n 将在 32 ~ 34mm 之间，于是由表3-3-10 可查得 $C_1 = 1.0\text{mm}$；取 $C_2 = 1\text{mm}$，则
$$C = C_1 + C_2 = 2\text{mm}$$
因此，该汽包实际所需的厚度为
$$\delta = (28.9 + 2) = 30.9\text{mm}$$

圆整成钢板标准规格厚度，所以应取 $\delta = 32$ 的 20R 钢板来制造此锅炉汽包。

例 3-3-2   某石油化工厂欲设计一台石油分离中的乙烯精馏塔。工艺要求为：塔体内径 $D_i = 600\text{mm}$；设计压力 $p = 2.2\text{MPa}$；工作温度 $t = -3 \sim -20℃$。试选择塔体材料并确定厚度。

解   由于介质对钢材的腐蚀性不大，温度在 -20℃ 以上，压力为中压，查阅表 3-3-3，选用 20R 或 16MnR 等容器钢较为合适。

1. 选用 20R 钢板

根据式（3-3-1d）
$$\delta = \frac{p_C D_i}{2[\sigma]^t\phi - p_C}$$

式中：取 $p_c = p = 2.2\text{MPa}$。

$D_i = 600\text{mm}$。

$[\sigma]^t = 133\text{MPa}$。

$\phi = 0.8$（采用带垫板的单面对接焊，局部无损探伤）。

$C_1 = 0.8\text{mm}$（假定钢板厚为 8 ~ 25，表 3-3-10）；取 $C_2 = 1\text{mm}$

于是

$$\delta = \frac{2.2 \times 600}{2 \times 133 \times 0.8 - 2.2} = 6.3\,mm$$

圆整后取 $\delta_n = 10\,mm$（钢板的常用厚度为 2,3,4,(5),6,8,10,12,14,16,18,20,22,25,28,30,32,……）。

水压试验强度校核：

水压试验时塔壁内产生的最大应力为

$$\sigma_T = \frac{p_T[D_i + (\delta_n - C)]}{2(\delta_n - C)\phi}$$

式中：$p_T = 1.25p = 1.25 \times 2.2 = 2.75\,MPa$。

$\delta_n = 10\,mm$；$C = 1.8\,mm$。

于是

$$\sigma_T = \frac{2.75 \times [600 + (10 - 1.8)]}{2 \times (10 - 1.8) \times 0.8} = 102\,MPa$$

而 20R 钢板的 $\sigma_s = 245\,MPa$（表 3-3-4），则常温下水压试验时的许可应力为

$$0.9\phi\sigma_s = 0.9 \times 0.8 \times 245\,MPa = 176.4\,MPa$$

因 $\sigma_T < 0.9\phi\sigma_s$，所以水压试验时强度足够。

2. 选用 16MnR 钢板

仍按式（3-3-1d）计算。式中许用应力变为 $[\sigma] = 170\,MPa$（表 3-4），$C_1 = 0.6\,mm$，其余参数未变。所以

$$\delta = \frac{2.2 \times 600}{2 \times 170 \times 0.8 - 2.2} = 4.9\,mm$$

圆整后取 $\delta_n = 8\,mm$。

水压试验强度略（因为设计温度为常温时，水压试验的强度校核总是满足的）。

由以上两种选材情况可知，选用普低钢（16MnR）比选用碳素钢（20R）钢材要节省些。钢材耗用量与钢板厚度成正比，塔体采用 16MnR 钢板时其相对重量可减少约 22%。

当然，16MnR 钢板的相对价格比 20R 钢板要略贵些，所以需要作出经济性的综合评价。但考虑到 16MnR 的低温性能优于 20R，所以本设计采用 16MnR 钢板比较适宜。

例 3-3-3 某化工厂设计一台液氨贮罐，其内直径 $D_i = 1200\,mm$，贮罐长 $L = 4000\,mm$，工作温度为 $-10 \sim 50℃$，试决定贮罐筒体部分的尺寸。

解 1. 确定贮罐的设计压力和计算压力

已知：$-10℃$ 时，氨的饱和蒸汽压力 $P = 0.29\,MPa$；$50℃$ 时，氨的饱和蒸汽压力 $P = 2.033\,MPa$，因而决定氨贮罐的安全阀泄放压力为 $2.2\,MPa$，设计压力亦为 $2.2\,MPa$，取计算压力为设计压力。

2. 确定贮罐圆筒体的厚度

选用 16MnR 钢板，由表 3-3-4 查得 $[\sigma]' = 170\,MPa$，焊接采用双面焊 100% 无损探伤检查，焊接接头系数 $\phi = 1.00$，则筒体的计算厚度为

$$\delta = \frac{p_c D_i}{2[\sigma]'\phi - p_c} = \frac{2.2 \times 1200}{2 \times 170 \times 1 - 2.2} = 7.8\,mm$$

由表 3-3-10 查得 $C_1 = 0.8\text{mm}$，取腐蚀裕量 $C_2 = 2\text{mm}$，则

$$\delta_d = \delta + C_2 = 7.8 + 2 = 9.8\text{mm}$$

圆整后取

$$\delta_n = \delta_d + C_1 + \Delta = 9.8 + 0.8 + \Delta = 12\text{mm}$$

3. 压力试验应力校核采用水压试验，试验压力为

$$p_T = 1.25p \frac{[\sigma]}{[\sigma]^t} = 1.25 \times 2.2 \times \frac{170}{170} = 2.75\text{MPa}$$

压力试验时的薄膜应力

$$\sigma_T = \frac{p_T(D_i + \delta_e)}{2\delta_e}$$

有效厚度

$$\delta_e = \delta_n - C = 12 - 0.8 - 2 = 9.2\text{mm}$$

$$\sigma_T = \frac{2.75(1200 + 9.2)}{2 \times 9.2} = 180.7\text{MPa}$$

查表 3-3-4，16MnR 的 $\sigma_s = 345\text{MPa}$

$$0.9\phi\sigma_s = 0.9 \times 1 \times 345 = 310.5\text{MPa} > 180.7\text{MPa} = \sigma_T$$

所以满足水压试验要求。

习　题

1. 容器进行压力试验的目的是什么？根据试验介质不同，他们又可分为哪些试验？

2. 有一 $DN2000\text{mm}$ 的内压薄壁圆筒，厚度 $\delta_n = 22\text{mm}$，承受的最大气体压力 $p = 2\text{MPa}$，焊接接头系数 $\phi = 0.85$，厚度附加量为 $C_1 = 2\text{mm}$，试求简体的最大工作应力。

3. 某球形内压薄壁容器，内径 $D_i = 10\text{m}$，厚度为 $\delta_n = 22\text{mm}$，若令焊接接头系数 $\phi = 1.0$，厚度附加量为 $C_1 = 2\text{mm}$，试计算该球形容器的最大允许工作压力。已知钢材的许用应力 $[\sigma]^t = 147\text{MPa}$。

4. 今欲设计一台反应釜，内径 $D_i = 1600\text{mm}$，工作温度 $5 \sim 105℃$，工作压力为 1.6MPa，釜体材料选用 0Cr18Ni10Ti，采用双面对接焊缝，作局部探伤，凸形封头上装有安全阀，试计算釜体所需厚度。

5. 乙烯贮槽，内径 1600mm，厚度 $\delta_n = 16\text{mm}$，设计压力 $p = 2.5\text{MPa}$，工作温度 $t = -35℃$，材料为 16MnR，双面对接焊，局部探伤，厚度附加量 $C_1 = 1.5\text{mm}$，试校核强度。

项目 **4**
内压容器封头的设计

学习目的

◆ 了解凸形封头、锥形封头。

◆ 了解平板封头结构。

◆ 掌握封头的选型设计。

容器封头又称端盖,是容器的重要组成部分,按其形状分为三类:凸形封头、锥形封头和平板形封头。其中凸形封头包括半球形封头、椭圆形封头、碟形封头(或称带折边的球形封头)、球冠形封头(或称无折边球形封头)四种。采用什么样的封头要根据工艺条件的要求、制造的难易和材料的消耗等情况来决定。

任务一　凸形封头

一、半球形封头

半球形封头是由半个球壳构成的,它的计算厚度公式与球壳相同。

$$\delta = \frac{p_c D_i}{4[\sigma]^t \phi - p_c} \tag{3-4-1}$$

式中:p_c——计算压力,MPa。

D_i——封头内直径,mm。

$[\sigma]^t$——设计温度下材料的许用应力,MPa。

ϕ——焊接接头系数。

所以,球形封头厚度可较相同直径与压力的圆筒厚度减薄一半左右。但在实际工作中,为了焊接方便以及降低边界处的边缘压力,半球形封头常和筒体取相同的厚度。半球形封头由于深度大,整体冲压成型较困难,对大直径($D_i > 2.5\,\mathrm{m}$)的半球形封头,可先在水压机上将数块钢板冲压成型后再在现场拼焊而成,如图 3-4-1 所示。半球形封头多用于大型高压容器的封头和压力较高的贮罐上。

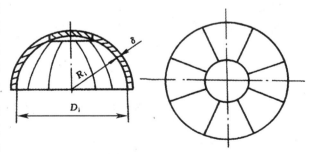

图 3-4-1　半球形封头

二、椭圆形封头

椭圆形封头如图 3-4-2 所示，封头的母线为半椭圆形，长短半轴分别为 a 和 b，故而曲率处处连续，和筒体连接区有 $h_0 = 25\text{mm}$、40mm、50mm 的短圆筒（通称直边），因而，仅在半椭圆形封头和直边段连接处存在一处不连续点。增加直边的目的是为了避开在椭球边缘与圆筒壳体的连接处设置焊缝，使焊缝转移至圆筒区域，以免出现边缘应力与热应力叠加的情况。

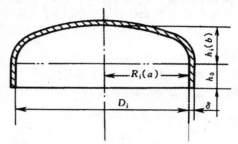

图 3-4-2 半球形封头

采用应力为二倍于相同筒体直径 D_i 时半球形封头的应力公式，考虑到长短轴比值 $D_i/2h_i$（h_i 为封头曲面深度）不同应力分布规律不同，引入椭圆形封头的形状系数 K 对计算厚度进行修正

$$\delta = \frac{p_c D_i K}{2[\sigma]^t \phi - 0.5 p_c} \tag{3-4-2}$$

式中，K 为椭圆形封头的形状系数，和 $D_i/2h_i$ 有关。对于一般椭圆封头，其值列于表 3-4-1。

表 3-4-1 椭圆封头的形状系数 K

$D_i/2h_i$	2.6	2.5	2.4	2.3	2.2	2.1	2.0	1.9	1.8
K	1.46	1.37	1.29	1.21	1.14	1.07	1.00	0.93	0.87
$D_i/2h_i$	1.7	1.6	1.5	1.4	1.3	1.2	1.1	1.0	
K	0.81	0.76	0.71	0.66	0.61	0.57	0.53	0.50	

当 $D_i/2h_i = 2$ 时，定义为标准椭圆封头，$K = 1.0$，则式（3-4-2）变为

$$\delta = \frac{p_c D_i}{2[\sigma]^t \phi - 0.5 p_c} \tag{3-4-3}$$

式（3-4-3）和圆筒体的厚度计算公式几乎一样，说明圆筒体采用标准椭圆形封头，其封头厚度近似等于筒体厚度，这样筒体和封头可采用同样厚度的钢板来制造，故常选用标准椭圆形封头作为圆筒体的封头。

椭圆形封头的最大允许工作压力按下式计算：

$$[p] = \frac{2[\sigma]^t \phi \delta_e}{K D_i + 0.5 \delta_e} \quad \text{MPa} \tag{3-4-4}$$

标准椭圆形封头的直边高度可按表 3-4-2 确定。

表 3-4-2 标准椭圆形封头的直边高度 h_0   mm

封头材料	碳素钢、普低钢、复合钢板			高合金钢		
封头壁厚	4 ~ 8	10 ~ 18	≥20	3 ~ 9	10 ~ 18	≥20
直边高度	25	40	50	25	40	50

标准椭圆形封头已经标准化（GB25198 – 2010），设计时可根据公称直径和厚度选取。

对于内径为 1600mm,名义厚度为 18mm,材质为 16MnR 的椭圆形封头可标记为

椭圆封头 DNl600 × 18 – 16MnR GB25198 – 2010

三、蝶形封头

蝶形封头(图 3-4-3)又称带折边的球形封头,由三部分组成:以 R_i 为半径,以 r 为半径的过渡圆弧(即折边)和高度为 $h_o = 25mm$、40mm、50mm 的直边。蝶形封头的主要优点是便于手工加工成型,只要有球面模具就可以用人工锻打的方法成型,且可以在安装现场制造。主要缺点是球形部分、过渡区的圆弧部分及直边部分的连接处曲率半径有突变,有较大的边缘应力产生。若球面半径越大,折边半径越小,封头的深度将越浅,这对于人工锻打成型有利。但是考虑到球面部分与过渡区联接处的局部高应力,规定 $R_i \leqslant D_i$,$r/D_i \geqslant 0.1$,且 $r \geqslant 3\delta_n$(封头名义厚度)

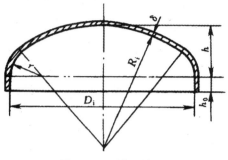

图 3-4-3 蝶形封头

由于碟形封头过渡圆弧与球面联接处的经线曲率有突变,在内压作用下连接处将产生很大的边缘应力。因此,在相同条件下碟形封头的厚度比椭圆封头的厚度要大些。考虑碟形封头的边缘应力的影响,在设计中引入形状系数 M,其厚度计算公式为

$$\delta = \frac{Mp_c R_i}{2[\sigma]^t \phi - 0.5p_c}, mm \qquad (3-4-5)$$

式中:R_i——碟形封头球面部分内半径,mm。

r——过渡圆弧内半径,mm。

M——碟形封头形状系数;$M = \frac{1}{4}\left(3 + \sqrt{\frac{R_i}{r}}\right)$,其值见表 3-4-3,其他符号同前。

表 3-4-3 碟形封头形状系数 M

R_i/r	1.0	1.25	1.50	1.75	2.0	2.25	2.50	2.75
M	1.0	1.03	1.06	1.08	1.10	1.13	1.15	1.17
R_i/r	3.00	3.25	3.50	4.0	4.50	5.0	5.5	6.0
M	1.18	1.20	1.22	1.25	1.28	1.31	1.34	1.36
R_i/r	6.5	7.0	7.5	8.0	8.5	9.0	9.5	10.0
M	1.39	1.41	1.44	1.46	1.48	1.50	1.52	1.54

当 $R_i = 0.9D_i$;$r = 0.17D_i$ 时,称为标准碟形封头,此时 $M = 1.325$,于是标准碟形封头的厚度计算公式可写成如下形式

$$\delta = \frac{1.2p_c D_i}{2[\sigma]^t \phi - 0.5p_c}, mm \qquad (3-4-6)$$

对于标准碟形封头,其有效厚度 δ_e 不小于封头内直径的 0.15%,其他碟形封头的有效厚度应不小于 0.30%。但当确定封头厚度时如果考虑了内压下的弹性失稳问题,可不受此限制。

碟形封头的最大允许工作压力为

$$[p] = \frac{2[\sigma]^t \phi \delta_e}{MR_i + 0.5\delta_e}, \text{MPa} \tag{3-4-7}$$

四、球冠形封头

将碟形封头的直边及过渡圆弧部分去掉,球面部分直接焊在筒体上,就构成了球冠形封头,也称无折边球形封头,它可降低封头的高度。

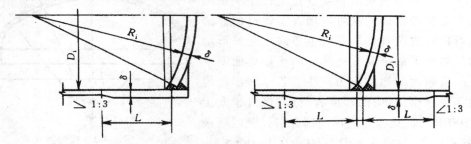

图 3-4-4 球冠形端封头和中间封头

球冠形封头在多数情况下用作容器中两独立受压室的中间封头,也可用作端盖。封头与筒体联接的角焊缝应采用全焊透结构(图 3-4-4),因此,应适当控制封头厚度以保证全焊透结构的焊接质量。封头球面内半径 R_i 控制为圆筒体内直径 D_i 的 $0.7 \sim 1.0$ 倍。当容器承受内压时在球形封头内将产生拉应力,由球形封头的计算知,这个力只是筒体环向应力的一半,而在封头与筒壁的联接处,却存在着较大的局部边缘应力,由图 3-4-5 可见,受内压作用的封头之所以未被筒体内的压力顶走,是由于筒壁拉住了它。于是,封头在沿其联接点处的切线方向有一圈拉力 T 作用在筒壁上。它的垂直分量 Q 使筒壁产生轴向拉应力,它的水平分量 N(横推力)造成筒壁的纵向弯曲,使筒壁在与封头的联接处附近产生局部的轴向弯曲应力。另外,封头与筒壁在内压作用下,由于它们的径向变形量不同,也导致联接处附近的筒壁产生很大的边缘应力。因此,在确定球冠形封头的厚度时,重点应放在这些局部应力上。

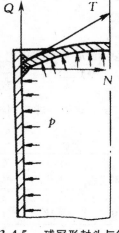

图 3-4-5 球冠形封头与筒体联接边缘的受力图

受内压球冠形端封头的计算厚度按下式确定

$$\delta = \frac{Q p_c D_i}{2[\sigma]^t \phi - p_c}, \text{mm} \tag{3-4-8}$$

式中:D_i——封头和筒体的内直径,$D_i \neq 2R_i$,mm。

Q——系数,对容器端封头由 GB 150—2011 查取。

在任何情况下,与球冠形封头连接的圆筒厚度应不小于封头厚度。否则,应在封头与圆筒间设置加强段过渡连接。圆筒加强段的厚度应与封头等厚;端封头一侧或中间封头两侧的加强段长度 L 均应不小于,如图 3-4-4 所示。对两侧受压的球冠形中间封头厚度的设计,参见 GB 150.3—2011。

任务二 锥形封头

锥形封头在同样条件下与半球形、椭圆形和碟形封头比较,其受力情况较差,其中一个主要原因是因为锥形封头与圆筒连接处的转折较为厉害,曲率半径发生突变而产生边缘力。在化工生产中,对于黏度大或者悬浮性的液体物料、设备中的固体物料,采用锥形封头有利于排料。另外,对于两个不同直径的圆筒体的连接也采用圆锥形壳体,称为变径段。

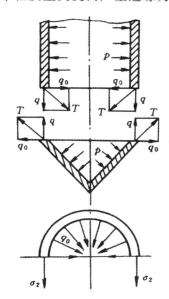

假设锥形封头大端边界上每单位长度的经向力用 T 表示,而沿轴向的分力以 q 表示,沿径向的分力以 q_0 表示。如图3-4-6所示,则根据牛顿第三定律可知,在圆筒的边界上每单位长度也必然产生一个和 T 大小相等、方向相反的作用力,这个力也以 T 表示,它的径向分力 q_0 是指向轴心的,称它为横推力。在横推力的作用下,将迫使圆筒向内收缩。当该力足够大时有可能在与该处的边缘力矩共同作用下使圆筒被压瘪,这对圆筒和圆锥连接处的环焊缝是非常不利的。正是由于存在上述的边缘应力,在设计锥形封头时,要在考虑上述边缘应力的基础上,建立一些补充的设计公式。

由于联接处附近的边缘应力尽管数值很高,但却具有局部性和自限性,所以这里发生小量的塑性变形是允许的,从这样的观点出发进行设计,可使所需锥形封头的厚度大为降低。

图 3-4-6 锥形封头的横推力

为了降低联接处的边缘应力,可以采用以下两种方法。

第一种方法:使联接处附近的封头及筒体厚度增大,即采用局部加强的方法。图3-4-7是没有局部加强的锥形封头,图3-4-8是有局部加强的锥形封头(其中 α 是半顶角),它们都是直接与筒体相联,中间没有过渡圆弧,因而叫做无折边锥形封头。但并不是所有的无折边锥形封头与筒体的连接部分都需要加强,这是因为内压引起的环向拉应力可以抵消部分横推力引起的压应力,因此只有当 q_0 达到一定值时才需采取加强措施。

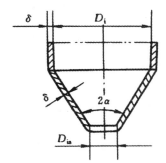

图 3-4-7 无局部加强的无折边锥形封头

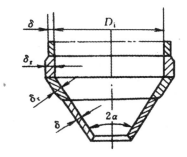

图 3-4-8 局部加强的无折边锥形封头

第二种方法:在封头与筒体间增加一个过渡圆弧,则整个封头由锥体、过渡圆弧及高度为 h_0 的直边三部分所构成,称折边锥形封头。图3-4-9为大端折边锥形封头;图3-4-10为锥体的大、小端均有过渡圆弧的折边锥形封头。

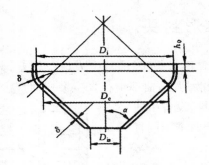

图 3-4-9   大端折边锥形封头

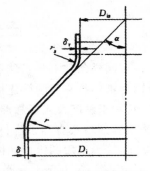

图 3-4-10   折边锥形封头

1. 锥形封头的结构要求及计算

对于锥壳半顶角 $\alpha \leqslant 60°$ 的轴对称无折边锥壳或折边锥壳,有两种不同的计算方法,可参见 GB 150 – 2011,另外需要时锥壳可以由同一半顶角的几个不同厚度的锥壳组成。

对于锥壳大端,当锥壳半顶角 $\alpha \leqslant 0°$ 时,可以采用无折边结构;当 $\alpha > 30°$ 应采用带过渡段的折边结构,否则应按应力分析的方法进行设计。

大端折边锥壳的过渡段转角半径 r 应不小于封头大端内直径 D_i 的 10% 、且不小于该过渡段厚度的 3 倍。

对于锥壳小端,当锥壳半顶角 $\alpha \leqslant 45°$ 时,可以采用无折边结构;当 $\alpha > 45°$ 时,应采用带过渡段的折边结构。

小端折边锥壳的过渡段转角半径 rs 应不小于封头小端内直径 D_{is} 的 5% ,且不小于该过渡段厚度的 3 倍。

当锥壳的半顶角 $\alpha > 60°$ 时,其厚度可按平盖计算,也可以用应力分析方法确定。

锥壳与圆筒的连接应采用全焊透结构。

2. 锥形封头的标准

标准带折边锥形封头有半顶角为 30° 及 45° 两种,锥体大端过渡区圆弧半径 $r = 0.15D_i$ 。JB/T4738 – 95 为 90° 折边锥形封头,JB/T4739 – 95 为 60° 折边锥形封头,设计时可根据标准选用。

任务三   平板封头

平板封头也称平盖,是化工容器或设备常采用的一种封头。几何形状有圆形、椭圆形、长圆形、矩形和方形等,最常用的是圆形,它主要用于常压和低压的设备上,或者高压小直径的设备上。它的特点是结构简单,制造方便,故也常作为可拆的人孔盖、换热器端盖等。但是平盖与凸形封头相比,主要承受弯曲应力的作用,平盖的设计公式是根据承受均布载荷的平板理论推导出来的,板中产生两向弯曲应力——径向弯曲应力和环向弯曲应力,其最大值可能在板的中心,也可能在板的边缘,要视周边的支承方式而定。实际上平盖的连接既不是单纯的铰支连接,也不是单纯的刚性固定,而是介于它们之间。

平盖按连接方式分为两种,一种是不可拆的平盖(表 3-4-4 序号 1 ~ 11),采用整体锻造或用平板焊接;整体锻造的平盖与筒体的连接处带有一段半径为 r 的过渡圆弧(序号 1 ~ 2),

这种结构减小了平盖边缘与筒体连接处的边缘应力,因此它的最大弯曲应力不是在边缘而是在平盖的中心。对平盖与圆筒连接没有过渡圆弧的连接结构型式(序号 3 ~ 11),其最大弯曲应力可能出现在筒体与平盖的连接部位,也可能出现在平盖的中心。另一种是可拆的平盖(序号 12、13、14),用螺栓固定,靠压紧垫片密封。

1. 圆形平盖厚度的计算

对于表 3-4-4 中序号 1 ~ 12 所示的平盖计算厚度 δ_p 按下式确定

$$\delta_p = D_c \sqrt{\frac{Kp_c}{[\sigma]^t\phi}}, \text{mm} \tag{3-4-9}$$

对于表 3-4-4 中序号 13、14 的平盖,应按下面两式分别计算,取较大值

预紧状态 $$\delta_p = D_c \sqrt{\frac{1.78WL_c}{p_cD_c^3} = \frac{p_c}{[\sigma]^t\phi}}, \text{mm} \tag{3-4-10}$$

操作状态 $$\delta_p = D_c \sqrt{\left(0.3 + \frac{1.78WL_G}{p_cD_c^3}\right)\frac{p_c}{[\sigma]^t\phi}}, \text{mm} \tag{3-4-11}$$

式中:D_c——平盖计算直径(见表 3-4-4 中简图)。

K——结构特征系数(查表 3-4-4)。

W——预紧或操作状态时的螺栓设计载荷。

L_G——螺栓中心至垫片压紧力作用中心线的径向距离(见表 3-4-4 简图)。

其他符号意义同前。

2. 非圆形平盖厚度的计算

(a)对于表 3-4-4 中序号 3、4、5、6、10、11、12 所示平盖按下式计算:

$$\delta_p = \alpha \sqrt{\frac{KZp_c}{2[\sigma]^t\phi}}, \text{mm} \tag{3-4-12}$$

(b)对于表 3-4-4 中序号 13、14 所示平盖,按下式计算:

$$\delta_p = \alpha \sqrt{\frac{Kp_c}{[\sigma]^t\phi}}, \text{mm} \tag{3-4-13}$$

式中:Z——非圆形平盖的形状系数,$Z = 3.4 - 2.4a/b$,且 $Z \leqslant 2.5$。

a——非圆形平盖的短轴长度,mm。

b——非圆形平盖的长轴长度,mm。

其他符号意义同前。

表 3-4-4　平盖系数 K 选择表

固定方法	序号	简图	系数 K	备注
与圆筒成一体或与圆筒对接	1		$K = \dfrac{1}{4}\left[1 - \dfrac{r}{D_c}\left(1 + \dfrac{2r}{D_c}\right)\right]^2$ 且 $K \geqslant 0.16$	只适用于圆形平盖 $r \geqslant \delta$ $h \geqslant \delta_p$
	2		0.27	只适用于圆形平盖 $r \geqslant 0.5\delta$, 且 $r \geqslant \dfrac{D_c}{6}$
与圆筒角焊或其他焊接	3		圆形平盖 $0.44m\,(m = \delta/\delta_e)$ 且不小于 0.2 非圆形平盖 0.44	$f \geqslant 1.25\delta$
	4			

固定方法	序号	简图	系数 K	备注
与圆筒角焊或其他焊接	5		圆形平盖 $0.44m(m=\delta/\delta_e)$ 且不小于 0.2 非圆形平盖 0.44	需采用全熔透焊缝 $f\geq2\delta$ $f\geq1.25\delta_e$ $\left.\right\}$最大值 $\phi\leq45°$
	6			
	7		0.35	$\delta_1\geq\delta_e+3\,mm$ 只适用于圆形平盖
	8			
	9		0.30	$r\geq1.5\delta$ $\delta_1\geq\dfrac{2}{3}\delta_p$ 且不小于 5mm 只适用于圆形平盖
	10		圆形平盖 $0.44m(m=\delta/\delta_e)$ 且不小于 0.2 非圆形平盖 0.44	$f\geq0.7\delta$

固定方法	序号	简图	系数 K	备注
与圆筒角焊或其他焊接	11		圆形平盖 $0.44m\ (m=\delta/\delta_e)$ 且不小平 0.2 非圆形平盖 0.44	$f \geqslant 0.7\delta$
螺栓连接	12		圆形平盖或 非圆形平盖 0.25	
	13		圆形平盖 操作时 $0.3+\dfrac{1.78WL_G}{p_cD_c^3}$ 预紧时 $\dfrac{1.78WL_G}{p_cD_c^3}$	
	14		非圆形平盖 操作时 $0.3Z+\dfrac{6WL_G}{p_cL\alpha^2}$ 预紧时 $\dfrac{6WL_G}{p_cL\alpha^2}$	

任务四　封头的结构特性及选择

封头的结构形式是由工艺过程、承载能力、制造技术方面的要求而决定的,其选用主要根据设计对象的要求。下面就对各种封头的优缺点作以下几点说明。

1. 半球形封头

它是由半个球壳构成,就单位容积的表面积来说,它是最小的;需要的厚度是同样直径的圆筒的二分之一;从受力来看,球形封头是最理想的结构形式;但缺点是深度大,直径小时,整体冲压困难,大直径采用分瓣冲压,其拼焊工作量也较大。

2.椭圆形封头

它是由半个椭球面和一圆柱直边段组成,它与碟形封头的容积和表面积基本相同,它的应力情况不如半球形封头均匀,但比碟形封头要好。对于 $a/b = 2$ 的标准椭圆形封头与厚度相等的筒体连接时,可以达到与筒体等强度。椭圆形封头吸取了碟形封头深度浅的优点,用冲压法易于成型,制造比球形封头容易。

3.碟形封头

它是由球面、过渡段以及圆柱直边段三个不同曲面组成。虽然由于过渡段的存在降低了封头的深度,方便了成型加工,但在三部分连接处,由于经线曲率发生突变,在过渡区边界上不连续应力比内压薄膜应力大得多,故受力状况不佳,目前渐渐有被椭圆形封头取代之势。它的制造常用冲压、手工敲打、旋压而成。

4.球冠形封头

它是部分球形封头与圆筒直接连接,它结构简单、制造方便,常用作容器中两独立受压室的中间封头,也可用作端盖。封头与筒体连接处的角焊缝应采用全焊透结构。在球封头与圆筒连接处其曲率半径发生突变,且两壳体因无公切线而存在横向推力,所以产生相当大的不连续应力,这种封头一般只能用于压力不高的场合。

5.锥形封头

锥形封头有两种形式,无折边锥形封头和有折边锥形封头。就强度而论,锥形封头的结构并不理想,但从受力来看,锥顶部分强度很高,故在锥尖开孔一般不需要补强。锥形封头经常作为流体的均匀引入和引出、悬浮或黏稠液体和固体颗粒等的排放、不同直径圆筒的过渡件。锥形封头可用滚制成型或压制成型,折边部分可以压制或敲打成型,但锥顶尖部分很难成型。

6.平板封头

它是各种封头中结构最简单、制造最容易的一种封头形式。对于同样直径和压力的容器,采用平板封头的厚度最大。

总之,从受力情况来看,半球形封头最好,椭圆形、碟形其次,球冠形、锥形更次之,而平板最差。从制造角度来看,平板最容易,球冠形、锥形其次,碟形、椭圆形更次,而半球形最难;就使用而论,锥形有其特色,用于压力不高的设备上,椭圆形封头用作大多数中低压容器的封头,平板封头用作常压或直径不大的高压容器的封头,球冠形封头用作压力不高的场合或容器中两独立受压室的中间封头,半球形封头一般用于大型储罐或高压容器的封头。

例 4-1　某化工厂欲设计一台乙烯精馏塔。已知该塔内径 $D_i = 600\text{mm}$,厚度 $\delta_n = 7\text{mm}$,材质为 16MnR,计算压力 $p_c = 2.2\text{MPa}$,工作温度 $t = -20 \sim -3℃$。试确定该塔的封头形式与尺寸。

解　从工艺操作要求来看,封头形状无特殊要求,现按凸形封头和平板封头均作计算,以便比较。

(1)若采用半球封头,其厚度按式(3-4-1)计算

$$\delta = \frac{p_c D_i}{4[\sigma]^t \phi - p_c}$$

式中 $p_c = 2.2\text{MPa}$;$D_i = 600\text{mm}$;$[\sigma]^t = 170\text{MPa}$。

取 $C_2 = 1\text{mm}, \phi = 0.8$（封头虽可整体冲压，但考虑与筒体连接处的环焊缝，其轴向拉伸应力与球壳内的应力相等，故应计入这一环向焊接接头系数）。

于是
$$\delta = \frac{2.2 \times 600}{4 \times 170 \times 0.8 - 2.2} = 2.4\text{mm}$$

$$\delta_n = \delta + C_1 + C_2 + \Delta = 2.4 + 0.3 + 1 + \Delta = 4\text{mm}$$

即圆整后采用 $\delta_n = 4\text{mm}$ 厚的钢板。

（2）若采用标准椭圆形封头，其厚度按式（3-4-3）试计算

$$\delta = \frac{p_c D_i}{2[\sigma]'\phi - 0.5p_c}$$

式中 $\phi = 1.0$（整板冲压），其他参数同前。

$$\delta = \frac{2.2 \times 600}{2 \times 170 \times 1 - 0.5 \times 2.2} = 3.9\text{mm}$$

$$\delta_n = \delta + C_1 + C_2 + \Delta = 3.9 + 0.6 + 1 + \Delta = 6\text{mm}$$

即圆整后采用 6mm 厚的钢板。

（3）若采用标准碟形封头，其厚度按式（3-4-6）计算

$$\delta = \frac{1.2p_c D_i}{2[\sigma]'\phi - 0.5p_c} = \frac{1.2 \times 2.2 \times 600}{2 \times 170 \times 1 - 0.5 \times 2.2} = 4.67\text{mm}$$

$$\delta_n = \delta + C_1 + C_2 + \Delta = 4.67 + 0.6 + 1 + \Delta = 8\text{mm}$$

即圆整后采用 7mm 厚的钢板。

（4）若采用平板封头，其厚度按式（3-4-9）计算

$$\delta = D_c\sqrt{\frac{Kp_c}{[\sigma]'\phi}}$$

式中 $D_c = 600, K$ 取 $0.25, \phi$ 取 1.0。

$$\delta = 600\sqrt{\frac{0.25 \times 202}{170 \times 1.0}} = 34\text{mm}$$

$$\delta_n = \delta + C_1 + C_2 + \Delta = 34 + 1.1 + 1 + \Delta = 38\text{mm}$$

即圆整后采用 38mm 厚的钢板。

采用平板封头时，在连接处附近，筒壁上亦存在较大的边缘应力，而且平板封头受内压时处于受弯曲应力的不利状态，且采用平板封头厚度太大，故本例题不宜采用平板封头。

根据上述计算，可将各种型式的封头计算，结果见表 3-4-5。

表 3-4-5　各种封头计算结果比较

封头型式	厚度/mm	深度（包括直边）/mm	理论面积/m²	质量/kg	制造难易程度
半球形	4	300	0.565	17.5	较难
椭圆形	6	175	0.466	21	较易
碟形	8	161	0.410	25.6	较易
平板形	38	—	0.283	83.9	易

由上表可见，该精馏塔以采用椭圆封头为宜。

习　题

1. 某化工厂反应釜,内径为 1600mm,工作温度为 5～105℃,工作压力为 1.6MPa,釜体材料选用 0Crl8Nil0Ti。焊接采用双面对接焊,局部无损探伤,椭圆封头上装有安全阀,试设计筒体和封头的厚度。

2. 设计容器筒体和封头厚度。已知内径 $D_i = 1200mm$,设计压力 $p = 1.8MPa$,设计温度为 40℃,材质为 20R,介质无大腐蚀。双面对接焊,100% 探伤。封头按半球形,标准椭圆形和标准碟形三种形式算出所需厚度,最后根据各有关因素进行分析,确定一个最佳方案。

3. 今欲设计一台内径为 1200mm 的圆筒形容器。工作温度为 10℃,最高工作压力为 1.6MPa。筒体采用双面对接焊,局部探伤。端盖为标准椭圆形封头,采用整板冲压成型,容器装有安全阀,材质为 Q235 - A。已知其常温 $\sigma_s = 235MPa$,$\sigma_b = 370MPa$,$n_s = 1.6$,$n_b = 3.0$。容器为单面腐蚀,腐蚀速度为 0.2mm/a。设计使用年限为 10 年,试设计该容器筒体及封头厚度。

4. 有一库存很久的气瓶,材质为 16Mn,圆筒筒体外径 $D_i = 219mm$,其实测最小厚度为 6.5mm,气瓶两端为半球形状,今欲充压 10MPa,常温使用并考虑腐蚀裕量 $C_2 = 1$,问强度是否足够? 如果不够,最大允许工作压力为多少(已知 $\sigma_s = 320MPa$,$\sigma_b = 490MPa$,$[\sigma]' = 163MPa$)?

项目 5
外压容器设计基础

学习目的
◆ 了解外压容器正常操作的必要条件。
◆ 了解外压容器的设计基础。

在化工生产中,有许多承受外压的容器,例如真空贮罐、减压蒸馏塔;蒸发器及蒸馏塔所用的真空冷凝器、真空结晶器;对于带有夹套加热或冷却的反应器,当夹套中介质的压力高于容器内介质的压力时,也会构成一个外压容器。

圆筒受到外压作用后,在筒壁内将产生经向和环向压缩应力,其值与内压圆筒一样,也是 $\sigma_m = pD/4\delta$,$\sigma_\theta = pD/2\delta$。这种压缩应力增大到材料的屈服极限时,将和内压圆筒一样,引起筒体的强度破坏。然而这种现象极为少见。实践证明,外压圆筒筒壁内的压缩应力经常是当其数值还远远低于材料的屈服极限时,筒壁就已经被压瘪或发生褶皱,在一瞬间失去原来的形状。这种在外压作用下,突然发生的筒体失去原形,即突然失去原来形状稳定性的现象称为弹性失稳。保证壳体的稳定性是外压容器能正常操作的必要条件。

任务一　临界压力

一、临界压力

一个承受外压的容器,在外压达到某一临界值之前,壳体也能发生变形,不过压力卸除后壳体能立即恢复其原来的形状,但是一旦当外力增大到某一临界值时,筒体的形状以及筒壁内的应力就会发生突变,也就是说,原来的平衡遭到破坏,即失去原来形状的稳定性。

导致筒体失稳的压力称为该筒体的临界压力,以 p_{cr} 表示。筒体在临界压力作用下,筒壁内存在的压应力称为临界压应力,以 σ_{cr} 表示。

二、长、短圆筒和刚性圆筒

按照破坏情况,受外压的圆筒壳体可分为长圆筒、短圆筒和刚性圆筒 3 种,作为区分所谓长、短圆筒与刚性圆筒的长度均指与直径 D_o,有效厚度 δ_e 等有关的相对长度,而非绝对长度。

长圆筒　这种圆筒的 L/D_o 值较大,两端的边界影响可以忽略,临界压力 p_{cr} 仅与 δ_e/D_o 有关,而与 L/D_o 无关(L 为圆筒的计算长度)。长圆筒失稳时的波数 $n = 2$。

　　短圆筒　两端的边界影响显著,不容忽略,临界压力 p_{cr} 不仅与 δ_e/D_o 有关,而且与 L/D_o 也有关。短圆筒失稳时的波数 n 为大于 2 的整数。

　　刚性圆筒　这种圆筒的 L/D_o 较小,而 δ_e/D_o 较大,故刚性较好。其破坏原因是由于器壁内的应力超过了材料的屈服极限所致,而不会发生失稳,在计算时,只要满足强度要求即可。

　　对于长圆筒或短圆筒,则除了需要进行强度计算外,尤其需要进行稳定性校验,因为在一般情况下,这两种圆筒的破坏主要是由于稳定性不够而引起的失稳破坏。

三、临界压力的理论计算公式

1. 长圆筒

长圆筒的临界压力可由圆环的临界压力公式推得,即

$$p_{cr} = \frac{2E^t}{1-\mu^2}\left(\frac{\delta_e}{D_o}\right)^3$$

式中:p_{cr}——临界压力,MPa。

　　E^t——设计温度下材料的弹性模量,MPa。

　　δ_e——筒体的有效厚度,mm。

　　D_o——筒体的外直径,mm。

　　μ——材料的泊松比。

　　对于钢制圆筒,$\mu = 0.3$,则上式可写成

$$p_{cr} = 2.2E^t\left(\frac{\delta_e}{D_o}\right)^3 \tag{3-5-1}$$

　　由公式可以得出:长圆筒的临界压力仅与圆筒的材料和圆筒的有效厚度与直径之比 δ_e/D_o 有关,而与圆筒的长径比 L/D_o 无关。

　　这一临界压力引起的临界周向压应力为

$$\sigma_{cr} = \frac{p_{cr}D_o}{2\delta_e} = 1.1E^t\left(\frac{\delta_e}{D_o}\right)^2 \tag{3-5-2}$$

2. 短圆筒

$$p_{cr}' = 2.59E^t\frac{\left(\dfrac{\delta_e}{D_o}\right)^{2.5}}{\dfrac{L}{D_o}} \tag{3-5-3}$$

式中 L——筒体的计算长度,mm。

其他符号同前。

　　从短圆筒临界压力计算公式 3-5-3 中,可以看到短圆筒的临界压力除与圆筒的材料和圆筒的有效厚度与直径之比 δ_e/D_o 有关外,还与圆筒的长径比 L/D_o 有关。

　　由这一临界压力引起的临界周向压应力为

$$\sigma_{cr}' = \frac{p_{cr}D_o}{2\delta_e} = 1.3E^t \frac{\left(\dfrac{\delta_e}{D_o}\right)^{1.5}}{\dfrac{L}{D_o}} \tag{3-5-4}$$

3. 刚性圆筒

对于刚性圆筒,由于它的厚径比 δ_e/D_o 较大,而长径比 L/D_o 较小,所以它一般不存在因失稳而破坏的问题,只需要校验其强度是否足够就可以了。其强度校验公式与计算内压圆筒的公式是一样的,即

$$\sigma = p_c \frac{(D_i + \delta_e)}{2\delta_e} < [\sigma]_{压}^t \tag{3-5-5}$$

也可以写成

$$[p] = \frac{2\delta_e \phi [\sigma]_{压}^t}{D_i + \delta_e} \tag{3-5-6}$$

式中:$[\sigma]^t$压——材料在设计温度下的许用压应力,可取 $[\sigma]_{压}^t = \sigma_s^t/4$,MPa。

D_i——圆筒的内径,mm。

φ——焊接接头系数,在计算压应力时可取 $\varphi = 1$。

δ_e——筒体的有效厚度,mm。p_c——计算外压力,MPa。

四、影响临界压力的因素

1. 筒体几何尺寸的影响

先观察一次表演实验,试件是 4 个赛璐珞制的圆筒,筒内抽真空,将它们失稳时的真空度列于表 3-5-1。

表 3-5-1　外压圆筒稳定性实验

实验序号	筒径 D/mm	筒长 L/mm	筒体中间有无加强圈	厚度 δ/mm	失稳时的真空度 Pa	失稳时波形数
①	90	175	无	0.51	5000	4
②	90	175	无	0.3	3000	4
③	90	350	无	0.3	1200~1500	3
④	90	350	有一个	0.3	3000	4

比较①和②可见:当 L/D 相同时,δ/D 大者临界压力高。
比较②和③可见:当 δ/D 相同时,L/D 小者临界压力高。
比较③和④可见:当 δ/D 相同时,有加强圈者临界压力高。
对上述试验结果可作如下定性分析。

(1)圆筒失稳时,圆形筒壁变成了波形,筒壁各点的曲率发生了突变,这说明筒壁金属的环向"纤维"受到了弯曲。筒壁的 δ/D 越大,筒壁抵抗弯曲的能力越强。所以,δ/D 大者,圆筒的临界压力高。

(2)封头的刚性较筒体高,圆筒承受外压时,封头对筒壁能够起着一定的支持作用。这种支撑作用的效果将随着圆筒几何长度的增加而减弱。因而,当圆筒的 δ/D 相同时,筒体短

者临界压力高。

（3）当圆筒长度超过某一限度后，封头对筒壁中部的支撑作用将全部消失，这种得不到封头支撑作用的圆筒，临界压力就低。为了在不改变圆筒总长度的条件下，提高其临界压力值，可在筒体外壁（或内壁）焊上一至数个加强圈，只要加强圈有足够大的刚性，它可以同样对筒壁起到支撑作用，从而使原来得不到封头支撑作用的筒壁，得到了加强圈的支撑，

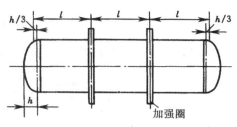

图 3-5-1　外压圆筒的计算长度

所以，当筒体的 δ/D 和 L/D 值均相同时，有加强圈者临界压力高。

当筒体焊上加强圈以后，原来筒体的总长度对于计算临界压力就没有直接意义了。这时需要的是所谓计算长度，这一长度是指两相邻加强圈的间距，对与封头相联的那段筒体来说，应把凸形封头中的 1/3 的凸面高度计入，如图 3-5-1。

2. 筒体材料性能的影响

圆筒失稳时，在绝大多数情况下，筒壁内的应力并没有达到材料的屈服极限。这说明筒体几何形状的突变，并不是由于材料的强度不够而引起的。筒体的临界压力与材料的屈服极限没有直接关系。然而，材料的弹性模量 E 和泊桑比 μ 值大，其抵抗变形的能力就强，因而其临界压力也就高。但是由于各种钢材的 E 和 μ 值相差不大，所以选用高强度钢代替一般碳钢制造外压容器，并不能提高筒体的临界压力。

3. 筒体椭圆度和材料不均匀的影响

首先应该指出，稳定性的破坏并不是由于壳体存在椭圆度或材料不均匀而引起的。因为即使壳体的形状很精确和材料很均匀，当外压力达到一定数值时，也会失稳，但壳体的椭圆度与材料的不均匀性能使临界压力的数值降低。

图 3-5-2　圆筒截面形状的椭圆度

椭圆度的定义为 $e = (D_{max} - D_{min})/DN$，此处 D_{max} 及 D_{min}。分别为壳体的最大及最小内直径，如图 3-5-2 所示，而 DN 为圆筒的公称直径。

除上述因素外，还有载荷的不对称性、边界条件等因素亦对临界压力有一定的影响。

五、临界长度

外压圆筒的临界长度 L_{cr} 是长圆筒、短圆筒和刚性圆筒的分界线。常借此判断圆筒类型，以便选用不同外压圆筒厚度计算公式进行计算。

当圆筒处于临界长度 L_{cr} 时，则用长圆筒公式计算所得临界压力 p_{cr} 值和用短圆筒公式计算的临界压力 p_{cr} 值应相等，由此可以得到长、短圆筒的临界长度 L_{cr} 值，即

$$2.2E^t \left(\frac{\delta_e}{D_o} \right)^3 = 2.59E^t \frac{\left(\dfrac{\delta_e}{D_o} \right)^{2.5}}{\dfrac{L_{cr}}{D_o}}$$

得到

$$L_{cr} = 1.17 D_o \sqrt{\frac{D_o}{\delta_e}} \qquad (3\text{-}5\text{-}7)$$

同理，可以得到短圆筒与刚性圆筒的临界长度 L_{cr}' 值，即

$$2.59 E^t \left(\frac{\delta_e}{D_o}\right)^{2.5} \left(\frac{D_o}{L_{cr}'}\right) = \frac{2\delta_e \phi [\sigma]_{\text{压}}^t}{D_i + \delta_i} \approx \frac{2\delta_e [\sigma]_{\text{压}}^t}{D_o}$$

得到

$$L_{cr}' = \frac{1.3 E^t \delta_e}{[\sigma]_{\text{压}}^t \sqrt{\dfrac{D_o}{\delta_e}}} \qquad (3\text{-}5\text{-}8)$$

当圆筒的计算长度 $L > L_{cr}$ 时，属长圆筒；若 $L_{cr}' < L < L_{cr}$ 时，属短圆筒；若 $L < L_{cr}'$ 时，属刚性圆筒。

此外，圆筒的计算方法还与其相对厚度有关。当 $\delta_e / D_o > 0.04$ 时，一般在器壁应力达到屈服极限以前不可能发生失稳现象，故在这种条件下，任何长径比均可按刚性圆筒计算。

任务二　外压容器设计方法及要求

一、设计准则

上述计算临界压力公式(3-5-1)和(3-5-3)是在假定圆筒完全没有初始椭圆度和材料均匀没有任何缺陷的条件下推导出来的，而实际的圆筒总是存在椭圆度并且材料也不可能是绝对均匀和无缺陷的。实践证明，许多长圆筒或管子一般压力达到临界值的 $1/3 \sim 1/2$ 时，它们就会被压瘪。此外，在操作时壳体实际所承担的外压也有可能会比计算外压大一些。因此，为了保证不发生失稳破坏，决不能允许在外压等于或接近于临界值时进行操作，必须使许用外压比临界外压小 m 倍。即

$$[p] = \frac{p_{cr}}{m} \qquad (3\text{-}5\text{-}9)$$

式中：$[p]$——许用外压力，MPa。

　　　　m——稳定安全系数。

式(3-5-9)中的稳定安全系数 m 的大小决定于圆筒形状的准确性、载荷的对称性、材料的均匀性、制造方法及设备在空间的位置等很多因素。根据 GB 150-1998《钢制压力容器》的规定，取 $m = 3$，同时规定对于外压或真空设备的筒体要求其制造的椭圆度不大于 0.5%。

设计时，必须使计算外压力 $p_c < [p] = p_{cr}/m$，并接近 $[p]$，则所确定的筒体厚度才能满足外压稳定的要求。

二、外压圆筒厚度设计的图算法

由于外压圆筒厚度的理论计算方法很繁杂，GB 150-1998《钢制压力容器》推荐采用图算

法确定外压圆筒的厚度,它的优点是计算简便。

1. 算图的依据

圆筒受外压时,其临界压力的计算公式

长圆筒

$$p_{cr} = 2.2E^t \left(\frac{\delta_e}{D_o}\right)^3$$

短圆筒

$$p_{cr}' = 2.59E^t \frac{\left(\dfrac{\delta_e}{D_o}\right)^{2.5}}{\dfrac{L}{D_o}}$$

在临界压力作用下,筒壁产生相应的应力 σ_s,及应变 ε 为

将临界压力公式(3-5-1)、(3-5-2)代入上式得

$$\sigma_{cr} = 1.1 \left(\frac{\delta_e}{D_o}\right)^2 \qquad\qquad (3\text{-}5\text{-}10)$$

$$\varepsilon = 1.3 \frac{\left(\dfrac{\delta_e}{D_o}\right)^{1.5}}{\dfrac{L}{D_o}} \qquad\qquad (3\text{-}5\text{-}11)$$

以上公式表明,外压圆筒失稳时,筒壁的环向应变值与筒体尺寸(δ_e,D_o,L)之间的关系,即

$$\varepsilon = f\left(\frac{D_o}{\delta_e}, \frac{L}{D_o}\right)$$

对于一个厚度和直径已经确定的筒体(即该筒的 D_o/δ_e 值一定)来说,筒体失稳时的环向应变 ε 值将只是 L/D_o 的函数,不同的 L/D_o 值的圆筒体,失稳时将产生不同的 ε 值。

以 ε 为横坐标,L/D_o 为纵坐标,将式(3-5-10)和式(3-5-11)所表示的关系曲线表示出来,就得到一系列具有不同 D_o/δ_e 值的筒体的 $\varepsilon - L/D_o$ 的关系曲线,见图 3-5-3,图中以系数 A 代替 ε。

图中的每一条曲线均由两部分线段组成:根据式(3-5-10)得到的垂直线段与大致符合式(3-5-11)的倾斜直线。每条曲线的转折点所表示的长度是该圆筒的临界长度。

利用这组曲线,可以方便迅速地找出一个尺寸已知的外压圆筒当它失稳时其筒壁环向应变是多少。现在,希望利用曲线解决的问题是:一个尺寸已知的外压圆筒,当它失稳时,其临界压力是多少;为保证安全操作,其允许的工作外压是多少。

已经有了筒体尺寸与失稳时的环向应变之间的关系曲线,如果能进一步将失稳时的环向应变与许用外压的关系曲线找出来,那么就可以通过失稳时的环向应变 ε 为媒介,将圆筒的尺寸(δ_e,D_o,L)与允许工作外压直接通过曲线图联系起来。所以,下面讨论环向应变 ε 与许用外压力 $[p]$ 之间的关系,并将它绘成曲线。

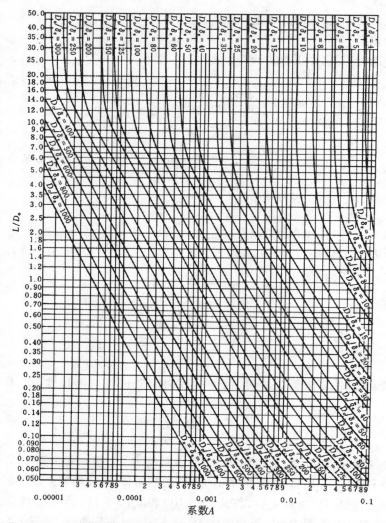

图 3-5-3　外压或轴向受压圆筒和管子几何参数计算图（用于所有材料）

因为
$$[p] = p_{cr}/m$$

所以
$$p_{cr} = m[p]$$

于是由
$$\varepsilon = \frac{\sigma_{cr}}{E^t} = \frac{p_{cr} D_o}{2\delta_e E^t} = \frac{m[p] D_o}{2\delta_e E^t}$$

可得
$$[p] = \left(\frac{1}{m} E^t \varepsilon\right)\frac{\delta_e}{D_o}$$

该式虽然表达了$[p]$与ε之间的关系，但由于式中有δ_e/D_o，如果按此关系绘制曲线，势必每一个δ_e/D_o值均需有一根曲线，使曲线繁多，不便应用，作如下处理。

令
$$\frac{2}{m} E^t \varepsilon = B \tag{3-5-12}$$

则
$$[p] = B\frac{\delta_e}{D_o} \tag{3-5-13}$$

式（3-5-13）表明：对于一个已知厚度δ_e与直径D_o的筒体，其允许工作外压$[p]$等于B

乘以 δ_e / D_o，要想从 ε 找到 $[p]$，首先需要从 ε 找出 B。于是问题就变为如何从 ε 找出 B。

由于

$$\frac{2}{m} E^t \varepsilon = \frac{2}{3} E^t \varepsilon$$

所以，若以 ε 为横坐标，$B = [p](D_o / \delta_e)$ 为纵坐标，将 B 与 ε 的上述关系用曲线表示出来，即如图 3-5-4 所示的曲线，利用这组曲线可以方便而迅速地从 ε 找到与之相对应的系数 B，进而用式(5-13)求出 $[p]$。

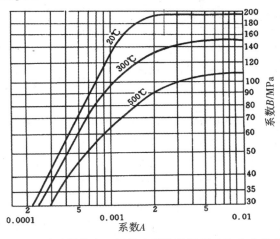

图 3-5-4　外压圆筒在不同温度下的许用压力和应变关系图

温度不同时，材料的 ε 值也不一样，所以不同的温度有不同的 $B = f(\varepsilon)$ 曲线。

大部分钢材具有大体上相近的 E 值，因而 $B = f(\varepsilon)$ 曲线中的直线段的斜率，对大部分钢材来说是相近的。然而，钢材种类不同时，它们的比例极限和屈服极限会有很大的差别。这种差别将在 $B = f(\varepsilon)$ 曲线的转折点位置以及转折点以后的曲线走向上反映出来，所以，对于 $B = f(\varepsilon)$ 曲线来说均有其适用的 σ 范围。

图 3-5-5 ~ 图 3-5-8 给出常用材料的 $B = f(\varepsilon)$，即 $B = f(A)$ 曲线。

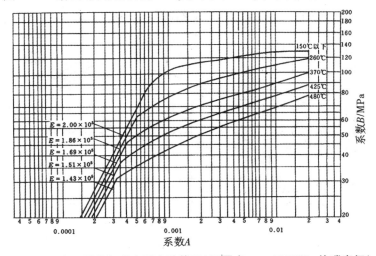

图 3-5-5　外压圆筒和球壳厚度计算图(屈服点 $\sigma_s < 207\mathrm{MPa}$ 的碳素钢)

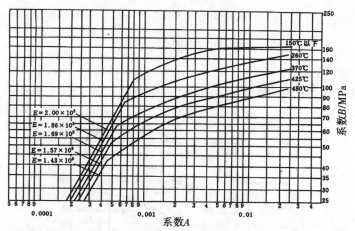

图 3-5-6　外压圆筒和球壳厚度计算图（屈服点 $\sigma_s > 20\text{TMPa}$ 的碳素钢和 0Crl3、1Cr13 钢）

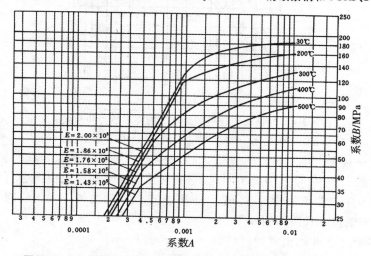

图 3-5-7　外压圆筒和球壳厚度计算图（16MnR、15CrMo 钢）

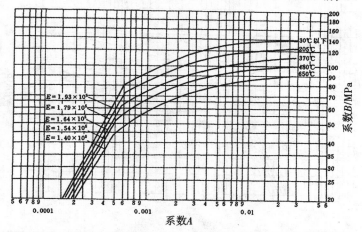

图 3-5-8　外压圆筒和球壳厚度计算图（0Crl8Nil0Ti、0Crl7Nil2M02、
0Crl9Nil3M03、0CrlSNillTi 钢）

2. 外压圆筒和管子厚度的图算法

外压圆筒和外压管子所需的有效厚度用图 3-5-3 和图 3-5-5 ~ 图 3-5-8 进行计算,步骤如下:

(1)($Do/\delta e$)≥20 的圆筒和管子。

①假设 δ_n,令 $\delta_e = \delta_n - C$,定出 L/D_o 和 D_o/δ_e。

②在图 3-5-3 的左方找到 L/D_o 值,过此点沿水平方向右移与 D_o/δ_e 相交(遇中间值用内插法),若 L/D_o 值大于 50,则用 $L/Do = 50$ 查图,若 L/D_o 值小于 0.05,则用 $L/D_o = 0.05$ 查图。

③过此交点沿垂直方向下移,在图的下方得到系数 A。

④按所用材料选用图 3-5-5 ~ 图 3-5-8,在图的下方找到系数 A。

若 A 值落在设计温度下材料线的右方,则过此点垂直上移,与设计温度下的材料线相交(遇中间温度值用内插法),再过此交点水平方向右移,在图的右方得到系数 B,并按式(3-5-13)计算许用外压力$[p]$

$$[p] = \frac{B}{\dfrac{D_o}{\delta_e}}$$

若所得 A 值落在设计温度下材料线的左方,则用下式计算许用外压力$[p]$

$$[p] = \frac{2AE}{3\dfrac{D_o}{\delta_e}} \qquad (3\text{-}5\text{-}14)$$

⑤$[p]$ 应大于或等于 p_c,否则须再假设名义厚度 δ_n 重复上述计算,直到$[p]$ 大于且接近于 p_c 为止(p_c 为计算外压力)。

(2)(D_o/δ_e)<20 的圆筒和管子。

①用与 D_o/δ_e ≥20 时相同的步骤得到系数 B 值,但对(D_o/δ_e)<4.0 的圆筒和管子应按下式计算 A 值

$$A = \frac{1.1}{\left(\dfrac{D_o}{\delta_e}\right)^2} \qquad (3\text{-}5\text{-}15)$$

系数 $A > 0.1$ 时,取 $A = 0.1$。

②按下式计算许用外压力$[p]$

$$[p] = \min\left\{\left[\frac{2.25}{D_o/\delta_e} - 0.0625\right]B, \frac{2\delta_0}{D_o/\delta_e}\left[1 - \frac{1}{D_o/\delta_e}\right]\right\} \qquad (3\text{-}5\text{-}16)$$

式中,σ_0 表示应力,取以下两值中的较小值

$$\sigma_0 = \min\{2[\sigma]^t, 0.9\sigma_s^t(\sigma_{0.2})\} \qquad (3\text{-}5\text{-}17)$$

③$[p]$ 应大于或等于 p_c,否则再假设名义厚度 δn 重复上述计算,直到$[p]$ 大于且接近 p_c 为止。

三、外压圆筒厚度表

为减少设计时的计算,可将外压圆筒按其公称直径、长径比以及设计外压的不同,将其

厚度算出,并列成表格,供设计者查用。真空设备的筒体厚度可查表 3-5-2,带夹套的反应釜的厚度可查表 3-5-3。在利用这些表时,必须特别注意各表的应用条件。

表 3-5-2　真空筒体厚度　　　　　　　　　　　　mm

容器的长与直径之比	公称直径 DN												
	400	500	600	700	800	900	1000	1200	1400	1600	1800	2000	22
	筒体厚度 δ_n												
1	3	3	4	4	4	5	5	6	6	6	8	10	10
2	3	4	4	4.5	5	6	8	8	10	10	12	12	12
3	4	4	5	5	6	8	8	8	10	10	12	14	14
4	4	4.5	5	5	6	8	10	10	12	12	14	14	16
5	4	5	6	6	8	8	8	10	12	12	14	14	16

表 5-3　带夹套的受内外压筒体厚度计算表　　　　mm

容器的长与直径之比	公称直径 DN																										
	600			700			800			900			1000			1200			1400			1600			1800		
	夹套内压力,MPa(容器内压力 ≤1MPa)																										
	0.25	0.4	0.6	0.25	0.4	0.6	0.25	0.4	0.6	0.25	0.4	0.6	0.25	0.4	0.6	0.25	0.4	0.6	0.25	0.4	0.6	0.25	0.4	0.6	0.25	0.4	0.6
	筒体厚度 δ_n																										
1	6	6	6	6	6	8	6	8	8	6	8	8	8	8	8	8	10	10	10	12	10	12	12	12	12	12	14
2	6	6	8	8	10	8	10	10	10	10	10	12	10	12	12	12	12	12	12	14	14	14	16	16	14	16	16
3	8	8	10	8	10	10	10	10	12	10	12	14	12	14	14	12	12	16	14	16	18	14	16	20	16	18	22
4	8	10	10	8	10	12	10	12	12	12	14	14	12	14	16	14	16	16	16	18	20	16	18	20	18	20	24
5	8	10	12	10	12	12	10	12	14	12	14	14	14	14	16	14	16	18	16	18	20	18	20	24	18	22	26

注:1. 本表适用工作温度 ≤150℃,适用材料为 $\sigma_s=206\sim265$ MPa 的 Q235-A、15g、20g、0Cr13、1Cr13 等。

　　2. 本表按图算法算得,最后圆整为常用钢板规格。

例 5-1　今需制造一台分馏塔(图 3-5-9),塔的内径 $D_i=$ 2000mm,塔身长(指筒长 + 两端椭圆形封头直边高度)$L'=$ 6000mm,封头深 $h=500$ mm,塔在 370 ℃及真空条件下操作,现库存有 10mm、12mm、14mm 厚的 20R 钢板,问能否用这三种钢板来制造这台设备。

解　塔的计算长度 L:

$$L=L'+2\times\frac{1}{3}h=6000+2\times\frac{1}{3}\times500=6333\text{mm}$$

厚度为 10mm、12mm、14mm 的钢板,它们的厚度负偏差皆为 $C_1=0.8$ mm;钢板的腐蚀裕量 $C_2=1$ mm,则塔壁的有效厚度分别为 8.2mm、10.2mm、12.2mm。

1. 当 $\delta_n=10$ mm 时

$$D_o=D_i+2\delta_n=2000+2\times10=2020\text{mm}$$

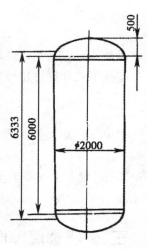

图 3-5-9　例 5-1 图

$$\frac{L}{D_o} = \frac{6333}{2020} = 3.14$$

$$\frac{D_o}{\delta_e} = \frac{2020}{8.2} = 246.34$$

查图 3-5-3 得：$A = 0.00011$，20R 钢的 $\sigma_s = 245\text{MPa}$，查图 3-5-6，A 值点位于曲线左边，故直接用公式（3-5-14）计算 $[p]$

$$[p] = \frac{2AE^t}{3\dfrac{D_o}{\delta_e}}$$

式中 E^t 为 20R 钢板 370℃ 时的值 $E^t = 170\text{GPa}$，故

$$[p] = \frac{2 \times 0.00011 \times 170 \times 10^9}{3 \times 246.34} = 0.051\text{MPa}$$

由于 $[p] < 0.1\text{MPa}$，所以 10mm 厚钢板不能用。

2. 当 $\delta_n = 12\text{mm}$ 时

$$D_o = D_i + 2\delta_n = 2000 + 2 \times 12 = 2024\text{mm}$$

$$\frac{L}{D_o} = \frac{6333}{2024} = 3.13 \quad \frac{D_o}{\delta_e} = \frac{2024}{10.2} = 198.43$$

查图 3-5-3，$A = 0.00016$，可见 A 值点仍在图 3-5-5 曲线左边，仍用公式（3-5-14）计算 $[p]$

$$[p] = \frac{2AE^t}{3\dfrac{D_o}{\delta_e}} = \frac{2 \times 0.00016 \times 170 \times 10^9}{3 \times 198.43} = 0.091\text{MPa}$$

由于 $[p] < 0.1\text{MPa}$，所以 12mm 厚钢板也不能用。

3. 当 $\delta_n = 14\text{mm}$ 时

$$D_o = D_i + 2\delta_n = 2000 + 2 \times 14 = 2028\text{mm}$$

$$\frac{L}{D_o} = \frac{6333}{2024} = 3.12 \quad \frac{D_o}{\delta_e} = \frac{2024}{12.2} = 166.23$$

查图 3-5-3，$A = 0.0002$，查图 3-5-5 发现 A 值点在曲线左边，所以仍用公式（3-5-14）计算

$$[p] = \frac{2AE^t}{3\dfrac{D_o}{\delta_e}} = \frac{2 \times 0.0002 \times 170 \times 10^9}{3 \times 166.23} = 0.136\text{MPa}$$

由于 $[p] > 0.1\text{MPa}$，故 14mm 钢板可用。

任务三　外压球壳与凸形封头的设计

一、外压球壳的设计

外压球壳所需的有效厚度按以下步骤确定：

（1）假设 δ_n，令 $\delta_e = \delta_n - C$，定出 R_o/δ_e。

（2）用下式计算系数 A。

$$A = \frac{0.125}{R_o/\delta_e} \qquad (3-5-18)$$

（3）根据所用材料选用图 3-5-5 ～ 图 3-5-8，在图的下方找出系数 A，若 A 值落在设计温度下材料线的右方，则过此点垂直上移，与设计温度下的材料线相交（遇中间温度值用内插法），再过此交点水平方向右移，在图的右方得到系数 B，并按下式计算许用外压力 $[p]$

$$[p] = \frac{B}{(R_o/\delta_e)} \qquad (3-5-19)$$

若所得 A 值落在温度下材料线的左方，则用下式计算许用外压力 $[p]$

$$[p] = \frac{0.0833E^2}{(R_o/\delta_e)} \qquad (3-5-20)$$

（4）比较 p_c 与 $[p]$，若 $p_c > [p]$，则需再假设 δ_n，重复上述计算步骤，直至 $[p]$ 大于且接近于 p_c 时为止。

二、外压凸形封头的设计

1. 受外压椭圆形封头

凸面受压椭圆形封头的厚度计算，采用外压球壳的设计方法，其中 R_o 为椭圆形封头的当量球壳外半径，$R_o = K_1 D_o$。

K_1——由椭圆形长短轴比值决定的系数，见表 3-5-4。

表 3-5-4　系数 K_1

$D_o/2h_o$	2.6	2.4	2.2	2.0	1.8	0.16	1.4	1.2	1.0
K_1	1.18	1.08	0.99	0.90	0.81	0.73	0.65	0.57	0.50

注：1. 中间值用内插法。

　　2. $K_1 = 0.9$ 为标准椭圆形封头。

　　3. $h_0 = h_i + \delta_n$。

2. 碟形封头

同上，其中 R_o 为碟形封头球面部分的外半径。

例 5-2　一夹套反应釜如图 3-5-10 所示，封头为标准椭圆封头。釜体内径 $D_i = 1200\text{mm}$，设计压力 $p = 5\text{MPa}$；夹套内径 $D_i = 1300\text{mm}$，设计压力为夹套内饱和水蒸气压力 $p = 4\text{MPa}$；夹套和釜体材料均为 16MnR，单面腐蚀裕量 $C_2 = 1\text{mm}$，焊缝系数声 $\phi = 1$，设计温度为蒸汽温度 250℃。现已按内压工况设计确定出釜体圆筒及封头厚度 $\delta_n = 25\text{mm}$，其中 $C_1 = 0.8\text{mm}$，夹套筒体及封头的 $\delta_n = 20\text{mm}$，其中 $C_1 = 0.8\text{mm}$。试校核其稳定性并确定最终厚度。

解　该反应釜夹套为内压容器，不存在稳定性校核问题，故其厚度 $\delta_n = 20\text{mm}$ 是满足要求的。但反应釜在停车及操作过程中，会出现夹套及釜体不同时卸压的情况，使内筒成为外压容器，且最大外压差 $p = 4\text{MPa}$，故必须进行稳定性校核。

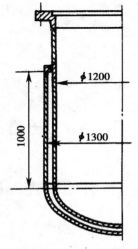

图 3-5-10　例 5-2 图

1. 釜体圆筒稳定性校核和设计

（1）稳定性校核：设计外压 $p = 4\text{MPa}$，名义厚度 $\delta_n = 25\text{mm}$，因釜体为双面腐蚀，所以，$C = C_1 + 2C_2 = 2.8\text{mm}$，有效厚度 $\delta_e = \delta_n - C = 25 - 2.8 = 22.8\text{mm}$，圆筒外径 $D_o = D_i + 2\delta_n = 1200 + 50 = 1250\text{mm}$。

由图知，筒体计算长度 $L = 1000 + \dfrac{1}{3} \times 300 = 1100\text{mm}$，由 $\dfrac{L}{D_o} = 0.88$，$\dfrac{D_o}{\delta_e} = 56.31$，得 $A = 0.0036$，根据 $t = 250℃$ 及 16Mnr 材料厚度计算图，得 $B = 130\text{MPa}$。

釜体许用压力 $[p] = \dfrac{B}{D_o/\delta_e} = \dfrac{130}{56.31} = 2.31\text{MPa}$，因为 $[p] = 2.31\text{MPa} < p_c = 4\text{MPa}$，所以釜体圆筒不满足稳定性要求。

（2）按稳定性确定厚度

设 $\delta_n = 40\text{mm}$，$C_1 = 1.1\text{mm}$，有效厚度 $\delta_e = \delta_n - C_1 - 2C_2 = 40 - 3.1 = 36.9\text{mm}$，圆筒外径 $D_o = D_i + 2\delta_n = 1200 + 2 \times 40 = 1280\text{mm}$。

由 $L/D_o = 0.83$，$D_o/\delta_e = 34.69$，得 $A = 0079$，由 A（16MnR，250℃）得 $B = 143\text{MPa}$。

许用外压力 $[p] = \dfrac{B}{D_o/\delta_e} = \dfrac{143}{34.69}4.12\text{MPa}$，因为 $[p] = 4.12\text{MPa} > p_c = 4\text{MPa}$，故 $\delta_n = 40\text{mm}$ 满足要求。

（3）夹套液压试验时釜体稳定性校核

夹套液压试验压力：夹套 $\delta_n = 20\text{mm}$ 时，$[\sigma]^{20} = 163\text{MPa}$，$[\sigma]^{250} = 147\text{MPa}$，设计内压力 $p = 4\text{MPa}$，试验时介质温度为常温，故

$$p_T = 1.25p\frac{[\sigma]}{[\sigma]^t} = 1.25 \times 4 \times \frac{163}{147} = 5.54\text{MPa}$$

釜体圆筒结构参数未变，此时 A 仍为 0.0079，由（16MnR，20℃）得 $B = 184\text{MPa}$。

许用外压力 $[p] = \dfrac{B}{D_o/\delta_e} = \dfrac{184}{34.69} = 5.3\text{MPa}$，因为 $p_T - [p] = 5.54 - 5.3 = 0.24\text{MPa}$，所以对夹套进行试压时釜体内应保持最小内压力为 0.24MPa。

2. 釜体椭圆封头稳定性校核与设计

（1）稳定性校核：已知设计外压 $p = 4\text{MPa}$，名义厚义 $\delta_n = 25\text{mm}$，考虑双面腐蚀 $C = C_1 + 2C_2 = 2.8\text{mm}$，有效厚度 $\delta_e = \delta_n - C = 25 - 2.8 = 22.2\text{mm}$，标准椭圆封头当量球壳外半径 $R_0 = K_1 D_o = 0.9 \times (1200 + 2 \times 25) = 1125\text{mm}$，所以

$$\frac{R_o}{\delta_e} = \frac{1125}{22.2} = 50.68$$

按半球封头设计：$A = \dfrac{0.125}{R_o/\delta_e} = \dfrac{0.125}{50.68} = 0.0025$，由 A（16MnR，250℃）得 $B = 124\text{MPa}$。

许用外压力 $[p] = \dfrac{B}{R_0/\delta_e} = \dfrac{124}{50.68} = 2.45\text{MPa}$，因 $[p] = 2.45\text{MPa} < p_c = 4\text{MPa}$，故封头不满足要求。

（2）按稳定性确定封头厚度

设名义厚度 $\delta_n = 10\text{mm}$，$C_1 = 1.1\text{mm}$

有效厚度 $\delta_e = \delta_n - C = 40 - 3.1 = 36.9\text{mm}$，所以

$$\frac{R_o}{\delta_e} = 31.22$$

按半球封头设计，$A = \dfrac{0.125}{R_o/\delta_e} = \dfrac{0.125}{31.22} = 0.004$，由 $A(16\text{MnR}, 250\text{℃})$，得 $B = 130\text{MPa}$。

许用外压力 $[p] = \dfrac{B}{R_o/\delta_e} = \dfrac{130}{31.22} = 4.16\text{MPa}$；因 $[p] = 4.16\text{MPa} > p_c = 4\text{MPa}$，故封头 $\delta_n = 40\text{mm}$ 满足稳定性要求。

（3）夹套液压试验时釜体封头稳定性校核

与釜体圆筒步骤相似，封头承受的夹套试验压力 $p_T = 5.54\text{MPa}$。

以 $A = 0.004(16\text{MnR}, 20\text{℃})$ 得 $B = 180\text{MPa}$，许用外压力 $[p] = \dfrac{B}{R_o/\delta_e} = \dfrac{180}{31.22} = 5.77\text{MPa}$。

因 $[p] > p_T$，故封头在夹套液压试验时不会失稳。

3. 讨论

（1）尽管该反应釜釜体内及夹套内均正压操作，但考虑到釜体与夹套不同时卸压时会使釜体成为受外压的容器，因而进行稳定性设计。设计中尤其应注意这类表面看仅受内压，而实际上还存在稳定性问题的情况。

（2）按内压设计釜体的名义厚度 $\delta_n = 25\text{mm}$，考虑稳定性问题后釜体圆筒及封头厚度都取为 $\delta_n = 40\text{mm}$，且要求夹套试压时釜体内至少保持 0.24MPa 的内压。如果要不增加厚度，即取釜体 $\delta_n = 25\text{mm}$，则必须有可靠的控制系统保证任何时候釜体外压与内压差不大于 $\delta_n = 25\text{mm}$ 时筒体的许用外压力 $[p] = 2.3\text{MPa}$，且在夹套液压试验时保持釜体一定内压，并使夹套液压试验压力与该内压之差不大于釜体筒体（$\delta_n = 25\text{mm}$）在试验温度（常温）下的许用外压。

（3）由于试压只是短暂性的，所以不以 p_T 来确定厚度，考虑 p_T 只是为了确定夹套试压时内筒是否保持内压和需要保持多大的内压。

（4）由于釜体内筒厚度增加到 $\delta_n = 40\text{mm}$，使夹套内壁与釜体外壁间隙仅有 10mm，此时必须考虑到加热蒸汽在这 10mm 的间隙内的流动与传热能否满足工艺要求。

任务四　加强圈的作用与结构

设计外压圆筒时，在试算过程中，如果许用外压力 $[p]$ 小于计算外压力 p_c，则必须增加圆筒的厚度或缩短圆筒的计算长度。从式 5-3 可知，当圆筒的直径和厚度不变时，减少圆筒的计算长度可以提高临界压力，从而提高许用操作外压力。外压圆筒的计算长度是指两个刚性构件（如法兰、端盖、管板及加强圈等）间的距离，如图 3-5-11 所示。从经济观点来看，用增加厚度的办法来提高圆筒的许用操作外压力是不合算的，适宜的办法是在外压圆筒的外部或内部装几个加强圈，以缩短圆筒的计算长度，增加圆筒的刚性。当外压圆筒需要用不锈钢或其他贵重的有色金属制造时，则在圆筒外部设置一些碳钢制的加强圈可以减少贵重金属的消耗，很有经济意义。所以采用加强圈结构在外压圆筒设计上得到广泛的应用。

加强圈应有足够的刚性，通常采用扁钢、角钢、工字钢或其他型钢，因为型钢截面惯性矩较大，刚性较好。常用的加强圈结构如图 3-5-11 所示。

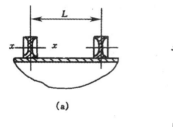
(a)

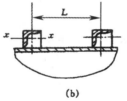
(b)

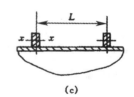
(c)

图 3-5-11　加强圈结构

习　题

1. 图（3-5-12）中 A、B、C 点表示三个受外压的钢制圆筒,材质为碳素钢,$\sigma_s = 216\text{MPa}$,$E = 206\text{GPa}$。试回答:

（1）A、B、C 三个圆筒各属于哪一类圆筒? 它们失稳时的波形数 n 等于（或大于）几?

（2）当圆筒改为铝合金制造时（$\sigma_s = 108\text{MPa}$,$E = 68.7\text{GPa}$）,它的许用应力有何变化? 变化的幅度大概是多少?（用比值 $[p]_a / [p]_s = ?$ 表示）。

2. 有一台聚乙烯聚合釜,其外径为 $D_o = 1580\text{mm}$,高 7060mm（切线间长度）,厚度 $\delta_e = 11\text{mm}$,材质为 0Cr18Ni10Ti,试确定釜体的最大允许外压力（设计温度为 200℃）。

3. 化工生产中有一真空精馏塔,塔径为 $\phi1000\text{mm}$,塔高 9m（切线间长度）,最高工作温度为 200℃,材质为 16MnR,可取计算外压力为 0.1MPa,试设计塔体厚度。

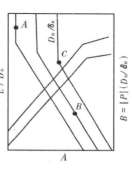

图 3-5-12　题 1 图

4. 有同一种材料制造的四个短圆筒,其尺寸如图 3-5-13 所示,在相同操作温度下,承受均匀周向外压,试按临界压力的大小予以编号。

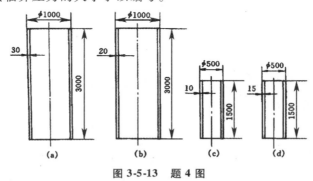

图 3-5-13　题 4 图

5. 一分馏塔由内径 $D_i = 1800\text{mm}$,长 $L = 6000\text{mm}$ 的筒节和标准椭圆封头（直边段长 50mm）焊接而成,材料为 20R,塔内最高温度为 370℃,负压操作,腐蚀裕量 $C_2 = 2\text{mm}$,试用图算法设计筒体厚度。

6. 一台新制成容器,筒体内径 $D_i = 1\text{m}$,筒长（不包括封头直边）$L = 2\text{m}$,名义厚度 $\delta_n = 10\text{mm}$,标准椭圆封头,封头厚为 10mm,直边高度为 40mm,设计压力 1MPa,设计温度

120℃,材料为 Q235 – A,焊接接头系数 $\phi = 0.85$,腐蚀裕量 $C_2 = 2.5$mm。试确定该容器的许可内压和许可外压。

7. 一圆筒容器,材料为 Q235 – A,内径 $D_i = 2800$mm,长 $L = 6000$mm(含封头直边段),两端为标准椭圆封头,封头及壳体名义厚度均为 12mm,其中厚度附加量 $C = 2$mm,容器负压操作,最高操作温度为 50℃。试确定容器最大许用外压力为多少?

项目 **6**
容器零部件

学习目的

◆ 了解法兰连接。

◆ 了解容器的支座。

◆ 了解容器开孔补强。

任务一　法兰连接

一、概述

化工设备由于制造、安装、运输、检修及操作工艺等方面的要求,常常是由几个可拆的部分连在一起而构成的。例如许多换热器、反应器和塔器的筒体与封头之间常做成可拆连接,然后再组合成一个整体。设备上的人孔盖、手孔盖以及设备与外管道、管道与管道的连接几乎是做成可拆的。

为了安全,可拆连接必须满足下列基本要求:

(1)有足够的刚度,且连接件之间具有必须的密封压紧力,以保证在操作过程中介质不会泄漏。

(2)有足够的强度,即不因可拆连接的存在而削弱整个结构的强度,且本身能承受所有的外力。

(3)能耐腐蚀,在一定的温度范围内能正常的工作,能迅速并多次地拆开和装配。

(4)成本低廉,适合于大批量地制造。

法兰连接便是一种能较好地满足上述要求的可拆连接,据统计仅一座年产 250 万吨的炼油厂,法兰连接总数就达 20 万个以上。

法兰连接结构是一个组合件,它由一对法兰,数个螺栓、螺母和一个垫片所组成。压力容器尘兰指筒体与封头、筒体与筒体或封头与管板之间连接的法兰;管法兰指管道与管道之间连接的法兰。

这两类法兰作用相同,外形也相似,但不能互换,也就是说压力容器法兰不能代替公称直径、公称压力与其完全相同的管法兰,反之亦然。因为压力容器法兰的公称直径通常就是与其相连接的筒体的内径,而管法兰的公称直径却是与其连接的管子的公称直径,它既不是指管子的外径也不是指管子的内径,因而公称直径相同的压力容器法兰与管法兰的连接尺寸并不相等,不能相互替换。

二、法兰连接结构与密封原理

法兰连接结构是一个组合件,如图 3-6-1 所示,一般由被连接件——法兰 1,密封元件——垫片 2,连接件——螺栓、螺母 3 组成。

法兰连接的失效主要表现为泄漏。漏是不可避免的,对于法兰连接不仅要确保螺栓法兰各零件有一定的强度,使之在工作条件下长期使用不破坏,而且最基本的要求是在工作条件下,螺栓法兰整个系统有足够的刚度,控制容器内物料向外或向内(在真空或外压条件下)的泄漏量在工艺和环境允许的范围内,即达到"紧密不漏"。法兰的密封原理可简述如下。

法兰通过紧固螺栓压紧垫片实现密封。一般来说,流体在垫片处的泄漏以两种形式出现,即所谓"渗透泄漏"和"界面泄漏",如图 3-6-2 所示。渗透泄漏是流体通过垫片材料本体毛细管的泄漏,故除了介质压力、温度、黏度、分子结构等流体状态性质外,主要与垫片的结构和材质有关;而界面泄漏是流体沿着垫片与法兰接触面之间的泄漏,泄漏量大小主要与界面间

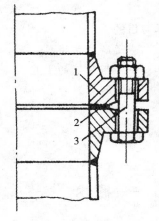

图 3-6-1　法兰密封结构

隙尺寸有关。由于加工时的机械变形与振动,加工后的法兰压紧面总会存在凹凸不平的间隙,如果压紧力不够,界面泄漏即是法兰连接的主要泄漏来源。

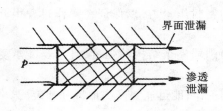

图 3-6-2　界面泄漏与渗透泄漏

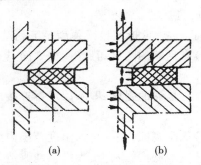

图 3-6-3　法兰密封的垫片变形图示

法兰的整个工作过程可简单地分为预紧工况与操作工况来分析。

预紧工况　预紧螺栓时,螺栓力通过法兰压紧面作用到垫片上,使垫片发生弹性或塑性变形,以填满法兰压紧面上的不平间隙,如图 3-6-3(a)所示,这就为阻止介质泄漏形成了初始密封条件。形成初始密封条件时在垫片单位面积上受到的压紧力,称为预紧密封比压。

操作工况　当通入介质压力时,如图 3-6-3(b),螺栓被拉长,法兰压紧面沿着彼此分离的方向移动,垫片的压缩量减小,垫片产生部分回弹,预紧密封比压下降。如果垫片具有足够的回弹能力,使压缩变形的回复能补偿螺栓和压紧面的变形,而使预紧密封比压值至少降到不小于某一值(这个比压值称为工作密封比压)则密封良好。反之垫片的回弹能力不足,预紧密封比压下降到工作密封比压之下,则密封失效。可见,在操作工况下,为了保持"紧密不漏",垫片上必须留有一定的残余压紧力,螺栓和法兰都必须具有足够大的强度和刚度,使螺栓在容器内压形成的轴向力作用下不发生过大的变形。

三、法兰的结构与分类

1. 法兰按接触面形式分为以下两类。

（1）窄面法兰

法兰与垫片的整个接触面积都位于螺栓孔包围的圆周范围内，如图 3-6-4（a）所示。

（2）宽面法兰

法兰与垫片接触面积位于法兰螺栓中心圆的内外两侧，如图 3-6-4（b）所示。

2. 法兰按其整体性程度，分为三种形式。

（1）松式法兰

法兰不直接固定在壳体上或者虽固定而不能保证法兰与壳体作为一个整体承受螺栓载荷的结构，均划归为松式法兰，如活套法兰、螺纹法兰、搭接法兰，这些法兰可以带颈或不带颈，见图 3-6-5（a）、（b）、（c）。活套法兰适用于有色金属（如铜、铝）和不锈钢制设备或管道上，它对设备或管道壳体不产生附加弯曲应力，且因法兰用碳钢材料，可

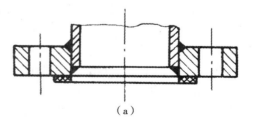
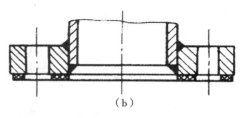

图 3-6-4　窄面法兰与宽面法兰

节约贵重金属用量。但法兰刚度小，它的厚度较厚，一般只适用于压力较低的场合。螺纹法兰广泛用于高压管道上，法兰对管壁产生的附加应力较小。

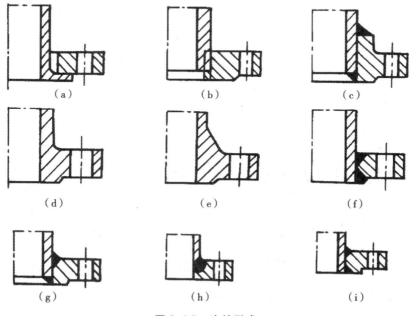

图 3-6-5　法兰形式

（2）整体法兰

将法兰与壳体锻或铸成一体或经全焊透的平焊法兰,见图3-6-5（d）、（e）、（f）。这种结构能保证壳体与法兰同时受力,使法兰厚度可适当减薄,但会在壳体上产生较大附加应力。带颈法兰可以提高法兰与壳体的连接刚度。

（3）任意式法兰

这种法兰与壳体连成一体,刚性比整体法兰差,见图3-6-5（g）、（h）、（i）。其计算按整体法兰,当法兰颈部厚度 $\delta_o \leqslant 15\text{mm}$,法兰内直径 $D_i/\delta_o \leqslant 300$,计算压力 $p_c \leqslant 2\text{MPa}$,$t \leqslant 370℃$ 时,可简化作为不带颈的松式法兰计算。

3.法兰的形状

绝大多数法兰的形状为圆盘形或带颈的圆盘形,也有少量方形、椭圆形法兰盘,如图3-6-6所示。方形法兰有利于把管子排列紧凑。椭圆形法兰通常用于阀门和小直径的高压管上。

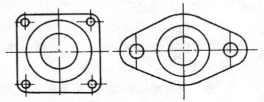

图3-6-6　方形与椭圆形法兰

四、影响法兰密封的因素

影响法兰密封的因素很多,现就以下几个主要因素予以归纳讨论。

1.螺栓预紧力

螺栓预紧力是影响密封的一个重要因素。预紧力必须足够大,使垫片被压紧并实现初始密封条件;内压升起后,垫片上也必须残留有足够的螺栓预紧力,以保证不泄漏;提高螺栓预紧力,可以提高工作密封比压。但是,螺栓预紧力也不能太大,否则将会使垫片被压坏或挤出。

预紧力是通过法兰压紧面传递给垫片的,要达到良好的密封,必须使预紧力均匀地作用于垫片上。因此,当所需要的预紧力一定时,采取增加螺栓个数,减小螺栓直径的办法对密封是有利的。采用标准法兰时,螺栓的个数是给定的。

工程中,可以通过力矩扳手上紧螺栓,以获得精确的预紧力。

2.压紧面（密封面）

压紧面直接与垫片接触,它既传递螺栓力使垫片变形,同时也是垫片变形的表面约束。减小压紧面与垫片的接触面积,可以有效地降低螺栓预紧力,但若减得过小,则易压坏垫片。

要保证法兰连接的紧密性,必须合理地选择压紧面的形状。

法兰压紧面的型式,主要应根据工艺条件（压力、温度、介质等）、密封直径以及准备采用的垫片等进行选择。压力容器和管道中常用的法兰压紧面型式如图3-6-7所示。现将各种类型压紧面的特点及使用范围说明如下。

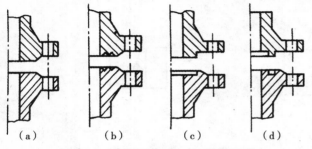

（a）　　　　（b）　　　　（c）　　　　（d）

图3-6-7　中低压法兰密封压紧面形状

（1）平面型压紧面

压紧面的表面是一个光滑的平面［图 3-6-7（a）］，它结构简单、加工方便、造价低，且便于进行防腐衬里，适用的压力范围是 $PN \leqslant 2.5\text{MPa}$，在 $PN \geqslant 0.6\text{MPa}$ 的情况下，应用最为广泛。为了使垫片容易变形和防止挤出，其平面上常刻有 2~4 条同心的三角形沟槽［图 3-6-7（b）］，但对膨胀石墨垫片或缠绕式垫片无须此槽。这种压紧面垫片接触面积较大，密封性能较差，不能用于介质为毒性或易燃易爆的情况。

（2）凹凸型压紧面

这种压紧面是由一个凸面和一个凹面配合而成［图 3-6-7（c）］，在凹面上放置垫片，其优点是便于对中，并不易被内压挤出，但压紧面与垫片接触面积仍较大，故需较大的螺栓预紧力，法兰尺寸也较大，可用于压力较高的场合。

（3）榫槽型压紧面

这种压紧面是由一个榫和一个槽所组成的［图 3-6-7（d）］，垫片置于槽中，不与介质相接触，不会被挤入设备或管道内。垫片可以较窄，因而压紧垫片所需的螺栓力也就相应较小，但其拆卸比较困难，因垫片被挤压在槽内不易清除。这种压紧面适用于易燃、易爆、有毒的介质以及较高压力的场合。

以上三种压紧面所用的垫片，大都是各种非金属垫片或非金属与金属混合制的垫片。

（4）锥形压紧面

这种压紧面是和球面金属垫片（亦称透镜垫片）配合而成，锥角 20°（图 3-6-8），锥形面与垫圈形成线（或窄面）接触密封，通常用于高压管件密封，可用到 100MPa，甚至更大。其缺点是需要的尺寸精度高，表面粗糙度低，直径大时加工困难。

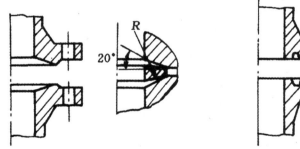 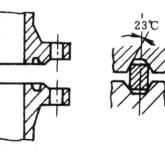

　　图 3-6-8　锥形压紧面　　　　　　　图 3-6-9　梯形槽压紧面

（5）梯形槽压紧面

这种压紧面与椭圆形或八角形截面的金属垫圈配合，压紧面一般与槽的中心线呈 23°，其槽的锥面与垫圈形成线（或窄面）接触密封（图 3-6-9）。密封可靠，垫圈加工比透镜垫容易，用于较高压力场合，一般为 7~70MPa。梯形槽材料的硬度值比垫圈材料硬度高 30~40（HBS）。

压紧面的选用原则，首先必须保证密封可靠，并力求加工容易、装配方便、成本低。具体选用可参考表 3-6-1。

表 3-6-1 垫圈选用表

介质	法兰公称压力 MPa	介质温度 ℃	配用压紧面型式	选用垫圈	
				名称	材料
油品，油气，溶剂（丙烷、丙酮、苯、酚、糠醛、异丙醇）氢气，流化催化剂，≤25%	≤1.6	≤200	平式	耐油橡胶石棉垫	耐油橡胶石棉板
		201～300		缠绕式垫圈	08（15）钢带—石棉带
	2.5	≤200	平形	耐油橡胶石棉垫	耐油橡胶石棉板
	4.0	≤200	平形（凹凸）	缠绕工垫圈，金属包石棉垫圈	08（15）钢带—石棉带马口铁—石棉板
	2.5～4.0	201～450			
	2.5～4.0	451～600		缠绕式组合垫圈	0Cr13（1Cr13 或 2Cr13）钢带—石棉带
	6.4～16	≤450	梯形槽	八角形断面垫圈	08（10）
		451～600			1Cr18Ni9（1Cr18Ni9Ti）
蒸气	1.0、1.6	≤250	平形	石棉橡胶垫	中压石棉橡胶板
	2.5、4.0	251～450	平形（凹凸）	缠绕式垫圈金属包石棉垫圈	08（15）钢带—石棉带马口铁—石棉板
	10	450	梯形槽	八角形断面垫圈	08（10）
	6.4～16	≤100			
水盐水	≤1.6	≤60	平形	橡胶垫圈	橡胶板
		≤150			
气氨液氨	2.5	≤150	凹凸（榫槽）	石棉橡胶垫圈	中压石棉橡胶板
空气、惰性气体	≤1.6	≤200	平形		
≤98% 硫酸≤35% 盐酸≤45% 硝酸	≤1.6	≤90	平形	软塑料垫圈	软聚氯乙烯聚乙烯、聚四氟乙烯
	0.25、0.6	≤45	平形		
液碱	≤1.6	≤60	平形	石棉橡胶垫圈橡胶垫圈	中压石棉板橡胶板

3. 垫片

垫片是法兰连接的核心，密封效果的好坏主要取决于垫片的密封性能。制作垫片的材料要求耐介质腐蚀，不与操作介质发生化学反应，不污染产品和环境，具有良好的弹性，有一定的机械强度和适当的柔软性，在工作温度和压力下不易变质（变质主要指硬化、老化或软化）。

按材料特性垫片可分成 3 种。

（1）非金属垫片

常用的有橡胶垫、石棉橡胶垫、聚四氟乙烯垫和膨胀（或柔性）石墨垫等，如图 3-6-10（a）。

普通橡胶垫仅用于低压和温度低于 100℃ 的水、蒸气等无腐蚀性介质。合成橡胶（如硅橡胶、氟橡胶）的适用温度可达到 220～260℃。石棉橡胶板使用相当广泛，主要用于温度小于 450℃，压力低于 6MPa 的水、油、蒸气等场合。在处理腐蚀性介质时，常用聚四氟乙烯垫、膨胀石墨垫和压缩（耐酸）石棉垫，其中膨胀石墨具有耐高温、耐腐蚀、不渗透、低密度及压缩回弹性能较好等多方面优点，使用温度可用到 870℃，使用压力也可高达 25MPa。

（2）金属垫片

当压力($p \geqslant 6.4$MPa)、温度($t \geqslant 350$℃)较高时,都采用金属垫片或垫圈。金属垫片材料一般并不要求强度高,而是要求软韧。常用的是软铝、钢、软钢(08、10号钢)、铬钢(0Crl3)和不锈钢(0Crl9Ni9、00Crl7Nil4Mo2)等,如图3-6-10(e)、(f)。

(3)金属—非金属组合垫片

相对于单一材料做成的垫片而言,金属—非金属组合垫片兼容了两者的优点,增加了回弹性,提高了耐蚀性,耐热性和密封性能,适用于较高压力和温度的场合。常用的有金属包垫片和金属缠绕垫片。如图6-10(b)、(c)、(d)。

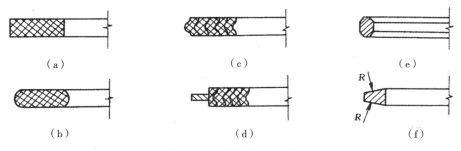

图 3-6-10　垫片断面形状

(a)非金属软垫片;(b)金属包垫片;(c)不带定位圈的缠绕垫片;

(d)带定位圈的缠绕垫片;(e)八角金属垫片;(f)透镜金属垫片

金属包垫片是由石棉、石棉橡胶等为芯材,外包复锌铁皮或不锈钢薄板等制成。金属缠绕垫片是由金属薄带(08、0Crl9Ni9、蒙乃尔合金等)和填充带(石棉、膨胀石墨、聚四氟乙烯)相间缠绕而成,有不带定位圈的和带定位圈的两种。

垫片的选择主要取决于介质的性质、操作温度、操作压力等,亦要考虑垫片性能、压紧面的型式、螺栓力的大小以及装卸要求等。对于高温高压的情况,一般多采用金属垫片,中温中压可采用金属与非金属组合式或非金属垫片,中、低压情况多采用非金属垫片,高真空或深冷温度下以采用金属垫片为宜。

4.法兰刚度

在实际生产中,由于法兰刚度不足而产生过大的翘曲变形(图3-6-11),往往是导致密封失效的原因。刚性大的法兰变形小,可以使分散分布的螺栓力均匀地传递给垫片,因而能够提高密封性能。

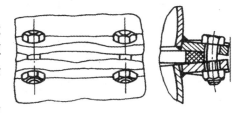

图 3-6-11　法兰的翘曲变形

提高法兰的刚度可以通过以下几种途径:增加法兰的厚度、减小螺栓力作用的力臂(即缩小螺栓中心圆直径)和增大法兰盘外径;对于带长颈的整体和活套法兰,增大长颈部分的尺寸,能显著提高法兰抗弯变形能力。但是提高法兰的刚度,将使法兰笨重,提高整个法兰联接的造价。

5.操作条件

操作条件即压力、温度和介质的物理化学性质。单纯的压力或介质因素对泄漏的影响并不是主要的,只有和温度联合作用时,问题才变得严重。

温度对密封性能的影响有以下几个方面:高温介质黏度小,渗透性强,容易泄漏;在高温下可能会导致法兰、螺栓发生蠕变和出现应力松弛,使密封比压下降;在温度和压力的联合作用下,会导致介质对垫片材料的腐蚀加快或加速非金属垫片的老化和变质,造成密封失效;在高温作用下,由于密封组合件各部分的温度不同,发生热膨胀不均匀,增加了泄漏的可能。

可见,各种外界条件的联合作用对法兰密封的影响是不能轻视的。由于操作条件是生产所给定的,无法回避,为了弥补这种影响,只能从密封组合件的结构和选材上加以解决。

五、法兰标准及选用

法兰已经标准化,以便增加互换性、降低成本;对于非标准法兰如大直径,特殊工作参数和结构型式才需自行设计。当选用标准法兰时,不需进行应力校核。石油化工上用的法兰标准有两个,一个是压力容器法兰标准(JB 4700～4707－2000),另一个是管法兰标准。

(一)压力容器法兰标准

压力容器法兰分平焊法兰和对焊法兰两类。

1. 平焊法兰

平焊法兰又分为甲型平焊法兰(图 3-6-12)和乙型平焊法兰(图 3-6-13)。甲型与乙型平焊法兰相比,区别在于乙型平焊法兰本身带有一个圆筒形的短节,短节的厚度一般不小于16mm,这个厚度较筒体的厚度大,因而增加了法兰的刚度。另一方面,甲型的焊缝开 V 型坡α;乙型的开 U 型坡α,设备与短节采用对接焊,从这点来看乙型比甲型具有较高的强度和刚度,因此,乙型可用于较大的公称直径和公称压力的范围。

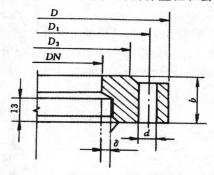

图 3-6-12　甲型平焊法兰(JB 4701－2000)　　　图 3-6-13　乙型平焊法兰(JB 4702－2000)

甲型平焊法兰有 PN0.25MPa,0.6MPa,1.00MPa,1.6MPa 四个压力等级,直径范围为DN300～2000mm,温度范围为－20～300℃。甲型平焊法兰只限于使用非金属软垫片,并配有光滑密封面和凹凸密封面。

乙型平焊法兰有 PN0.25MPa,0.6MPa,1.00MPa,1.6MPa 四个压力等级中较大直径范围,并与甲型平焊法兰相衔接。而且还可用于 PN2.5MPa,4.0MPa 两个压力等级中较小直径范围,适用的全部直径范围为 DN300～3000mm,温度范围为－20～350℃。乙型平焊法兰可采用非金属垫片、缠绕式垫片、组合式垫片,密封面有光滑密封面、凹凸密封面和榫槽密封面。

2. 对焊法兰

长颈对焊法兰是由具有较大厚度的锥颈与法兰盘构成一体的(图 3-6-14),进一步增大了法兰盘的刚度，同时法兰与设备采用对接焊连接，因此用于更高的压力 PN0.6MPa，1.0MPa，1.6MPa，2.5MPa，4.0MPa，6.4MPa，直径 DN300～2000mm，温度 -20～450℃。

由表 3-6-2 中可看出，乙型平焊法兰中 DN2000mm 以下的规格均已包括在长颈对焊法兰的规定范围之内。这两种法兰的联接尺寸和法兰厚度完全一样。所以 DN2000mm 以下的乙型平焊法兰，可以用轧制的长颈对焊法兰代替，以降低法兰的生产成本。长颈对焊法兰的垫片、密封面形式同乙型平焊法兰。

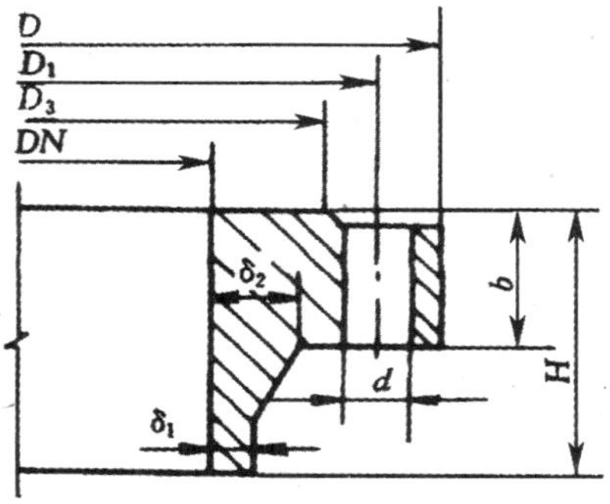

图 3-6-14　长颈对焊法兰（JB 4703－2000）

平焊与对焊法兰都有带衬环的与不带衬环的两种。当设备是由不锈钢制作时，采用碳钢法兰加不锈钢衬环，可以节省不锈钢。

3. 压力容器法兰标准的选用

选择压力容器法兰的主要参数是公称压力和公称直径。压力容器法兰的公称直径与压力容器的公称直径应取同一系列数值。例如 DN1200 的压力容器应选配 DN1200 的压力容器法兰。

表 3-6-2　压力容器法兰分类和规格范围

类型		平焊法兰										对焊法兰					
		甲型				乙型						长颈					
标准号		JB 4701—92				JB 4702—92						JB 4703—92					
简图		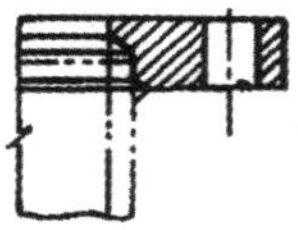				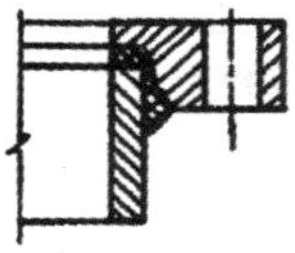						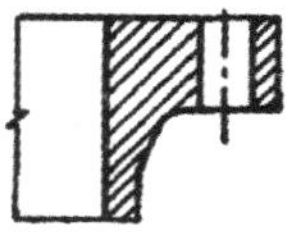					
公称压力 PN MPa		0.25	0.6	1.0	1.6	0.25	0.6	1.0	1.6	2.5	4.0	0.6	1.0	1.6	2.5	4.0	6.4
公称直径 DN mm	300	按PN10															
	350																
	400																
	(450)	按PN6															
	500																
	(550)																
	600																
	(650)																
	700																
	800																
	900																
	1000																
	(1100)																
	1200																
	(1300)																
	1400																
	(1500)																
	1600																
	(1700)																
	1800																
	(1900)																
	2000																
	2200					按PN6											
	2400																
	2600																
	2800																
	3000																

注：表中带括号的公称直径应尽量不采用。

　　法兰的公称压力的选取与设备或容器的最大工作压力、工作温度及法兰材料有关。因为在制定法兰标准的尺寸系列时;特别是计算法兰盘厚度时,选择的基准是以16MnR在200℃时的力学性能来确定的。也就是按该基准计算出来的法兰尺寸,若是用16MnR制造,在200℃时操作,它允许的最大工作压力就是该尺寸的公称压力。例如公称压力为0.6MPa的法兰,是指具有这样一种尺寸规格的法兰,这个法兰如果是用16MnR制造,且用于200℃的场合,那么它的最大工作压力可以用到0.6MPa,如果把该尺寸规格的法兰用于高于200℃的场合,那么它允许的最高工作压力就要低于0.6MPa。当几何尺寸规格不变、材料不变时,温度和压力之间的变化,工程上叫"升温降压"。反之,该尺寸规格的法兰,仍用16MnR制造,用在低于200℃的场合,它允许的最大工作压力可以高于公称压力。

　　另外,法兰制造采用的材料不同,其同一几何尺寸规格的法兰,允许承受的最大工作压力也不同。如用机械强度低于16MnR的Q235-A来制造,这个法兰仍在200℃下工作,该法兰允许的最大工作压力将低于公称压力,反之若采用机械强度高于16MnR的材料制造的同一规格的法兰在相同条件下允许的压力将高于公称压力。

　　为了反映材料、工作温度、法兰规格尺寸和公称压力的关系,列表3-6-2及3-6-3。

表 3-6-3　甲型、乙型平焊法兰的最大允许工作压力（JB 4700-2000）

公称压力 PN/MPa	法兰材料		工作温度℃				备注
			> −20 ~ 200	250	300	350	
0.25	板材	Q235-A、B	0.16	0.15	0.14	0.13	
		Q235-C	0.18	0.17	0.15	0.14	
		20R	0.19	0.17	0.15	0.14	
		16MnR	0.25	0.24	0.21	0.20	
		15MnVR	0.27	0.27	0.26	0.25	
		15CrMoR	0.26	0.25	0.23	0.22	
	锻件	20	0.19	0.17	0.15	0.14	
		16Mn	0.26	0.24	0.22	0.21	
		20MnMo	0.27	0.27	0.26	0.25	
0.60	板材	Q235-A、B	0.40	0.36	0.33	0.30	
		Q235-C	0.44	0.40	0.37	0.33	
		20R	0.45	0.40	0.36	0.34	
		16MnR	0.60	0.57	0.51	0.49	
		15MnVR	0.65	0.64	0.63	0.60	
		15CrMoR	0.63	0.60	0.56	0.53	
	锻件	20	0.45	0.40	0.36	0.34	
		16Mn	0.61	0.59	0.53	0.50	
		20MnMo	0.65	0.64	0.63	0.60	
1.00	板材	Q235-A、B	0.66	0.61	0.55	0.50	
		Q235-C	0.73	0.67	0.61	0.55	
		20R	0.74	0.67	0.60	0.56	
		16MnR	1.00	0.95	0.86	0.82	
		15MnVR	1.09	1.07	1.05	1.00	
		15CrMoR	1.05	1.00	0.93	0.88	
	锻件	20	0.74	0.67	0.60	0.56	
		16Mn	1.02	0.98	0.88	0.83	
		20MnMo	1.09	1.07	1.05	1.00	

续表

公称压力 PN/MPa	法兰材料		工作温度℃				备注
			> -20～200	250	300	350	
1.60	板材	Q235-B	1.06	0.97	0.89	0.80	
		Q235-C	1.17	1.08	0.98	0.89	
		20R	1.19	1.08	0.96	0.90	
		16MnR	1.60	1.53	1.37	1.31	
		15MnVR	1.74	1.72	1.68	1.60	
		15CrMoR	1.67	1.60	1.49	1.41	
	锻件	20	1.19	1.08	0.96	0.90	
		16Mn	1.64	1.56	1.41	1.33	
		20MnMo	1.74	1.72	1.68	1.60	
2.50	板材	Q235-C	1.83	1.68	1.53	1.38	
		20R	1.86	1.69	1.50	1.40	
		16MnR	2.50	2.39	2.14	2.05	
		15MnVR	2.72	2.68	2.63	2.50	DN<1400
		15MnVR	2.67	2.63	2.59	2.50	DN≥1400
		15CrMoR	2.61	2.50	2.33	2.20	
	锻件	20	1.86	1.69	1.50	1.40	
		16Mn	2.56	2.44	2.20	2.08	
		20MnMo	2.92	2.86	2.82	2.73	DN<1400
		20MnMo	2.67	2.63	2.59	2.50	DN≥1400
4.00	板材	20R	2.97	2.70	2.39	2.24	
		16MnR	4.00	3.82	3.42	3.27	
		15MnVR	4.36	4.29	4.20	4.00	DN<1500
		15MnVR	4.27	4.20	4.14	4.00	DN≥1500
		15CrMoR	4.18	4.00	3.37	3.52	
	锻件	20	2.97	2.70	2.39	2.24	
		16Mn	4.09	3.91	3.52	3.33	DN<1500
		20MnMo	4.64	4.56	4.51	4.36	DN≥1500
		20MnMo	4.27	4.20	4.14	4.00	

　　法兰类型可分为一般法兰和衬环法兰两类,一般法兰的代号为"法兰",衬环法兰的代号为"法兰C"。

法兰密封面型式可用代号表示,见表3-6-4。

表3-6-4 法兰密封面型式代号(JB 4700-92)

密封面型式		代号	密封面型式		代号
平密封面	密封面上不开水线	PI	凹凸密封面	凹密封面	A
	密封面上开两条同心圆水线	PⅡ		凸密封面	T
	密封面上开同心圆或螺旋线的密纹水线	Pi	榫槽密封面	榫密封面	S
				槽密封面	C

标准法兰的标注方法为:

标注示例:公称压力1.6MPa,公称直径800mm的衬环榫槽密封面乙型平焊法兰中的榫面法兰。

法兰 C‑S 800‑1.6 JB 4702‑2000

法兰联接的螺栓与螺母的材料也有规定,详见表3-6-5和JB 4700-2000。

甲、乙型平焊法兰的尺寸系列参见JB 4701-2000和JB 4702-2000。

非金属软垫片的选择可参照JB 4704-2000。

例6-1 今有一直径为1200mm的吸收塔,封头与筒身采用法兰联接,该塔操作温度为285℃,设计压力为0.3MPa,材质为Q235-A,试选择标准法兰。

解 查表6-2,甲型平焊法兰就可以满足要求;法兰材料取与塔体、封头材料相同的Q235‑A;查表6-3,应按公称压力0.6MPa来查选它的尺寸。

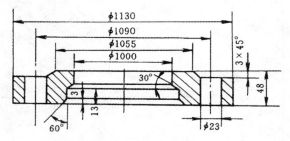

图3-6-15 例6-1图

由于操作压力不高,由表3-6-1可采用平面密封面,垫片材料选用石棉橡胶板,查JB4704-2000定出尺寸。

标注为:垫片1200‑0.6 JB 4704-2000。

法兰的各部分尺寸可从JB 4701-2000中查得,并绘注于图3-6-15中。

联接螺栓为M20,共52个,材料由表3-6-5查得为35,螺母材料为Q235-A。

法兰标注为:法兰-PⅡ 1200-0.6 JB 4701-2000。

(二)管法兰标准

目前在石油、化工行业中使用的管法兰标准较多,既有国标,又有行业标准,如GB9119.5-88～GB9119.10-88(凸面板式平焊钢制管法兰),GB9116.11-88～GB9116.14-88(凹凸面带颈平焊钢制管法兰)等,行业标准也较多,但根据新标准一出版,老标准自动作废的原则,化工行业目前所用标准为HG 20592～20635-2009《钢制管法兰、垫片、紧固件》,它是由原化工部颁布,1998年2月1日起执行的。HG 20592～20635-2009包括国际通用的欧洲和美洲两大体系,它是与国际接轨的管法兰、垫片、紧圈件标准,中国目前所用的大部分管材是公制管,属于欧洲体系。由于篇幅的限制,在此就不具体介绍了,可以直接查标准。

表 3-6-5　法兰、垫片、螺栓、螺母材料匹配表

匹配 / 法兰类型	垫片 种类	温度限	匹配	法兰材料	匹配	螺柱材料	匹配 温度限 > -20℃至	螺母材料
甲型法兰	（GB539）耐油石棉橡胶板	200℃	任意	板材（GB3274）Q235-A,B,C（GB6654）20R 16MnR	任意	（GB 700）Q235-A	0～300℃	Q235-A
	（GB3985）石棉橡胶板	350℃				（GB 699）35	300℃	Q235-A
							350℃	15
乙型法兰与长颈法兰	非金属软垫片 （GB 539）耐油石棉橡胶板	200℃	任意	板材（GB 3274）Q235-A,B,C（GB 6654）20R 16MnR	按（JB 4700-92）表3选定螺柱材料	35	300℃	Q235-A
							350℃	15
	（GB 3985）石棉橡胶板	350℃		锻件（JB 755）20 16Mn		（GB 3077）40MnB 40Cr 40MnVB	400℃	35 45 40Mn
	缠绕片 石棉或石墨填充带	450℃	任意	板材（GB 6654）20R 16MnR 15CrMoR	按（JB 4700-92）表4选定螺柱材料	40MnB 40Cr 40MnVB	400℃	4 40Mn
	聚四氟乙烯填充带	260℃		锻件（JB 755）20 16Mn 15CrMo 12Cr1MoV		GB 3077 35CrMoA	450℃	30CrMoA 35CrMoA
乙型法兰与长颈法兰	金属包垫 铜、铝包覆材料	400℃	任意	锻件（JB 755）12Cr2Mo1	按（JB 4700-92）表5选定螺柱材料	40MnVB	400℃	35,45 40Mn
						35CrMoA	400℃	45,40Mn
						GB 3077 25Cr2MoVA	450℃	30CrMoA 35CrMoA
	低碳钢、不锈钢包覆材料	450℃	任意	板材（GB 6654）15MnVR	按（JB 4700-92）表5选定螺柱材料	35CrMoA	450℃	30CrMoA 25Cr2MoVA
							400℃	45,40Mn
							450℃	30CrMoA 35CrMoA
				锻件（JB 755）20MnMo	PN≥2.5	25Cr2MoVA	450℃	30CrMoA 25Cr2MoVA
					PN<2.5	35CrMoA		

注："温度限"系指在 > -20℃至表中各温度。

　　　"任意"系指"匹配"栏左列的各种材料可与"匹配"栏右列的各种材料任意匹配使用。

任务二　容器支座

容器和设备的支座,是用来支承其重量,并使其固定在一定的位置上。在某些场合下支座还要承受操作时的振动,承受风载荷和地震载荷。

容器与设备支座的结构形式很多,根据容器与设备自身的形式,支座可以分成两大类,即卧式容器支座和立式容器支座。

一、卧式容器支座

卧式容器的支座有三种形式:鞍座、圈座和支腿,如图 3-6-16 所示。

常见的卧式容器和大型卧式贮罐、换热器等多采用鞍座,它是应用得最为广泛的一种卧式容器支座。但对于大直径薄壁容器和真空设备,为增加筒体支座处的局部刚度常采用圈座。小型设备采用结构简单的支腿。

1. 双鞍式支座及支座标准

置于支座上的卧式容器,其情况和梁相似,由材料力学分析可知,梁弯曲产生的应力与支点的数目和位置有关。当尺寸和载荷一定时,多支点在梁内产生的应力较小,因此支座数目似乎应该多些好。但对于大型卧式容器而言,当采用多支座时,如果各支座的水平高度有差异或地基沉陷不均匀,或壳体不直不圆等微小差异以及容器不同部位受力挠曲的相对变形不同,使支座反力难以为各支点平均分摊,导致壳体应力增大,因而体现不出多支座的优点,故一般情况采用双支座。

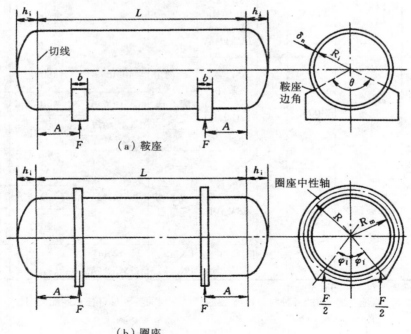

（a）鞍座

（b）圈座

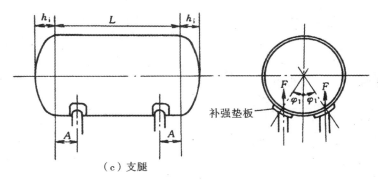

（c）支腿

图 3-6-16　卧式容器支座

采用双支座时,支座位置的选取一方面要考虑到利用封头的加强效应,另一方面又要考虑到不使壳体中因载重引起的弯曲应力过大,所以选取原则如下。

（1）双鞍座卧式容器的受力状态可简化为受均布载荷的外伸梁,由材料力学知,当外伸长度 $A=0.207L$ 时,跨度中央的弯矩与支座截面处的弯矩绝对值相等,所以一般近似取 $A\leqslant 0.2L$,其中 L 取两封头切线间距离,A 为鞍座中心线至封头切线间距离（见图 3-6-16）。

（2）当鞍座邻近封头时,则封头对支座处筒体有加强刚性的作用。为了充分利用这一加强效应,在满足 $A\leqslant 0.2L$ 下应尽量使 $A\leqslant 0.5R_o$。（R_o 为筒体外半径）。

此外,卧式容器由于温度或载荷变化时都会产生轴向的伸缩,因此容器两端的支座不能都固定在基础上,必须有一端能在基础上滑动,以避免产生过大的附加应力。通常的做法是将一个支座上的地脚螺栓孔做成长圆形,并且螺母不上紧,使其成为活动支座,而另一支座仍为固定支座。还有一种做法是采用滚动支座（如图 3-6-17）,它克服了滑动摩擦力大的缺点,但结构复杂,造价高,故一般只用在受力大的重要设备上。

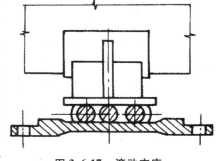

图 3-6-17　滚动支座

对于鞍式支座的结构与尺寸,除特殊情况需要另外设计外,一般可根据设备的公称直径选用标准形式,目前鞍座标准为 JB/T 4712-2007。因为对于卧式容器,除了考虑操作压力引起的薄膜应力外,还要考虑容器重量在壳体上引起的弯曲,所以既使选用标准鞍座后,还要对容器进行强度和稳定性的校核,这一部分内容可参见相关标准。

鞍座的结构如图 3-6-18,它由横向直立筋板、轴向直立筋板和底板焊接而成,在与设备筒体相连处,有带加强垫板的和不带加强垫板的两种结构,图 3-6-18 为带垫板的结构。必须设置加强垫板的条件见 JB/T 4712 - 2007。加强垫板的材料应与设备壳体材料相同。鞍座的材料（加强垫板除外）为 Q23 - A. F。

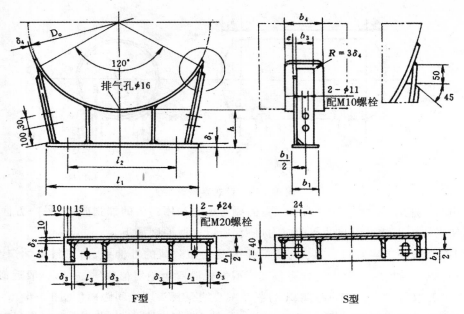

图 3-6-18　DN1000～2000mm 轻型带垫板包角 120°的鞍式支座

　　鞍座的底板尺寸应保证基础的水泥面不被压坏。根据底板上的螺栓孔形状不同,又分为 F 型(固定支座)和 S 型(活动支座),除螺栓孔外,F 型与 S 型各部分的尺寸相同。在一台容器上,F 型和 S 型总是配对使用。活动支座的螺栓孔采用长圆形,地脚螺栓采用两个螺母,第一个螺母拧紧后倒退一圈,然后用第二个螺母锁紧,以便能使鞍座在基础面上自由滑动。

　　鞍座标准分为轻型(A)和重型(B)两大类,重型又分为 BⅠ～BⅤ五种型号,见表 3-6-6。

表 3-6-6　各种型号的鞍座结构特征

型式		适用公称直径 DN/mm	结构特征	支座尺寸
轻型 A		100～200 2100～4000	120°包角、焊制、四筋、带垫板 120°包角、焊制、六筋、带垫板	JB/T 4712-92
重型	BⅠ	159～426 300～450 500～900 1000～2000 2100～4000	120°包角、焊制、单筋、带垫板 120°包角、焊制、双筋、带垫板 120°包角、焊制、四筋、带垫板 120°包角、焊制、六筋、带垫板	JB/T 4712-92
	BⅡ	1500～2000 2100～4000	150°包角、焊制、四筋、带垫板 150°包角、焊制、六筋、带垫板	
	BⅢ	159～426 300～450 500～900	120°包角、焊制、单筋、不带垫板 120°包角、焊制、双筋、不带垫板	
	BⅣ	159～426 300～450 500～900	120°包角、弯制、单筋、带垫板 120°包角、弯制、双筋、带垫板	
	BⅤ	159～426 300～450 500～900	120°包角、弯制、单筋、不带垫板 120°包角、弯制、双筋、不带垫板	

表 3-6-7　　DN1000～2000mm 轻型带垫板包角120°的鞍座尺寸　　　　　　　mm

公称直径 DN	允许载荷 QkN	鞍座高度 h	底座			腹板	筋板				垫板				螺栓间距 l₂	鞍座质量 kg	增加100mm高度增加的质量 kg
			l_1	b_1	δ_1	δ_2	l_3	b_2	b_3	δ_3	弧长	b_4	δ_4	e			
1000	143		760				170				1180				600	44	7
1100	145		820			6	185				1290				660	48	7
1200	147	200	880	170	10		200	140	180	6	1410	270	6		720	52	7
1300	158		940				215				1520				780	60	9
1400	160		1000				230				1640				840	64	9
1500	272		1060			8	242				1760			40	900	101	12
1600	275		1120	200			257	170	230		1870	320			960	107	12
1700	278	250	1200		12		277				1990				1010	113	12
1800	295		1280				296			8	2100		8		1120	137	16
1900	298		1360	220		10	316	190	260		2220	350			1200	145	16
2000	300		1420				331				2330				1260	152	17

　　图 3-6-18 和表 3-6-7 给出了 DN1000～2000mm 轻型（A）带垫板,包角为 120°的鞍座结构和参数尺寸。其他型号鞍座结构与参数尺寸以及允许载荷、材料与制造、检验、验收和安装技术要求详见 JB/T 4712－2007。

　　鞍座标准的选用,首先根据鞍座实际承载的大小,确定选用轻型（A 型）或重型（BⅠ,BⅡ,BⅢ,BⅣ,BⅤ型)鞍座,找出对应的公称直径,再根据容器圆筒强度确定选用 120°或 150°包角的鞍座,标准高度下鞍座的允许载荷和各部分结构尺寸可从表 3-6-7 和 JB/T 4712－2007 中得到。

　　鞍座标记方法：

　　如公称直径为 1600mm 的轻型（A 型）鞍座,标记为：

　　JB/T 4712－2007　　鞍座 A1600-F

　　JB/T 4712－2007　　鞍座 A1600-S

JB/T 4712-2007鞍座　XX－X
　固定鞍座F,滑动鞍座S
　公称直径,mm
　型号(A,BⅠ,BⅡ,BⅢ,BⅣ,BⅤ)

2.圈式支座

　　圈式支座适用的范围是：因自身重量而可能在支座处造成壳体较大变形的薄壁容器,某些外压或真空容器,多于两个支座的长容器。圈座的结构如图 3-6-16(b)所示。

3.支腿

　　这种支座由于在与容器相连接处会造成严重的局部应力,因此一般只用于小型容器,支腿的结构如图 3-6-16(c)所示。

二、立式容器支座

立式容器的支座有四种:耳式支座、支承式支座、腿式支座和裙式支座。中、小型直立容器常采用前三种支座,高大的塔设备则广泛采用裙式支座。

1. 耳式支座

耳式支座又称悬挂式支座,它由筋板和支脚板组成,广泛用于反应釜及立式换热器等直立设备上,优点是简单、轻便,但对器壁会产生较大的局部应力。因此,当设备较大或器壁较薄时,应在支座与器壁间加一垫板,垫板的材料最好与筒体材料相同,如不锈钢设备用碳钢作支座时,为防止器壁与支座在焊接过程中合金元素的流失,应在支座与器壁间加一个不锈钢垫板。图 3-6-19 是带有垫板的耳式支座。

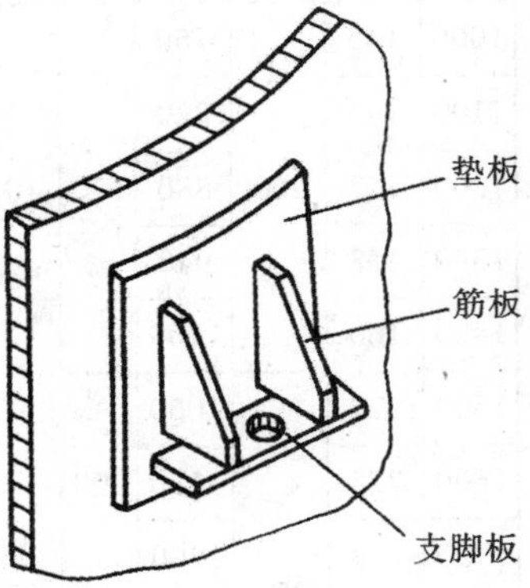

图 3-6-19　耳式支座

耳式支座推荐用的标准为 JB/T 4725 - 92,它将耳式支座分为 A 型(短臂)和 B 型(长臂)两类,每类又有带垫板和不带垫板的两种,不带垫板的分别以 AN 和 BN 表示,见表 3-6-8,表中支座取决于支座允许载荷 $[Q]$ 和容器公称直径 DN。

表 3-6-8　耳式支座结构型式特征

型式	支座号	适用公称直径/mm	结构特征
A	1～8		短臂、带垫板
AN	1～3		短臂、不带垫板
B	1～8	D Ⅳ 300～4000	长臂、带垫板
BN	1～3		长臂、不带垫板

图 3-6-20 和表 3-6-9 给出了 A 型、AN 型耳式支座的结构及系列参数与尺寸。B 型和 BN 型耳式支座的结构及系列与参数尺寸参见 JB/T 4725 - 92。

B 型耳式支座有较宽的安装尺寸,故又称长脚支座,当设备外面包有保温层或者将设备直接放置在楼板上时,宜采用 B 型耳式支座。

耳式支座标准选用的方法是:根据公称直径 DN 及估算的总重量 Q 值预选一标准支座,然后按 JB/T 4725 - 92 附录 A 的方法计算支座承受的实际载荷 Q,并使 $Q \leqslant [Q]$。其中 $[Q]$ 为支座本体允许载荷,单位为 kN,其值由表 3-6-9 及 JB/T 4725 - 92 查得。一般情况下还应校核支座处圆筒所受的支座弯距帆,并使 $M_L \leqslant [M_L]$,具体校核方法可参见 JB/T4725 - 92。

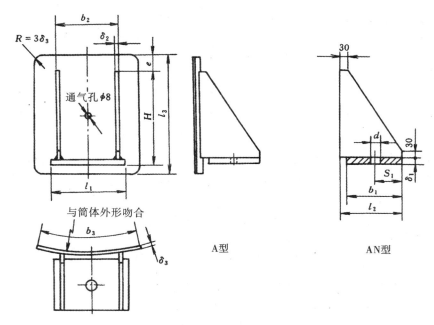

图 3-6-20　A 型、AN 型耳式支座

表 3-6-9　A、AN 型支座系列参数尺　　　　　　　　　　　　　　　　　　　mm

支座号	支座本体允许载荷[Q] kN	适用容器公称直径 DN	高度 H	底板				筋板			垫板				地脚螺栓	支座质量 kg	
				l_1	b_1	δ_1	s_1	s_2	b_2	δ_2	l_3	b_3	δ_3	e	d 规格	A 型	AN 型
1	10	300 ~ 600	125	100	60	6	30	80	80	4	160	125	6	20	24 M20	1.7	0.7
2	20	500 ~ 1000	160	125	80	8	40	100	100	5	200	160	6	24	24 M20	3.0	1.5
3	30	700 ~ 1400	200	160	105	10	50	125	125	6	250	200	8	30	30 M24	6.0	2.8
4	60	1000 ~ 2000	250	200	140	14	70	160	160	8	315	250	8	40	30 M24	11.1	—
5	100	1300 ~ 2600	320	250	180	16	90	200	200	10	400	320	10	48	30 M24	21.6	—
6	150	1500 ~ 3000	400	315	230	20	115	250	250	12	500	400	12	60	36 M30	40.8	—
7	200	1700 ~ 3400	480	375	280	22	130	300	300	14	600	480	14	70	36 M30	67.3	—
8	250	2000 ~ 4000	600	480	360	26	145	380	380	16	720	600	16	72	36 M30	120.4	—

耳式支座的标记方法：

如 A 型、不带垫板，3 号耳式支座，支座材料   JB/T 4725-92,耳座 ×× 为 Q235-A.F

标记为：JB/T 4725 - 92,耳座 AN3

材料：Q235-A.F

（图右侧标注：
支座号(1~8)
型号(A、AN、B、BN)）

2. 支承式支座

对于高度不大的中小型设备,可采用支承式

支座。支承式支座已经标准化,它分为 A、B 两类,A 类由钢板拼焊而成,B 类由钢管制作,两类都带垫板。它的型式特征见表3-6-10。图3-6-21 表示 1 ~ 4 号 A 型支承式支座,图3-6-22 表示 B 型支承式支座。

表 3-6-10   支承式支座的型式特征

型式	支座号	适用公称直径 mm	结构特征
A	1 ~ 6	D IV 800 ~ 3000	钢板焊制,带垫板
B	1 ~ 8	D IV 800 ~ 4000	钢管制作,带垫板

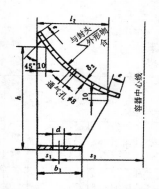

图 3-6-21   1 ~ 4 号 A 型支承式支座

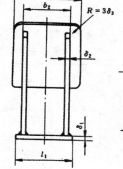
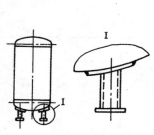

图 3-6-22   B 型支承式支座

关于支承式支座的其他内容可查阅标准:支承式标准 JB/T 4724 - 92。

3. 腿式支座

腿式支座与支承式支座的最大区别在于:腿式支座是支承在容器的圆柱体部分,而支承式支座是支承在容器的底封头上。

表 3-6-11   腿式立座的形式特征

型式	支座号	适用公称直径/mm	结构特征
A	1 ~ 7	DN400 ~ 1600	角钢支柱,带垫板
AN	1 ~ 7		角钢支柱,不带垫板
B	5		钢管支柱,带垫板
BN	1 ~ 5		钢管支柱,不带垫板

腿式支座也已经标准化,它的形式特征见表3-6-11,支座形式见图3-6-23。

有关支座的具体形式、尺寸、选用可查阅标准:腿式支座 JB/T 4713 - 92。

4. 裙式支座

裙式支座是高大的塔设备最广泛采用的一种支座形式。它与前三种支座不同,目前尚无标准。它的各部分尺寸均需通过计算或实践确定。有关裙式支座的结构及其设计计算可参见 JB 4710-2005《钢制塔式容器》。

任务三　容器的开孔补强

　　化工容器不可避免的要开孔并往往接有管子或凸缘,容器开孔接管后在应力分布与强度方面将带来如下影响:开孔破坏了原有的应力分布并引起应力集中,较大的局部应力,再加上作用于接管上的各种载荷所产生的应力,温度差造成的温差应力,以及容器材质和焊接缺陷等因素的综合作用,接管处往往会成为容器的破坏源,特别是在有交变应力及腐蚀的情况下变得更为严重,远高于容器中的薄膜应力,造成容器的破坏。因此容器开孔接管后,必须考虑其补强问题。

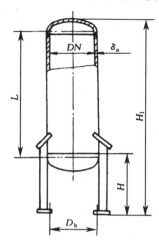

图 3-6-23　腿式支座

一、开孔补强的设计原则与补强结构

1.补强设计原则

（1）等面积补强法的设计原则

　　这种补强方法,规定局部补强的金属截面积必须等于或大于开孔所减去的壳体截面积,其含义在于补强壳壁的平均强度,用与开孔等截面的外加金属来补偿削弱的壳壁强度。但是,这种补强方法并不能完全解决应力集中问题,当补强金属集中于开孔接管的根部时,补强效果较好,当补强金属比较分散时,即使100%等面积补强,仍不能有效地降低应力集中系数。在一般情况下,这种方法可以满足开孔补强设计的需要,方法简便,且在工程上有很长的使用历史和经验,中国的容器标准采用的主要是这一方法。

（2）塑性失效补强设计原则

　　这是一种极限设计的方法,同时又考虑到结构的安定性。其基本点是:开孔容器的接管处达到全域塑性时的极限应力应等于无孔壳体的屈服应力;同时,按弹性计算的最大应力应不超过 $2\sigma_s$,即

$$\sigma_{max} = 2\sigma_s$$
$$\sigma_s = 1.5[\sigma]$$
$$\sigma_{max} = 3[\sigma]$$

　　这种方法首先由 ASME Ⅲ 及 ASME Ⅷ-2 采用,中国容器标准及专业标准也采用了这一设计准则。它表明,如果将薄膜应力控制在许用应力 $[\sigma]$ 之下,那么应力集中区的最大应力集中系数可以允许达到3.0。应该指出,这种补强方法只允许采用整体锻件补强结构。

2.补强结构

　　补强结构是指用于补强的金属采用什么样的结构形式与被补强的壳体或接管连成一体,以减小该处的应力集中。

　　常用的补强结构有下列几种。

（1）补强圈补强结构

　　如图 3-6-24（a）、（b）、（c）所示。它是以补强圈作为补强金属部分,焊接在壳体与接管

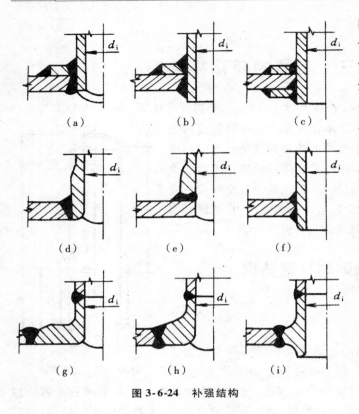

图 3-6-24　补强结构

的连接处,这种结构广泛用于中低压容器,它制造方便,造价低,使用经验成熟。补强圈的材料与壳体材料相同,其厚度一般也取与壳体厚度相同。补强圈与壳体之间应很好地贴合,使其与壳体同时受力,否则起不到补强的作用。为了检验焊缝的紧密性,补强圈上开有一个 M10 的小螺纹孔,并从这里通入压缩空气,在补强圈与器壁的连接焊缝处涂抹肥皂水,如果焊缝有缺陷,就会在该处吹起肥皂泡。这种补强圈结构也存在一些缺点:如补强区域过于分散,补强效率不高;补强圈与壳体或接管之间存在着一层静气隙,传热效果差,致使两者温差与热膨胀差较大,因而在补强的局部地区往往会产生较大的热应力;补强圈与壳体焊接处,刚度变大,容易在焊缝处造成裂纹、开裂;由于补强圈与壳体或接管没有形成一个整体,因而抗疲劳能力差。由于上述缺点,这种结构只用于静压、常温及中、低压容器。GB 150-2011 指出,采用此结构时应遵循下列规定:钢材的标准抗拉强度下限值 $\sigma_b \leqslant 540\text{MPa}$,补强圈厚度小于或等于 $1.5\delta_n$,壳体名义厚度 $\delta_n \leqslant 38\text{mm}$。

(2)厚壁管补强结构

如图 3-6-24(d)、(e)、(f)所示,它是在壳体与接管之间焊上一段厚壁加强管。加强管处于最大应力区域内,因此能有效地降低开孔周围的应力集中系数,其中图 3-6-24(f)图效果更好,但内伸长度要适当,如过长,其效果反会降低。厚壁管补强结构简单,只需一段厚壁管即可,制造与检验都方便,但必须保证全焊透。常用于低合金钢容器或某些高压容器。

(3)整锻件补强结构

如图 3-6-24(g)、(h)、(i)所示,补强区更集中在应力集中区,能最有效地降低应力集中系数,而且全部焊接接头采用对接焊缝,易探伤,易保证质量,这种补强结构的抗疲劳性能最好,疲劳寿命仅降低 10% ~ 15%。缺点是锻件供应困难,制造烦琐,成本较高,常用在 $\sigma_b \geqslant$ 540MPa 级的钢板制作的容器上及受低温、高温、反复载荷的大直径开孔容器、高压容器、核容器上等。

二、适用的开孔范围

当采用局部补强时,GB150-2011 规定,筒体及封头上开孔的最大直径不得超过以下数值:

（1）筒体内径 $D_i \leqslant 1500\text{mm}$ 时，开孔最大直径 $d \leqslant D_i/2$，且 $d \leqslant 520 \text{ mm}$（$d$ 为开孔直径，圆形孔取接管内直径加两倍厚度附加量，椭圆形或长圆形孔取所考虑平面上的尺寸（弦长，包括厚度附加量））。

（2）筒体内径 $D_i > 1500\text{mm}$ 时，开孔最大直径 $d \leqslant D_i/3$，且 $d \leqslant 1000\text{mm}$。

（3）凸形封头或球壳的开孔最大直径 $d \leqslant D_i/2$。

（4）锥壳（或锥形封头）的开孔最大直径 $d \leqslant D_i/3$，D_t 为开孔中心处的锥壳内直径，见图 3-6-25。

若开孔直径超出上述规定，则开孔的补强结构与计算须作特殊考虑，必要时应做验证性水压试验，以校核设计的可靠性。

在椭圆形或碟形封头上开孔时，应尽量开设在封头中心部位附近。当需要靠近封头边缘开孔时，应使孔边与封头边缘之间的投影距离不小于 $0.1D_i$，如图 3-6-26 所示。另外，任意两个相邻孔边缘间连接的投影距离至少等于小孔的直径。

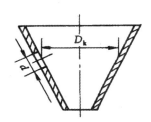

图 3-6-25　开孔的锥形封头

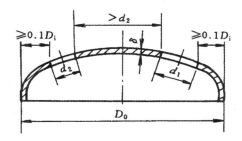

图 3-6-26　开孔凸形封头边缘距离的限制

三、不另行补强的最大开孔直径

容器开孔并非都要补强，因为常常有各种强度富裕量存在。例如实际厚度超过强度需要；焊接接头系数小于1且开孔位置又不在焊缝上；接管的厚度大于计算值，有较大的多余厚度；接管根部有填角焊缝。所有这些都起到了降低薄膜应力从而也降低了应力集中处的最大应力的作用，也可以认为是使局部得到了加强，这时可不另行补强。

关于不另行补强的最大开孔直径，GB 150-2011 是这样规定的，壳体开孔满足下述全部要求时，可不另行补强：

（1）设计压力小于或等于 2.5MPa。

（2）两相邻开孔中心的间距（对曲面间距以弧长计算）应不小于两孔直径之和的两倍。

（3）接管公称外径小于或等于 89mm。

（4）接管最小厚度满足表 3-6-12 要求。

表 3-6-12　接管最小厚度　　　　　　　　　　　　　mm

接管公称外径	25	32	38	45	48	57	65	76	89
最小厚度		3.5			4.0		5.0		6.0

注：1. 钢材的标准抗拉强度下限值 $\sigma_b > 540\text{MPa}$ 时，接管与壳体的连接宜处全焊透的结构型式。

2. 接管的腐蚀裕量为 1mm。

四、等面积补强的设计方法

所谓等面积补强,就是使补强的金属量等于或大于开孔所削弱的金属量。补强金属在通过开孔中心线的纵截面上的正投影面积,必须等于或大于壳体由于开孔而在这个纵截面上所削弱的正投影面积。具体计算参见 GB 150-2011。

五、补强圈标准

补强圈已有标准:JB/T 4736-2002 和 HG 21506-92,可参考选用。

任务四　容器附件

容器上开孔,是为了安装操作与检修用的各种附件,如接管、视镜、人孔和手孔等。

一、接管

化工设备上的接管一般分为两类,一类是容器上的工艺接管,它与供物料进出的工艺管道相连接,这类接管一般较粗,多是带法兰的短接管,如图 3-6-27 所示,其接管伸出长度 l 应考虑所设置的保温层厚度及便于安装螺栓,可按表 3-6-13 选用,接管上焊缝与焊缝之间的距离应不小于 50mm,对于铸造设备的接管可与壳体一起铸出,见图 3-6-28。对于轴线不垂直于壳壁的接管,其伸出长度应使法兰外缘与保温层之间的垂直距离不小于 25mm,如图 3-6-29 所示。

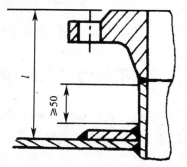

图 3-6-27　带有法兰的短接管

对于一些较细的接管,如伸出长度较长则要考虑加固。例如低压容器上 DN≤40mm 的接管,与容器壳体的连接可采用管接头加固,其结构型式如图 3-6-30 所示。

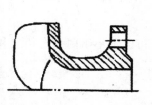

图 3-6-28　铸造接管

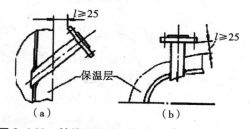

图 3-6-29　轴线不垂直于容器壳壁的接管

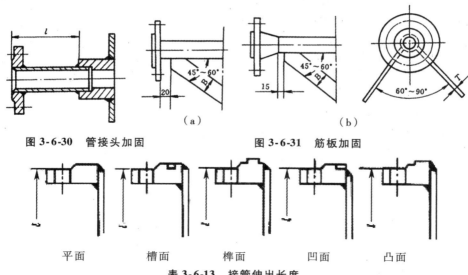

图 3-6-30 管接头加固   图 3-6-31 筋板加固

平面   槽面   榫面   凹面   凸面

表 3-6-13 接管伸出长度

保温层厚度	接管公称直径 DN	伸出长度 l	保温层厚度	接管公称直径 DN	伸出长度 l
50~75	10~100	150	126~150	10~50	200
	125~300	200		70~300	250
	350~600	250		350~600	300
76~100	10~50	150	151~175	10~150	250
	70~300	200		200~600	300
	350~600	250	176~200	10~50	250
101~125	10~150	200		70~300	300
	200~500	250		350~600	350

对于 $DN \leqslant 25mm$，伸出长度 $l \geqslant 150mm$ 以及 $DN = 32 \sim 50mm$，伸出长度 $l \geqslant 200mm$ 的任意方向接管（包括图 3-6-29 所示结构），均应设置筋板予以支撑，位置按图 3-6-31 要求，其筋板断面尺寸可根据筋板长度按表 3-6-14 选取。

表 3-6-14 筋板断面尺寸

筋板长度/mm	200~300	301~400
B×T/mm×mm	30×3	40×5

另一类是仪表类接管，为了控制操作过程，在容器上需装置一些接管，以便和测量温度、压力及液面等的仪表相连接。此类接管直径较小，除用带法兰的短接管外，也可简单地用内螺纹或外螺纹管焊在设备上，如图 3-6-32 所示。

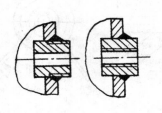

图 3-6-32 螺纹接管

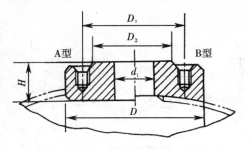

图 3-6-33 具有平面密封的凸缘

二、凸缘

当接管长度必须很短时,可用凸缘(又叫突出接口)来代替,如图 3-6-33 所示。凸缘本身具有加强开孔的作用,不需再另外补强。缺点是当螺栓折断在螺栓孔中时,取出较困难。

由于凸缘与管道法兰配用,因此它的连接尺寸应根据所选用的管法兰来确定。

三、手孔与人孔

安设手孔和人孔是为了检查设备的内部空间以及安装和拆卸设备的内部构件。

人孔和手孔属于常用部件,已经标准化,目前所用的标准为 HG 21514 ~ 21535 – 2005《碳素钢、低合金钢制人孔和手孔》,该标准的适用范围为公称压力 0.25 ~ 6.3MPa,工作温度 – 40 ~ 500℃。设计时可以依据设计条件直接选用。

手孔的直径一般为 150 ~ 250mm,标准中手孔的公称直径有 $DNl50$ 和 $DN250$ 两种。手孔的结构一般是在容器上接一短管,并在其上盖一盲板。标准规定的手孔一共有 8 种形式,它们是:常压手孔、板式平焊法兰手孔、带颈平焊法兰手孔、带颈对焊法兰手孔、回转盖带颈对焊法兰手孔、常压快开手孔、旋柄快开手孔、回转盖快开手孔。图 3-6-34(a)所示为常压手孔,(b)为旋柄快开手孔。

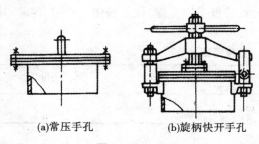

(a)常压手孔   (b)旋柄快开手孔

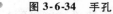

图 3-6-34 手孔

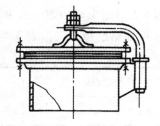

图 3-6-35 水平吊盖带颈平焊法兰人孔

当设备的直径超过 900mm 时,应开设人孔。人孔的形状有圆形和椭圆形两种。椭圆形人孔的短轴应与受压容器的筒身轴线平行。圆形人孔的直径一般为 400mm,容器压力不高或有特殊需要时,直径可以大一些,圆形标准人孔的公称直径有 $DN400$、$DN450$、$DN500$ 和 $DN600$ 四种。椭圆形人孔的尺寸为 450mm × 350mm。

标准中规定的人孔一共有 13 种形式,它们是:常压人孔、回转盖板式平焊法兰人孔、回转盖带颈平焊法兰人孔、回转盖带颈对焊法兰人孔、垂直吊盖板式平焊法兰人孔、垂直吊盖带颈平焊法兰人孔、垂直吊盖带颈对焊法兰人孔、水平吊盖板式平焊法兰人孔、水平吊盖带颈平焊法兰人孔、水平吊盖带颈对焊法兰人孔、常压旋柄快开人孔、椭圆形回转盖快开人孔、回转拱盖快开人孔。图 3-6-35 所示为水平吊盖带颈平焊法兰人孔。

四、视镜

视镜除用来观察设备内部情况外,也可用做料面视镜。用凸缘构成的视镜称不带颈视镜(图 3-6-36),它结构简单,不易粘料,有比较宽阔的视察范围。标准中视孔的公称直径有 50~150mm 五种,公称压力达 2.5MPa,设计时可选用。

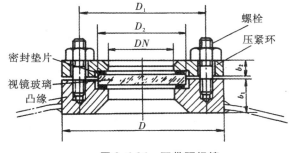

图 3-6-36　不带颈视镜　　　　　　　　图 3-6-37　带颈视镜

当视镜需要斜装或设备直径较小时,需采用带颈视镜(图 3-6-37),视镜玻璃是硅硼玻璃,容易因冲击、振动或温度剧变破裂,此时可选用双层玻璃安全视镜或带罩视镜。

视镜因介质结晶、水蒸气冷凝影响观察时,可采用冲洗装置,如图 3-6-38 所示。

另外,当设备需要时还可采用带灯视镜:(HG/T 21575-94)和组合式视镜(HG 21505-92)。总之,视镜的形式较多,应根据具体情况选用。

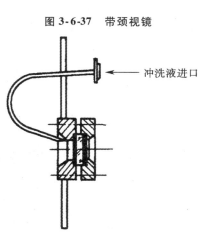

图 3-6-38　视镜的冲洗装置

五、液面计

液面计的种类很多,公称压力不超过 0.07MPa 的设备,可以直接在设备上开长条孔,利用矩形凸缘或法兰把玻璃固定在设备上。对于承压设备,一般都是将液面计通过法兰[图 3-6-39(a)]、活接头[图 3-6-39(b)]或螺纹接头[图 3-6-39(c)]与设备连接在一起。在现有标准中,分玻璃板式液面计、玻璃管式液面计(HG 21588~21592-95)、磁性液位计(HG/T 21584-95)和用于低温设备的防霜液面计(HG/T 21550-93)。图 3-6-40 为普通型磁性液位计。

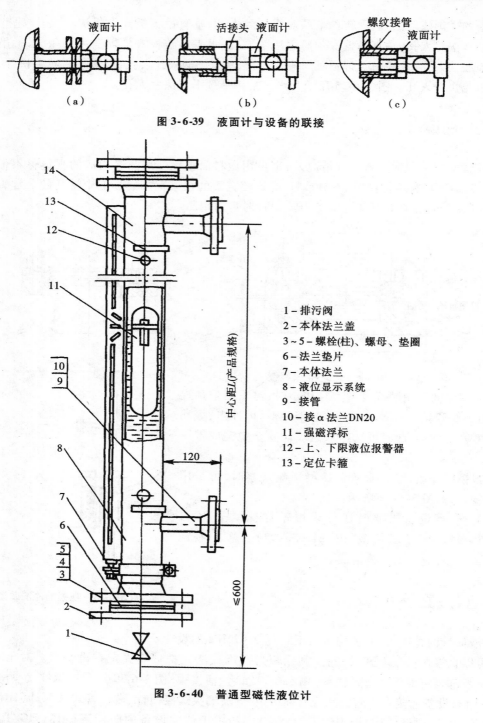

图 3-6-39　液面计与设备的联接

1 – 排污阀
2 – 本体法兰盖
3～5 – 螺栓(柱)、螺母、垫圈
6 – 法兰垫片
7 – 本体法兰
8 – 液位显示系统
9 – 接管
10 – 接 α 法兰DN20
11 – 强磁浮标
12 – 上、下限液位报警器
13 – 定位卡箍

图 3-6-40　普通型磁性液位计

六、设备吊耳

设备吊耳主要是起吊设备用的,目前已有标准(HG/T 21574 – 94),此标准共列入三类

（六种型式）吊耳,有顶部板式吊耳(图 3-6-41),侧壁板式吊耳(图 3-6-42)和轴式吊耳(图 3-6-43),吊耳的公称吊重是指一个吊耳所能起吊的最大重量。

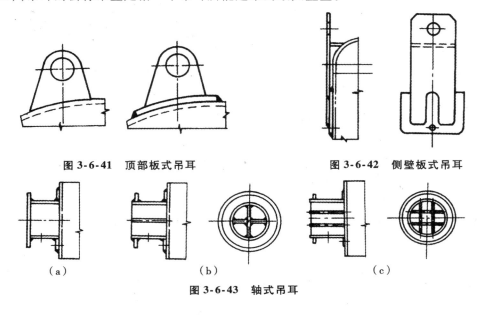

图 3-6-41　顶部板式吊耳　　　　　　　　图 3-6-42　侧壁板式吊耳

图 3-6-43　轴式吊耳

习　题

1.试为一精馏塔节与封头配一联接法兰。已知塔体内径 $D_i = 800mm$,操作温度 $t = 300℃$,操作压力 $p = 0.5MPa$,材料为 Q235-A,绘出法兰结构图并注明尺寸。

2.为一压力容器选配器身与封头的联接法兰。已知容器内径为 1600mm,厚度 12mm,材料为 16MnR,最大操作压力为 1.5MPa,操作温度 t≤200℃,绘出法兰结构图并标注尺寸。

3.指出下列法兰联接应选用甲型、乙型和长颈对焊法兰中的哪一种?

公称医力 PN MPa	公称直径 DNmm	设计温度 t℃	型式	公称压力 PNMPa	公称直径 DNmm	设计温度 t ℃	型式
2.5	3000	350		1.6	600	350	
0.6	600	300		6.4	800	450	
4.0	1000	400		1.0	1800	320	
1.6	500	350		0.25	2000	200	

参考文献

1. 电机工程手册编委会编. 机械工程手册. 工程材料卷［M］. 北京：机械工业出版社.

2. 潘家祯主编. 压力容器材料实用手册［M］. 北京：化学工业出版社, 2000.

3. 全国化工设备设计技术中心站主编. HG 20581-1998 钢制化工容器材料选用规定［M］. 北京：国家石油和化学工业局, 1998.

4. 麻启承主编. 金属材料及热处理［M］. 北京：化学工业出版社, 1980.

5. 李智诚 朱中平 薛剑峰等. 锅炉与压力容器常用金属材料手册［M］. 北京：中国物资出版社, 1997.

6. 化工设备机械基础编写组. 化工设备机械基础［M］. 北京：化学工业出版社, 1979.

7. 化工部设备设计技术中心站. 化工设备设计手册 材料与零部件（上）［M］. 上海：上海科学技术出版社.

8. 董大勤. 化工设备机械基础［M］. 北京：中央广播电视大学出版社, 1997.

9. 秦国治. 袁士霄主编 石油化工厂设备检修手册, 第四分册防腐蚀工程［M］. 北京：中国石化出版社.

10. 左景伊编. 腐蚀数据手册［M］. 北京：化学工业出版社, 1982.

11. 全国压力容器标准化技术委员会. GB150-1998 钢制压力容器［M］. 北京：中国标准出版社, 1998.

12. 国家质量技术监督局. 压力容器安全技术监察规程［M］. 北京：中国劳动社会保障出版社, 1999.

13. 化工部、机械电子部、劳动部、石化总公司. JB 中华人民共和国行业标准（容器支座）, 1992.

14. 机械电子部、化工部、劳动部、石化总公司. JB 4700-4707、92 中华人民共和国行业标准［M］. 北京：气象出版社, 1993.

15. 中华人民共和国行业标准. HG 21514-21535-95 碳素钢、低合金钢制人孔和手孔［M］. 北京：中国标准出版社, 1996.

16. 国家石油化学工业局. 中华人民共和国行业标准 HG 20580-1998 钢制化工容器设计基础规定［M］. 北京：国家石油化学工业局, 1998.

17. 化工设备设计全书编委会. 化工容器［M］. 北京：化学工业出版社, 2003.

18. 全国压力容器标准化技术委员会. GB151-1999 钢制管壳式换热器［M］. 北京：中国标准出版社, 1999.

19. 机械工程手册. 电机工程手册编委会编. 机械工程手册. 通用设备卷［M］. 北京：机械工业出版社, 1997.

20. 机械工程手册. 电机工程手册编委会编. 机械工程手册. 专用机械卷［M］. 北京：机械

工业出版社,1997.

21. 秦叔经. 叶文邦等编. 化工设备设计全书——换热器[M]. 北京:化学工业出版社,2003.

22. 化工设备设计手册(1)——金属设备[M]. 上海:上海人民出版社,1973.

23. 全国压力容器标准化技术委员会. JB 4710-92 钢制塔式容器[M]. 北京:气象出版社,1992.

24. 贺匡国主编. 化工容器及设备简明设计手册. 第2版[M]. 北京:化学工业出版社,2002.

25. 余国琮主编. 化工机械手册[M]. 天津. 天津大学出版社,1991.

26. 刁玉玮. 王立业编. 化工设备机械基础. 第3版[M]. 大连大连理工大学出版社.

27. 谭蔚主编. 化工设备设计基础[M]. 天津. 天津大学出版社,2000.

28. 张石铭主编. 化工容器及设备[M]. 武汉. 湖北科学技术出版社,1984.

29. 化工设备设计全书编委会. 搅拌设备设计[M]. 北京:上海科学技术出版社,1985.

30. [苏]A. 久洛马金著. 离心泵与轴流泵. 梁荣厚译[M]. 北京:机械工业出版社,1978.

31. [日]好川纪博著. 化工泵[M]. 兰州石油工业研究所. 甘肃工业大学译. 北京:机械工业出版社.

32. 任德高. 水环泵[M]. 北京:机械工业出版社,1982.

33. 徐少明,金光熹. 空气压缩机实用技术[M]. 北京:机械工业出版社,1994.

34. [美]威廉·迪莫昔朗等著. 压缩机指南[M]. 薛敦松,汪云瑛译. 北京:烃加工出版社.

35. 孙启才主编. 分离机械[M]. 北京:化学工业出版社,1993.

36. 谢丰毅等编. 化工机械[M]. 北京:化学工业出版社,1990.

37. 武汉化工学院,青岛化工学院,南京化工学院合编. 化工机器[M]. 武汉:湖北科学技术出版社,1987.

38. 机械工程手册,电机工程手册编委会编. 机械工程手册. 传动设计卷[M]. 北京:机械工业出版社,1997.

39. 叶春晖,金耀门编. 化工机械基础(下册)[M]. 上海:上海交通大学出版社,1989.

40. 机械工程手册,电机工程手册编委会编. 电机工程手册[M]. 北京:机械工业出版社,1979.

41. 曲泽真渊著. 电动机的选择和使用方法[M]. 杨锦元,盛世豪,张永高译. 上海:上海科学技术出版社,1986. ·

42. 姚光国主编. 常用三相异步电动机的修理[M]. 上海:上海交通大学出版社,1996.

43. 黄大勤. 化工设备机械基础[M]. 北京:化学工业出版社,1983.

44. 赵军. 化工设备机械基础[M]. 北京:化学工业出版社,2005.